学/者/文/库/系/列

DAC 内稳恒热流场下原位
热导率测量方法研究

贾彩红　著

哈尔滨工程大学出版社
Harbin Engineering University Press

内 容 简 介

本书基于著者近年来的科研成果,比较系统地介绍了基于 DAC 装置的稳恒温场下原位热导率的测量方法,并对基于 DAC 的高温高压热导率原位测量中热辐射以及高温高压下金刚石压砧和样品形变的影响进行了详细阐述。全书共 8 章,第 1 章介绍了高温高压科学的研究现状,论述极端温压条件下热导率测量的研究意义、研究进展。第 2 章介绍了研究过程中所用到的基本原理与计算方法。第 3 章介绍了研究过程中所用到的高温高压实验技术。第 4 章至第 8 章介绍了 DAC 内稳恒热流场下原位热导率的测量方法。

本书可供从事高温高压热输运性质研究和其他相关专业的科技人员参考使用,也可以为高温高压科学研究工作者提供技术参考和基础理论。

图书在版编目(CIP)数据

DAC 内稳恒热流场下原位热导率测量方法研究 / 贾彩红著. -- 哈尔滨:哈尔滨工程大学出版社,2024. 7.
ISBN 978-7-5661-4478-2

Ⅰ. O52

中国国家版本馆 CIP 数据核字第 2024RX1779 号

DAC 内稳恒热流场下原位热导率测量方法研究
DAC NEIWEN HENGRE LIUCHANG XIA YUANWEI REDAOLÜ CELIANG FANGFA YANJIU

选题策划	邹德萍
责任编辑	刘海霞
封面设计	李海波

出版发行	哈尔滨工程大学出版社
社　　址	哈尔滨市南岗区南通大街 145 号
邮政编码	150001
发行电话	0451-82519328
传　　真	0451-82519699
经　　销	新华书店
印　　刷	哈尔滨午阳印刷有限公司
开　　本	787 mm×960 mm　1/16
印　　张	16.5
字　　数	305 千字
版　　次	2024 年 7 月第 1 版
印　　次	2024 年 7 月第 1 次印刷
书　　号	ISBN 978-7-5661-4478-2
定　　价	78.00 元

http://www.hrbeupress.com
E-mail:heupress@hrbeu.edu.cn

前　　言

　　金刚石对顶砧(diamond anvil cell,DAC)是唯一可以产生百万大气压以上环境的静高压装置,它与磁学、电学、力学、光学等物性测量手段相结合,可在高压下实现对材料结构和多种物性的表征,目前已在材料学、物理学、化学等研究领域得到广泛应用。特别是当 DAC 与高温结合时,还可以在实验室内模拟地球内部温压条件,该条件是典型矿物与岩石热学性质研究的重要条件。然而,高温高压下的热物性表征极其困难,主要表现为热辐射以及高温高压下金刚石压砧和样品的形变对 DAC 内温度场分布的影响较大,进而导致热导率测量困难。本书从高温高压实验技术,高温高压下的热物性表征误差来源、误差修正方法,DAC 内温度梯度分布标定等方面进行分析,并对在 DAC 内构建稳恒热流场,利用多热电偶原位测温与稳恒热流场下温场和热应力场数值分析结合的方法,在 DAC 上开展高温高压热导率的原位测量技术进行了详细的阐述。本书内容主要分为以下几个部分:第 1 章,绪论,简述了高温高压实验技术和计算材料学的发展历程以及其在科学研究中的重要作用,论述了高温高压材料热输运性质的研究现状。第 2 章,基本原理与计算方法,介绍了本书中所涉及的方法的基础理论知识以及相关计算软件。第 3 章,高温高压设备,介绍了高温高压实验设备的发展历程。第 4 章,压力和温度的测量,介绍了超高压力和温度的标定,以及高温下压力的测量。第 5 章,基于高温高压 DAC 的原位热导率测量方案,提出了利用热电偶测量局部温度和有限元分析相结合的思路,建立了符合实际传热方式仿真外加热 DAC 内传热过程的数值模型以计算 DAC 核心区域温场分布,从而确定样品热导率。第 6 章,高温高压下金刚石的热力学性质,利用第一性原理方法,在准简谐近似下计算了金刚石在高温高压下的热力学性质,并利用德拜模型和爱因斯坦模型分析了高压下金刚石的热力学性质的微观机制。第 7 章,高温高压 DAC 内辐射效应对热导率测量的影响,在研究金刚石热力学性质和辐射特性的基础上,建立了基于非线性三维辐射-导热耦合传热模型模拟外加热 DAC 内传热过程的数值方法,并基于该模型研究了辐射效应对热电偶温度测量精度的影响,给出了温度修正方法。第 8 章,高温高压 DAC

内金刚石压砧和样品变形对热导率测量的影响,提出了利用热–固耦合方式辅助原位测量高温高压热导率的新方法,为实现极端环境下材料热输运性质的测量与研究提供了全新思路。

本书在撰写过程中得到了很多同行、专家的帮助和支持,在这里致以诚挚的谢意。另外,本书在撰写过程中,借鉴了一些专家、学者的文献综述,由于各方面条件限制,无法一一取得联系,在此一并表示感谢。

由于著者水平有限,书中难免有疏漏之处,敬请广大读者批评指正。

著　者

2024 年 3 月

目　　录

第1章 绪 论

　　本专著中提到的高压是指力学上的压力,是最早研究的热力学基本变量之一。压力和温度一样,是控制自然现象的重要因素。在压力作用下,能够有效地改变物质内部原子间的距离,诱导原子间电荷重新分布,进而改变物质的晶体结构,形成具有新效应和新性质的高压新相,而且不会引入其他杂质。压力作为一种"清洁"的物性调控手段,已经渗透到凝聚态物理学、材料学、超导物理学和地球物理学等领域的前沿研究中。高压手段的运用,使人们对常压下的物理现象有了更深的认识,同时也发现高压极端条件可以创造常压难以形成的新结构,赋予材料新的功能特性,为材料的发现提供了机遇。高压科学本身也正在发展成为一个重要的分支学科。这门学科是研究物质在压力作用下的物理行为,探索压力效应的本质。

1.1 压力的定义和分类

　　压力在生活中十分常见,人类生活在大气层里,感受到的是空气的压力;用锤子把钉子钉进木板时,锤子的力传递到钉子的尖端,在小的面积上产生极高的压力;鞭炮爆炸时周围的石块受到强的气流冲击,在高的压力作用下飞出。描述压力效应的物理量是压强,定义为垂直作用于单位面积上的力。

$$P = \frac{F}{A} \tag{1.1.1}$$

式中,P 为压强,F 为力,A 为力的作用面积。

　　压强也是一个热力学量,与内能 E 和自由能 F 有如下关系:

$$dE = TdS - PdV \tag{1.1.2}$$

$$dF = -SdT - PdV \tag{1.1.3}$$

式中,E 为内能,F 为自由能,P 为压强,S 为体系的熵,T 为绝对温度,V 为体积。通过内能和自由能可求出体系的压强,表示为

$$P = -\left(\frac{\partial E}{\partial V}\right)_S \tag{1.1.4}$$

$$P = -\left(\frac{\partial F}{\partial V}\right)_T \tag{1.1.5}$$

在工程上,经常使用的物理量是压力,就是物理学中的压强。高压科学中涉及压力时都是指工程上的术语。压力的国际单位为帕斯卡(Pa),1 Pa = 1 N/m²,另一个常用单位是标准大气压(atm)。在厘米–克–秒单位制(CGS 单位制)中,以作用于 1 cm² 面积上 1 dyn 的力作为压力单位,称为 barge。由于该单位太小,常用巴(bar)作为压强单位,1 bar = 10⁶ dyn/cm², 1 bar = 10⁵ Pa = 0.986 9 atm,1 bar ≈ 1 atm, 10 kbar = 1 GPa, 1 Mbar = 100 GPa。比较常用的压力单位还有 lb/in²、Torr、psi、mmHg、kgf/cm² 等,这些常用压力单位之间的换算关系如表 1.1 所示。

表 1.1　压力单位换算表

	barge, dyn/cm²	bar	atm	kgf/cm²	Torr, mmHg	psi, lb/in²	Pa	GPa
1 barge	1	10^{-6}	$0.986\ 9$ $\times 10^{-6}$	$1.019\ 9$ $\times 10^{-6}$	$7.500\ 6$ $\times 10^{-4}$	$1.450\ 4$ $\times 10^{-5}$	10^{-1}	10^{-10}
1 bar	10^6	1	$0.986\ 9$	$1.019\ 9$	$7.500\ 6$ $\times 10^2$	$1.450\ 4$ $\times 10$	10^5	10^{-4}
1 atm	$1.013\ 3$ $\times 10^6$	$1.013\ 3$	1	$1.033\ 2$	760	$1.469\ 6$ $\times 10$	$1.013\ 3$ $\times 10^5$	$1.013\ 3$ $\times 10^{-4}$
1 kgf/cm²	$9.806\ 7$ $\times 10^5$	$0.980\ 7$	$0.967\ 8$	1	735.56	$1.422\ 3$ $\times 10$	$0.980\ 7$ $\times 10^5$	$0.980\ 7$ $\times 10^{-4}$
1 Torr	$1.333\ 2$ $\times 10^3$	$1.333\ 2$ $\times 10^{-3}$	$1.315\ 8$ $\times 10^{-3}$	$1.359\ 5$ $\times 10^{-3}$	1	$1.933\ 7$ $\times 10^{-2}$	$1.333\ 2$ $\times 10^2$	$1.333\ 2$ $\times 10^{-7}$
1 psi	$6.894\ 7$ $\times 10^5$	$6.894\ 7$ $\times 10^{-2}$	$6.804\ 6$ $\times 10^{-2}$	$7.030\ 7$ $\times 10^{-2}$	51.714 7	1	$6.894\ 7$ $\times 10^3$	$6.894\ 7$ $\times 10^{-6}$
1 Pa	10	10^{-5}	$0.986\ 9$ $\times 10^{-5}$	$1.019\ 7$ $\times 10^{-5}$	$7.500\ 6$ $\times 10^{-3}$	$1.450\ 4$ $\times 10^{-4}$	1	10^{-9}
1 GPa	10^{10}	10^4	$0.986\ 9$ $\times 10^4$	$1.019\ 7$ $\times 10^4$	$7.500\ 6$ $\times 10^6$	$1.450\ 4$ $\times 10^5$	10^9	1

高压科学与技术领域按照压力的产生原理、持续时间的长短、压力稳定性、实验条件等将高压分为两类,即动态高压与静态高压。利用外界机械加载方式,通过缓慢逐渐施加负荷挤压所研究的物体,而使其内部产生很高的压力,称为静态高压,简称静高压。例如,活塞-圆筒装置、两面顶压机和多面顶压机等产生的高压,以及金星、地球、火星、中子星、白矮星、太阳等天体内部存在的高压属于静态高压。而氢弹、原子弹、炮弹等的爆炸,撞击过程产生的高压,持续时间极短,往往只有微秒(μs, 10^{-6} s)数量级,而且压力随着时间发生变化,称为动态高压,简称动高压。

相比之下,由于高压容器和机械装置部件的材料强度限制,静态高压技术能够产生的压力通常在几十吉帕至数百吉帕范围内,而动态高压技术能够生成的压力通常更高,达到数百甚至数千吉帕。动态高压的产生无须依赖复杂的机械设备,因此成本较低,其作用时间较短;而静态高压可以持续几百小时甚至更久,并且容易进行控制。动态高压在产生过程中会引起温度上升,而静态高压技术可以独立调节压力和温度。两种技术各有优势和局限性。

1.2 高压的作用

压力作为独立于化学组分和温度的一个热力学量,对物质的作用是任何其他条件所无法替代的。高压作用下,物质呈现出许多新现象、新性质和新规律。在 100 GPa 压力条件下,每种物质平均出现 5 次相变,也就是说,利用高压条件可以为人类提供超出现有材料 5 倍以上的新材料,极大地优化了人们改造客观世界的条件。高压对物质的作用主要表现为缩短原子间的平衡距离,增加物质的密度。在上百吉帕压力的作用下,难于压缩的材料,如金属、陶瓷等,密度可增加 50%;而易于压缩的物质,如固态气体,密度可提高 1 000% 之多。

对气体加压可使之变成液体,大多数液体在 1~2 GPa 的压力下变为固体。对固体加压引起的原子间距离的改变,导致原子密排、原子间相互作用增强以及原子排列方式的改变,从而引起多型性转变,即结构相变。压力作用下还会改变原子间键合性质,使原子位置、化学键取向、配位数等发生变化,从而物质发生晶体向非晶体、非晶体向晶体以及两种非晶相之间的转变。即使在压力下化学计量和结构没有改变,材料的电子性质基本上也都已经发生改变。压力显著地减少了原子之间的距离,增强了它们之间的相互作用,导致能带宽度增加。由压力导致的能带重叠能够促使绝缘体转化为金属或使半导体变成金属。通过高压实现的金属化能够创造出新的超导材料。大多数固体在常压条件下很少表现出超导性,但高压条件却能使许多元素转变为超导状态,如图 1.1 所示。

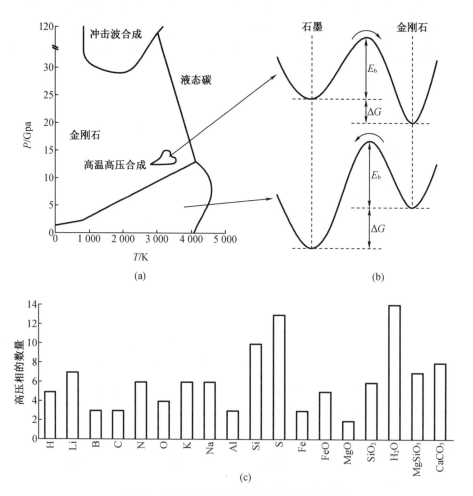

(a)　　　　　　　　　　　　　　　　(b)

(c)

图 1.1　通过高压引发相变的材料的相关研究

压力可导致电子体系状态的变化,由于物质中原子间距的缩小,相邻原子的电子云发生重叠,相互作用增强并影响到能带结构,引起电子相变。一般来说,压力可使原子核外电子发生非局域化转变,成为传导电子,从而使绝缘体转变成金属,这就是 Wilson 转变。在压力足够高时,所有物质都会表现出金属的特征。当压力继续升高时,原子所有内层电子都成为传导电子,物质内部不存在单原子,而是电子和原子核混合在一起的均匀系统。当压力极高时,如中子星内部,单个的电子不能存在,而是被压入原子核内,与质子结合形成中子,物质处于极高密度的状态。可见,对物质施加压力时,随着压力的提高,物质的状态一般按照气体、液体、固体、金属性固体、基本粒子的顺序向高密度方向转变。晶体内部的原子晶格体系与电子体系之间存在相互作用,即电-声子相互作用。通过改变原子间距,高压可调节物质中电-声子相互作用的强度,从而影响到物质的宏观物理性质,如超导电性等。同样,高压也可影响电子之间的关联作用。

在材料合成方面,高压有其特殊的优势,高压作用下,反应物颗粒之间的接触紧密,可降低反应温度,提高反应速率和产物的生成速率,缩短反应时间。某些亚稳态物质在高压下可稳定存在,并可淬火到常压,因此可利用高压来合成常压难以合成的物质。在高压下通过制造高氧压和低氧压环境,可获得异常氧化态的离子。此外,高压还具有抑制固体中原子的迁移、改变原子或离子的自旋态、使原子在晶体中具有优选位置等作用。下面是几个关于高压应用的例子。

1. 水

水和人类的生活息息相关,在常压(大约 1 atm 或 101.325 kPa)下,水的分子通过氢键相连,形成了一个动态的、松散的网络结构。这种结构赋予了水许多独特的性质,如较高的沸点、较高的比热容以及良好的溶剂性等。水分子间的氢键是比较弱的,容易断裂和重新形成,这导致了水的流动性和其他一些物理性质。在高压条件的作用下,水表现出丰富的结构,其物理性质与常压下差别很大。这主要是因为压力的增加会影响水分子间氢键的形成和断裂过程,迫使水分子更加紧密地排列。这种压缩效应可以导致水分子间的氢键结构发生变化,从而影响到水的物理和化学性质。在压力的作用下,水不仅会变成冰,而且随着压力的不断升高,人们发现冰的性质也在发生变化。美国物理学家珀西·威廉姆斯·布里奇曼(Percy Williams Bridgman)教授发现,在 0.2 GPa 的压力作用下,水会形成一种在常压下不稳定的新的冰结构。在 0.4 GPa 的压力作用下,冰的熔点显著增加,甚至达到 200 ℃,这种在高压下形成的水的固体状态能够在相对较高的温度下保持的现象被称为"热冰"。这种"热冰"的存在揭示了水分子在极端条件下的独特行为和相互作用。在高压的作用下,水具有十种以上的不同晶体结构和性质,图 1.2 给出了水在不同温度和压力条件下的形态。冰Ⅲ、冰Ⅴ和冰Ⅵ都是在比常压高得多的压力下形成的冰的形态,它们的结构比常压下结冰 Ih(六边形晶体结构的冰)更紧密,展现出不同的晶体结构。这些冰相在较低的温度下形成,并且随着压力的增加而转变。在极高压力下,水会转变为更加密集的冰相,如冰Ⅶ和冰Ⅹ。这些冰相的存在表明水在极端条件下仍能保持液态的性质,即使是在固态形式下。在更高的压力(100 GPa 以上)下,水的结构还不为人所知。

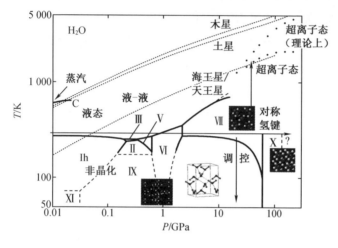

图 1.2　水的相图

高压下水的相变不仅在基础科学研究中具有重要意义,还在地球科学、行星科学以及工业应用中发挥着重要作用。例如,地球和其他行星内部的高压环境可能导致水存在于不同的冰相中,这对于理解这些天体的内部结构和动力学特性至关重要。在工业领域,超临界水被用作催化剂、清洁剂和其他化工过程中的反应介质,利用其独特的化学性质来促进反应和提高效率。

2.超导材料

高压作为获得新的超导材料的有效工具已经应用了很长一段时间,超导可以分为两类:传统的超导材料和新兴超导材料。传统的超导材料是以 BCS 理论[以三位著名的科学家巴丁(John Bardeen)、库伯(Leon N. Cooper)、施瑞弗(John R. Schrieffer)的名字而命名]为基础的,通过声子的交换使电子配对而形成超导,如铅、汞、铟化铋(NbTi)、铜氧化物等。这些材料在较低的温度下(通常是液氮的温度以下),表现出完全的零电阻和磁场排斥效应,即具有低超导转变温度(T_c)。高压在传统的超导发现上起了重要的作用,在 53 种已知的超导中,有 30 种是在周围原子间作用力下形成的,其余的都是经过高压形成。而新兴的超导目前还不能被 BCS 理论解释,它们具有不同于传统超导材料的特殊性质,如高温超导性、非常规对称性等。而且它们的超导形成机制也不是很明确,但是可以肯定的是高压对新兴的超导体起了重要的作用。高压下获得的超导材料如图 1.3 所示。

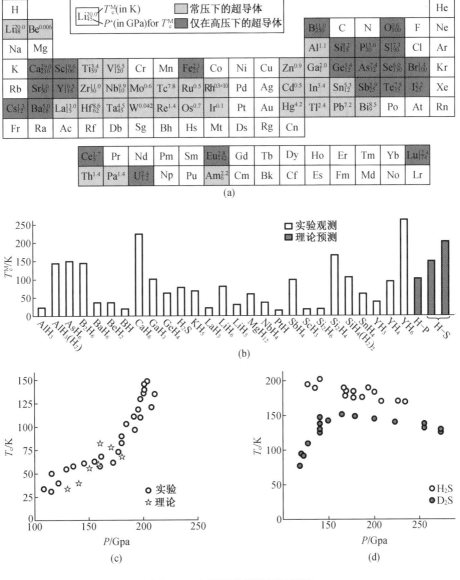

图 1.3　高压下获得的超导材料

根据 BCS 理论,具有极高德拜温度的金属氢是高温超导体的候选材料。早在 1935 年,美国普林斯顿大学的 E. Wigner 和 H. B. Huntington 通过理论分析后预测,在一定压力作用下,氢原子可以紧密地堆积成金属氢,即氢分子单元解体,氢转变成为单原子金属性固体。这种金属性氢具有非常特殊的性质,如类似液体的基态和极高的超导转变温度。实验表明,在 250 GPa 压力作用下,氢分子键仍然稳定。1968 年,美国康奈尔大学的 N. W. Ashcroft 教授提出,固态氢发生金属化后可能是高温超导体。随后又有基于 BCS 模型的理论计算预测,金属氢的超导转变温度可达到室温范围。根据 N. W. Ashcroft 教授提出的"化学预压缩作用",富氢化合物会具有相对较低的金属化压力,同时其也会具有较高的德拜温度,因而极有可能具有高温超导性质。许多目光聚集到了氢化物上。比如 H_3S、SiH_3、CaH_6、TaH_6、YH_6、ScH_8 和 LaH_{10} 等富氢化合物被预测具有较高的超导转变温度。其中 H_3S 的超导转变温度被预测超过了 200 K,并在实验上得到了证实。作为传统超导体,H_3S 有如此高的超导转变温度,并且比之前的超导温度的纪录提高了接近 40 K,再度引发了科学家们在富氢化合物中寻找高温的传统超导体的研究热情。此外,学者们对某些轻质元素的硫化物的超导电性与机制也进行了深入的研究,比如 Li-S、K-S 和 P-S 等化合物。其中 Li_3S (Fm-3m) 相被预测在 500 GPa 的压力下会有高达 80 K 的超导转变温度,而另外一个立方相 Li_3S (Pm-3m) 在同样的压力条件下的超导转变温度仅为 0 K,Kokail 等认为这是由该相中存在间隙电荷抑制了其电声耦合强度导致的。

3. 超硬材料

超硬材料(维氏硬度大于 40 GPa)在工业上有很大的应用前景,例如剪切和磨削工具、涂层和防护等。金刚石和立方氮化硼是经典的两种超硬材料。金刚石是一种由碳原子形成的晶体结构,具有立方晶系。它是自然界中最坚硬的材料之一,达到了维氏硬度 60~100 GPa,同时具有优异的热导性和光学透明性。金刚石在高压高温条件下形成于地球深部,通常以天然形式存在于钻石矿石中。此外,金刚石也可以通过化学合成或化学气相沉积等方法人工合成。但是金刚石的应用也有很明显的限制:一方面是易碎,另一方面是在空气中加热到 800~900 ℃时和二氧化碳会发生反应,以及在与铁基材料接触时都会发生反应改变性能。金刚石的主要应用包括用作切削工具、磨料、高压实验装置中的窗口材料、光学透镜和红外窗口等。立方氮化硼,又称为白色金刚石,是一种由硼和氮原子组成的晶体结构,具有类似金刚石的硬度和热导性。立方氮化硼的晶体结构与金刚石相似,但其原子间的键结构稍有不同,导致其硬度略低于金刚石,为40~60 GPa,并且对于大晶体的合成显得尤为困难,影响其在工业上的应用。立方氮化硼的主要应用包括用作高性能切削工具、磨料、高温陶瓷、热导材料、高压实验中的窗口材料等。近年来,学者发现在高压作用下以轻元素为基(如碳、硼、氮)可以获得稳定的结构,并展现出良好的力学和化学性质。图1.4表示高压下以轻元素为基的超硬材料。

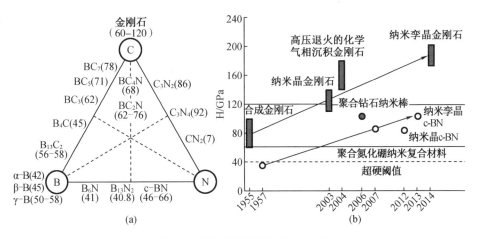

图 1.4 以轻元素为基的超硬材料

4. 能源材料

具有高能量密度的材料在高压下合成推进剂和炸药方面同样引起了研究人员很大的兴趣,因为在具有高能量的聚合相向分子相转变会释放大量的能量。聚合物固体由低原子序数成分组成的分子单元构成,这是一种很有前景的高比能材料。在高压条件下,氮气可以形成多种不同的相,其中一些相具有高分子性质,如图1.5所示。这些相的晶体结构通常取决于压力和温度条件,以及氮气分子之间的相互作用。在高压高温条件下,氮气可以转变为一种线性高分子相,即线性氮相(polymeric nitrogen),其中氮原子通过共价键连接成链状结构。线性氮相的晶体结构类似于链状聚合物,其中氮原子排列成长链并通过共价键相互连接。这种相通常具有较高的密度和硬度,可能表现出类似金刚石的硬度和稳定性。在更高的压力和温度下,氮气可能转变为一种螺旋结构的高分子相,即螺旋氮相(spiral nitrogen)。在这种结构中,氮原子形成螺旋形的链状结构,其中每个氮原子与邻近的两个氮原子通过共价键相连。螺旋氮相通常具有较高的硬度和稳定性,可能具有独特的电子性质和光学性质。在更高压力下,氮气可能形成一种稠密的立方晶体结构,被称为 α-氮相(alpha nitrogen)。在这种结构中,氮原子被压缩成立方晶格,其密度和硬度可能比其他相更高。α-氮相可能具有类似于金刚石的硬度和稳定性,但其晶体结构可能会随着压力和温度的变化而变化。这些高压下的高分子氮相的晶体结构是由于氮分子之间的共价键重组形成的,它们具有独特的力学、电子和光学性质,在材料科学和高压物理领域具有重要的研究价值。除了高比能材料外,储氢材料是高压下被广泛研究的一种能源材料。其中一种储氢材料就是含有氢气的分子复合物,是由高密度氢气分子与其他分子或原子在高压下形成的。目前,通过高压合成的方式已经可以将氢气引入稀有气体中形成分子复合物,例如硫化氢、甲烷、硅烷等。

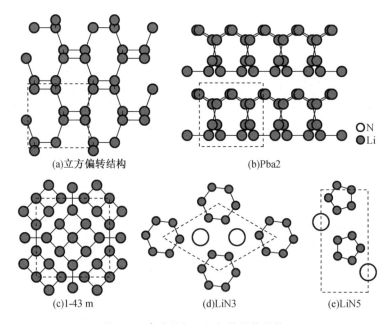

图 1.5　高分子氮不同相的晶体结构

5. 高压下材料的合成

高压合成最成功的例子就是金刚石,在常压下相对于它的同素异形体石墨来说,金刚石是碳的一个亚稳相,如图 1.6 所示。利用高压高温条件,可使石墨转变成金刚石,通过淬火使其保存到常温常压环境。金刚石合成的压力温度条件为 5~10 GPa,1 000~2 000 ℃,且需要使用金属触媒。图 1.6 中阴影部分代表最有利于石墨-金刚石催化转变的区域。经过多年的发展,人造金刚石已经发展成为一个产业。另一个例子是翡翠的高压人工合成,以氧化铝(Al$_2$O$_3$)、氧化铬(Cr$_2$O$_3$)、氧化硅(SiO$_2$)等为原料,经过 1 350 ~ 1 550 ℃预烧,在 2 ~ 4.5 GPa、900 ~ 1 450 ℃保温保压 30 ~ 60 min,可获得 ϕ12 mm × 5 mm 大小的宝石级翡翠。

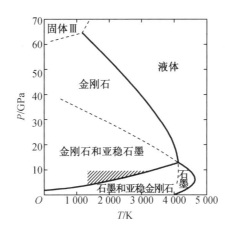

图 1.6 碳的相图

1.3 高温高压科学的发展历程

高温高压科学是研究极端温度和压力下物质的状态、晶体结构、能带结构以及物理化学性质等演变过程的科学。高温高压科学具有易于与其他分支学科相结合的灵活性,相比传统的学科有着独特的优势。目前为止,高温高压科学研究已经渗入各个领域,其涉及的应用领域如图 1.7 所示。高温高压实验和数值模拟是研究极端温压下材料物性最有效的两种间接方法。

图 1.7 高温高压科学的应用

　　高温高压实验技术的发展已有近百年历史,而高温高压实验装置是在极端温压下实现对材料结构和多种物性表征的技术基础。根据加压方式,高温高压装置可以分为静态高压发生装置和动态高压发生装置。目前静态高压发生装置主要有活塞-圆筒压机、多顶砧压机以及金刚石对顶砧装置。静态高压实验是研究极端温压条件下材料性质的主要手段之一。随着静态高压实验技术的不断完善,目前已经可以实现约 1 TPa 的静态高压。

　　早期的高压装置活塞-圆筒压机是通过挤压活塞与圆筒之间的间隙对样品进行加压。美国物理学家布里奇曼教授为避免内部样品在压力的作用下被挤出,提出使用由 T 形头和密封垫组成的 Bridgman 密封和 O 形环密封。该压机可以提供较大的样品腔,但很难产生较高的压力。改进后的活塞-圆筒压机的极限压力取决于活塞与圆筒的材料性质以及具体部件的设置,布里奇曼教授使用铬钒钢(Cr-V)制成的活塞-圆筒压机可以产生 10 GPa 的压力。现在活塞-圆筒压机广泛应用于 5 GPa 以下样品的合成与制作以及材料物理化学性质的研究。1924 年,布里奇曼教授首次将加热部件引入活塞-圆筒装置中,实现了高压下样品温度的精确控制。

　　1941 年,布里奇曼教授提出了"大质量支撑"原理和"多级加压"原理,即高压环境下,大质量支撑缩小高压应力区,使应力通过更广阔的横截面扩散的现象,并发表了一系列元素和化合物材料的高压物性(黏度、抗张强度、压缩率、热导率、电导率、状态方程)。1946 年,布里奇曼教授因为在高压科学领域的开拓性贡献获得了诺贝尔物理学奖。1950 年,美国科学家 A. W. Lawson 和他的合作者 T. Y. Tang 首次将金刚石和微型活塞组合制作了高压腔,并应用于高压 X 射线衍射研究中。哈佛大学于 1933 年启动地球物理科学方面的一项研究计划,1952 年 Birch 发表了"地球内部的弹性和组成"的论文。美国 Carnegie 地球物理实验室创立于 1907 年,该实验室设计了最初的高压釜装置,奠定了水热合成法的基础,研究了高温高压下的相平衡、花岗岩的形成机理。1955 年,美国通用电气公司(General Electric, GE)的 F. P. Bundy, H. T. Hall, H. M. Strong, R. H. Wentorf 等及瑞典 ASEA 公司的研究人员首次合成出人造金刚石,这一成就对后续的科研和工业应用产生了深远影响。这些金刚石是通过在高温高压条件下模拟自然界中金刚石形成的环境来制造的,这个过程证明了在实验室条件下可以制造出与天然金刚石具有相同晶体结构和物理性质的材料。同时,R. H. Wentorf 等通过将六方氮化硼(h-BN)暴露于高温高压条件下,并使用催化剂,如碱金属,促进了六方结构向立方结构的转变,合成了硬度仅次于金刚石的超硬材料立方氮化硼(BN)。

1959 年,美国国家标准局(NBS,现称为国家标准与技术研究院,NIST)的 C. E. Weir 和美国芝加哥大学的 E. R. Lippincott 以及 A. V. Valkenburg 等设计了现代金刚石对顶砧压机的原型,如图 1.8 所示。该装置在没有使用密封材料的情况下通过金刚石压砧挤压高压腔中的样品,产生了高达 10 GPa 的压力,并首次实现了高压下 X 光粉末衍射和透射红外光谱测量。

图 1.8　1958 年由美国科学家制作的世界上第一台金刚石对顶砧压机

1959 年之后,高压科学实验技术进入了金刚石对顶砧(diamond anvil cell, DAC)装置时代,DAC 由一对金刚石压砧、垫片和压机组合而成,通过外力作用于上下金刚石压砧,对压砧中间密封的样品进行挤压而产生高压。1965 年, V. V. Renburg 在 DAC 中引入了金属垫片(可盛装液体和固体的密封封垫),钻孔后样品腔可容纳样品和传压介质,解决了早期压机中压力流失的问题,降低了高压腔中样品内部压力梯度。常见的垫片材料包括不锈钢、铜、银等,这些材料在高压下具有优秀的性能。1972 年,R. A. Forman、G. J. Piermarini、J. D. Barnett 和 S. Block 测试了高压下红宝石荧光,发现了红宝石荧光 R 线(即红宝石中的铬离子发射的特定波长的光)随压力而发生线性位移的现象,这一发现对高压科学领域具有重大意义,因为它提供了一种精确测量极端高压的方法。通过观察红宝石荧光 R 线的位移,科学家们能够非常精确地测量 DAC 等高压实验装置内的压力,这一方法因其高精度和相对简便的操作,成为后来高压研究中常用的压力定标手段。1973 年,G. J. Piermarini、J. D. Barnett 和 S. Block 进行了开创性的工作,他们将传压介质引入 DAC 压腔中,这一技术的创新极大地提高了 DAC 实验的可靠性和压力的均匀性。1978 年,美国华盛顿–卡内基研究院地球物理实验室的毛河光院士和 P. M. Bell 设计了倒角型(Mao-Bell 型)DAC 压机,如图 1.9 所示。Mao-Bell 型 DAC 压机引入了倒角,目前可产生高达 550 GPa 的静水压。1973 年,使用甲醇、乙醇 4∶1 混合液作为传递介质在静水压下达到 10 GPa 的实验,标志着高压技术和材料科学研究的一个重要进展。这种使用特定比例的甲醇和乙醇混合作为压力传递介质的方法,能够在 DAC 等高压实验装置中产生更加均匀且可控的压力环境。相比于纯液体或固体压力介质,这种混合液体介质的使用降低了样品在受压过程中可能发生的非均匀应力分布,从而改善了实验结果的可重复性和准确性。1975 年,G. J. Piermarini 掌握了调整对顶砧平行的技术,加上使用了高强度金属垫片,将 DAC 实验中的压力提高到了 40 GPa,大大超过了之前的实验压力上限。1979 年,用氦气(He)等气体作为传压介质,压力达到 100 GPa。1987 年,M. S. Weathers 和 W. A. Bassett 将激光加热技术应用到 DAC 实验中,成功地在 DAC 内部产生了超过 5 000 K 的高温环境。这项技术的突破使得科学家们能够同时在实验中实现极端高温和高压的条件,为研究地球和其他行星内部的物理状态提供了重要的实验工具。W. A. Bassett 等在 1993 年设计了 Bassett 型外部加热 DAC,如图 1.10 所示。后来陆续提出了不同方式的外部加热 DAC,如钨外置加热器和 SiC 筒式加热器。目前 DAC 结合激光加温是模拟地球内部温度和压力的主要手段,现可达到 6 000 K 的高温环境和 550 GPa 以上的压力,对地球内部矿物质高温高压实验研究做出了巨大贡献。DAC 装置的优点在于金刚石压砧具有透明性好、对可见光吸收率低、硬度高等特性,可以与多种物性测试手段相互融合。

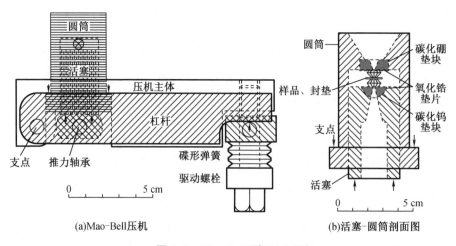

(a)Mao-Bell压机   (b)活塞-圆筒剖面图

图 1.9　Mao-Bell 型 DAC 压机

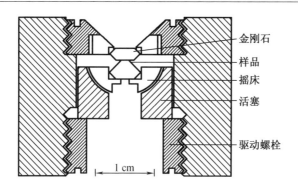

图 1.10　Bassett 型压机

　　在 20 世纪中期科学家们发明了多顶砧装置。该装置可以分别从 x、y、z 方向对样品进行加压。多顶砧装置有 Hall 正四面体压机、正六面体压机、正八面体压机、滑动压砧压机以及六-八面顶压机等类型。多顶砧装置的压砧数量都在 4 个以上，明显具有了更大的高压腔体体积 $(1 \sim 10^6 \text{ mm}^3)$，其适用于在高温高压极端条件下制备常压下难以合成的新型材料，也适用于各类材料的物理化学性质的研究。多顶砧压机一般采用电阻加热，高压腔体内样品的温度梯度较小。多顶砧装置中为避免样品的压力分布不均匀，通常通过传压介质将压力作用于样品，尽可能地使样品受到趋近于静水压的压力。

　　20 世纪 40 年代，因常规武器与核武器研制的需求使脉冲载荷技术应运而生。脉冲载荷技术对样品所做的机械功是以压缩波的方式传输给样品内部，压缩波所到之处样品内能增高，受到的压力(压强)也随之增高。动态高压技术(轰击高压技术)是采用激光照射、压缩磁场、爆炸等方法对样品快速加压的一种技术。动态高压装置利用冲击波可以瞬时产生高达数十兆巴的高压，但高压持续的时间很短。除此之外，还有撞击流技术、微射流技术、压缩磁场技术、强电流收缩方法、电爆炸驱动技术以及核爆炸技术等动态高压加载技术。当压缩波幅度很高时就会变成冲击波，所以又常常称为冲击压缩(冲击波动态高压技术)。

　　对动态高压技术而言，样品中的压力增高仅仅是由自身惯性引起的，与周围介质材料无关，因而摆脱了静态高压技术中受到与施压工质材料强度有关的制约，原则上可以达到无限高的压力水平。由于军事需求，从 20 世纪 40 年代到 80 年代，利用炸药爆炸技术而发展起来的动态高压技术，从一般的接触爆炸技术发展到飞片技术，又研制成功了新的轻气炮技术等，使压力达到数百万大气压以上。这是动态高压物理迅速发展的时期。1987 年，利用地下核试验获得了 700 TPa 的压力。综上所述,可通过表 1.2 列举的几种方式实现高温高压实验环境。

表 1.2　常用的高温高压实验技术

实验技术	实验装置	压力	受力性质	温度
静态超 高压技术	金刚石对顶砧	<550 GPa	(准)静水压	低温~室温~6 000 ℃
	大腔体装置 (多顶砧、活塞-圆筒)	<30 GPa	(准)静水压	室温~3 500 ℃
水热体系高温 高压技术	高压釜装置	<0.5 GPa	静水压	室温~800 ℃
	内加热釜	<3 GPa	静水压	室温~1 600 ℃
岩石力学 高压实验技术	单轴压力机	<3.5 GPa	剪切压	室温
	三轴压力容器	<3.5 GPa	剪切压	室温~1 500 ℃
动态超 高压技术	各类爆轰装置	1 ms 内达 500 GPa	冲击压	1 ms 内达 1 000 ℃
	压缩空气炮、 强激光			

20 世纪中后期,随着高温高压装置的不断改进,实现了与 X 射线衍射、X 光吸收发射光谱、拉曼光谱以及布里渊散射等测试手段相互融合,将高温高压实验技术提高到一个新的高度。随着高温高压实验技术的创新与进步,高温高压实验研究已经与材料、生物、医学、化学和地球科学等学科相结合,是国际上研究的前沿方向。高温高压实验通过对压强、温度、水逸度和氧逸度等条件的调控,模拟出地球内部的环境,在地球深部物质的状态、成因、结构以及性质的研究中发挥着十分重要的作用,极大地促进了对地表碳循环、深部碳循环、地震成因、各大板块的形成及迁移演化过程等地球深部的动力学机制的认识。例如,I. Veksler 等利用内加热高压釜对母岩浆演化过程中水对铬铁矿形成的影响进行了研究,提出了晶粥层加水熔融模式,以此揭示了铬铁矿的形成原因。高温高压实验也是合成新型材料的重要途径。近年来这种合成技术对拓展多种材料体系和寻求超导材料等做出了杰出的贡献。X. F. Wang 等在高温高压状态下制备出了亚稳相材料 Mn_2O_3。W. M. Li 等利用高温高压技术制备了一类全新的铜基超导材料 Ba_2CuO_{4-y},并发现其具有高达 74 K 的超导临界温度。碳质硫氢化物在常压室温下未呈现出超导特性,E. Snider 等在 270 GPa 左右的高压

状态下发现碳质硫氢化物具有大约 288 K 的超导转变温度,实现了室温超导。综上所述,在高温高压实验中,学者们已经发现了很多温压诱导的奇特性质。实现极端温压下材料的结构、物理化学性质等研究,在很大程度上推动了高温高压科学的进一步发展。

除了高温高压实验研究外,数值模拟也是高温高压科学研究中十分重要的研究手段之一。Z. Q. Wu 等采用第一性原理计算了高温高压矿物物性,为揭示下地幔底部的大低剪切波速省的成因提供了关键的依据。S. Q. Hao 等研究了秋本石相变和镁铝榴石分解现象,提出 740 km 深度的地震间断面可能是由镁铝榴石分解造成的。M. Q. Hou 等利用实验和理论相结合的方法发现含水矿物 FeO_2H 在温度大于 1 500 ℃,压力约 75 万个大气压下会进入超离子态,这一颠覆性的发现让我们对地球内部能量循环有了新的认知。

1.4　高温高压热输运性质研究简介

1.4.1　高温高压热输运性质研究意义

热输运特性是描述物质能量传递的依据和基础,在材料科学、地球科学、有机/无机化学和凝聚态物理等研究领域中充当着重要角色。热输运特性是物质本身的固有属性,包含物质的热导率和热扩散率等热输运性质。但物质的热输运特性对压力和温度有一定的依赖性。

如图 1.11 所示,从地表到中心,地球内部的温度和压力急剧上升。地球中心压力大约为 360 GPa,温度为 5 500~6 000 K。因此,为了探究地球内部物质的存在形式和性质,高温高压研究无疑是不可替代的手段。在地球科学领域,矿物岩石的热扩散系数和热导率是了解地球深部温度分布、地质过程以及各大板块的演化过程的基础,为解释地球深部的一系列地震波不连续面、火山、潮汐以及地震等成因提供了相关的依据。例如,以热传导和对流形式将地核的热量输送到地壳底部的地幔对流现象,被认为是板块移动、地震以及火山活动的主要驱动因素。在地球热演化过程中,热导率对温度的负反馈导致地幔上层的冷却速度减小,进而影响核-幔边界的动力学过程。这些矿物岩石的热输运行为对地球动力学现象有深远的影响。因此,矿物岩石的高温高压热输运性质的研究是地球科学研究的重点方向。极端高温高压下矿物岩石的热物理量随温度、压力的变化规律的研究可以为认识地球内部矿物质的物理化学性质、地幔地核特征和动力学过程提供有价值的线索。

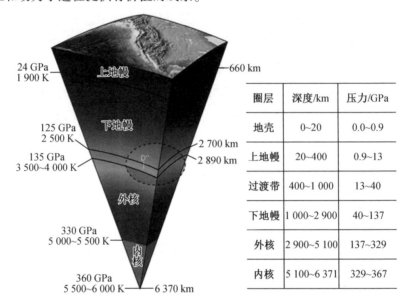

圈层	深度/km	压力/GPa
地壳	0~20	0.0~0.9
上地幔	20~400	0.9~13
过渡带	400~1 000	13~40
下地幔	1 000~2 900	40~137
外核	2 900~5 100	137~329
内核	5 100~6 371	329~367

图 1.11　地球内部结构及温度压力分布

当今,新能源、集成电路、微电子封接以及航空航天等领域逐步向多功能和高性能发展。这些发展趋势使器件的特征尺寸越来越小,集成度要求越来越高,由此对高热导材料提出了更高的要求。而在隔热领域对保温节能材料的超低热导性能也提出了更高的需求。温压的引入为调控材料性能增加了两大维度,为满足不同领域对材料热输运特性的要求做出了重要贡献。例如,A. S. Osipov 等利用高温高压方法合成的 Diamond-CaMg(CO$_3$)$_2$ 和 Diamond-CaCO$_3$,具有高导热性,在许多电子器件中用作散热材料。综上所述,高温高压热输运性质的研究对材料的实际应用和地球内部动力学过程的认识具有极其重要的意义。

1.4.2　高温高压热输运性质原位测量技术与方法

高温高压实验技术是极端温压下材料热输运性质研究的技术基础。高温高压热输运属性测量方法可以分为稳态法和瞬态法。稳态法是根据测量样品表面的热流密度得到样品温度分布,以此获得样品的热物性。P. W. Bridgman 等在 1924 年最早将径向热流法引入高压装置,如图 1.12(a)所示,实现了高压下热导率的测量。该方法要求样品制作成与加热器具有同轴中心圆孔的中空圆柱体,中空样品中放置铜加热器,并在样品外包裹散热器,通过加热器加载恒定的功率电流,使样品具有稳态热流。根据傅里叶定律,只要圆柱样品足够长,样品就只有径向稳态热流。利用热电偶测量样品内外表面的温度,已知加热器加载的功率和样品的径向温差后,结合傅里叶定律就得到了样品的热导率。H. Yukutake 等在 1978 年将稳态比较法引入了高压热导率测量中,如图 1.12(b)所示。该方法将样品夹在已知热导率的参比物中间,利用热电偶测量每一层的温度得到样品的温度梯度,然后求得高压下样品的热导率。

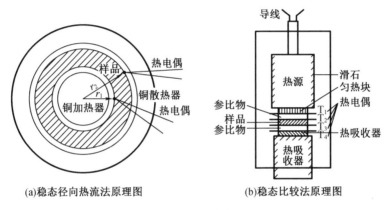

(a)稳态径向热流法原理图　　(b)稳态比较法原理图

图 1.12　稳态法

瞬态法是通过在不同的时间表征样品若干点的温度变化,结合传热学控制方程计算得到材料热物性。P. Anderson 等在 1976 年首次将瞬态热丝法引入活塞-圆筒(PC)高压装置中,如图 1.13(a)所示,成功测量了 AgCl 在 1 GPa 压力下的热导率。在实验过程中镍丝既是为样品提高热量的热源,又是测量样品温度的温度计。该方法假设热丝是无限长的,直径趋近于无限小,基于该假设,建立了瞬态传热控制方程,计算了样品热导率与温度之间的关系。L. N. Dzhavadov 等在 1975 年提出了瞬态平面热源法,如图 1.13(b)所示。该方法需要将圆柱样品平均分成三部分,各部分之间均放置加热器。为了保证样品轴向温度梯度尽可能小,实验中通过控制样品的厚度来实现,但也造成了加压时样品极其容易碎裂的问题。

G. I. Panglinan 等在 2000 年利用激光脉冲对 DAC 中的样品 NaCl 进行加热,通过光学感应器测量 NaCl 的温度随时间的变化关系,成功利用光学手段在

DAC 装置中实现了 77~600 K 和 2 GPa 下 NaCl 热扩散率的测量。P. Beck 等在 2007 年利用激光脉冲加热样品,结合时间分辨辐射法测量样品温度,测量了 MgO、NaCl、KCl 的热扩散系数。该方法将铂(Pt)薄片夹在样品之间,一方面用来吸收激光的能量,另一方面起到向外辐射热能的作用,利用光学手段对 Pt 薄片的升温信号进行采集,根据测量的温度-时间曲线,求得样品的热扩散率。

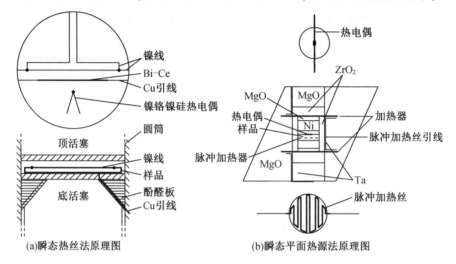

(a)瞬态热丝法原理图   (b)瞬态平面热源法原理图

图 1.13　瞬态法

D. G. Cahill 等在 2010 年将时域热反射法(time-domain thermoreflectance, TDTR)引入 DAC 装置后,如图 1.14(a)所示,实现了高压热扩散系数的测量。在试样 $KAl_2(Si_3Al)O_{10}(OH)_2$ 探测面涂一层热传感金属 Al 薄膜来增强温度的反射信号。在实验中通过探测 Al 薄膜的反射率随温度的变化来反映样品表面温度变化趋势,得到样品的热扩散系数。随后,T. Yagi 等在 2011 年将激光反射法应用于 DAC 装置中,如图 1.14(b)所示,在厚 3 μm、直径 50 μm 的试样 $Mg(OH)_2$ 上下表面喷涂 Pt 层。试样 $Mg(OH)_2$ 一侧的 Pt 层起到吸收激光脉冲作用,另一侧用于检测样品表面温度的变化。通过温度-时间曲线得到不同压力下样品的热扩散系数,该方法目前还未推广到高温环境。

DAC 结合瞬态法在研究高温高压材料热输运性质中充当着重要的角色。然而 DAC 结合激光加热样品的方法在测量高温高压原位热输运性质时仍存在一定的技术壁垒,如:试样准备困难;测温误差对设备的精密程度依赖性极强;设备庞大以及光学系统的复杂性等使得测温误差分析困难;基于黑体辐射的非接触式测温,在低温区红外探测器响应率变弱,测温误差会越加突出;此外,样品温度波动较大,需改善样品温度的稳定性。特别对于低导热材料,比如低熔点的相变材料,因为其温升一般在 1~5 ℃,样品的背温变化较缓慢。为了达到激光脉冲法可探测范围,对于这种问题,通常情况下有两种处理方法,一种是制备极薄的样品,另一种是加大激光脉冲功率。但这两种处理方法会导致低导热材料的测量值失真。这主要是由于极薄的样品得到的测量结果离散性较大,而高功率的激光会导致样品发生分解或化学反应。并且在 DAC 中应用瞬态法只能针对高温高压热扩散系数的测量,并不适用于直接测量热导率。因此,基于瞬态法在 DAC 中实现高温高压原位热导率测量面临着不少的技术难题。DAC 与高温结合可以在实验室内模拟出地球内部的温压条件,该条件是典型矿物与岩石热学性质研究的重要条件。稳态法可作为另一种加热方式,并且稳态加热矿物质,其物质的受热过程更贴近实际的地球深部环境。因此,将稳态法应用到 DAC 中实现高温高压原位热导率的测量有重要意义。

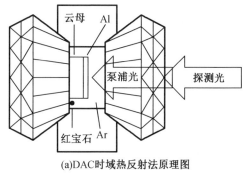

(a)DAC时域热反射法原理图

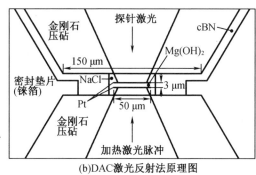

(b)DAC激光反射法原理图

图 1.14　时域热反射法和激光反射法

为了在 DAC 中实现原位测量样品的热输运性质,本课题组最初设计了内冷式压机,如图 1.15 所示(专利号:201510036364.X)。内冷式压机结合双面电阻炉加温手段实现了样品稳态温度梯度分布。实验中通过调控上下两端陶瓷模具缠绕的电热丝的功率,实现了样品温度梯度的控制。内冷式压机的优势在于循环水冷的设计,该设计有效避免了在加热样品过程中压机机体和加压碟簧的温度上升,可以使压机机体和加压碟簧保持室温,从而解决了高温导致高压腔中压力丢失的问题,同时也确保了压机中样品能够获得足够高的稳恒热流。受内冷式压机的启发,后续本课题组设计了高温高压压机,如图 1.16 所示。相比于内冷式压机,高温高压压机提供了更方便的操作空间,大大降低了实验的操作难度。

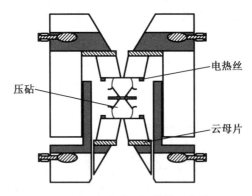

图 1.15　内冷式压机装置示意图

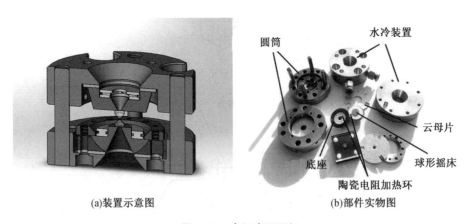

(a)装置示意图　　　　　　　　(b)部件实物图

图 1.16　高温高压压机

在空气中利用稳态法加热 DAC 中的样品时,会出现多种传热方式耦合传热的行为,这样复杂的热传输行为增加了温度准确标定的难度,为此在实验上设计了如图 1.17 所示的真空装置(专利号:201810046716.3),该装置有效抑制了空气导热和 DAC 周围流场产生的热对流对 DAC 温度场分布的影响。同时真空罩的配置,也有效防止高温实验过程中金刚石发生氧化。然而 DAC 内的样品腔很小,利用热电偶直接测量样品的温度操作极其困难。即使将热电偶成功放置在样品腔中,在高压的作用下热电偶测温精度也很难保证。因此,DAC 中样品温度标定仍需深入研究。

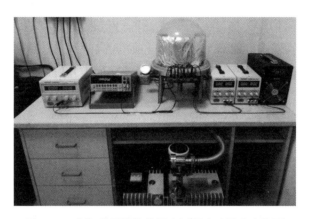

图 1.17   高温高压原位热导率测量实验平台实物图

目前稳态法应用于 DAC 装置测温时常采用替代式测温法。由于金刚石压砧热导率较大,因此可近似认为压砧是一个恒温体,一般将热电偶测量的上下压砧温度代替样品上下表面的温度。但替代式测温法未能直接原位测量样品的温度,因此该方法的可靠性有待研究。D. H. Yue 等利用有限元方法研究了替代式测温法得到的样品温度梯度与真实的温度分布的关系,评估了替代式测温法的实验误差。研究表明样品热导率为 50 W/m · K 时,实验误差达到71. 742%,并且样品热导率越大,其实验误差就越高。为了得到外加热 DAC 中样品的真实温度,本课题组基于稳态导热原理的实验测量手段,提出利用有限元分析结合测量压砧局部位置的温度对压砧、垫片和样品的温度分布进行模拟的数值方法(专利号:201810013513. 3)。

1.5   计算材料学简介

对于实验技术无法实现的一些材料性质的精确测量,在计算材料学中可以通过理论计算对材料性质进行合理的预测与分析。计算材料学主要包含两方面内容:一方面基于理论模型,结合有效的计算机程序对材料的结构和性能进行合理的预测与分析;另一方面基于实验数据,结合一些数值计算方法或是构建合理的数学模型对实际的过程进行合理的模拟。前者使得材料的研究开发更具有探索性和方向性;后者有助于使实验数据上升为一般的理论,可对实验提供一定的指导和支撑。计算材料学可以预测尚未合成或未经详细测试的材料的性质,包括它们的机械、热学、电学、磁学和光学性质。这些预测有助于指导实验研究,使研究人员能够聚焦于最有前景的材料系统,从而节省时间和资源。通过计算模拟,科学家可以在原子和分子层面上理解材料的行为。这种深入的理解有助于解释实验中观察到的复杂现象,并揭示潜在的物理和化学机制。例如,计算材料学可以帮助解释特定合金的强度如何随合金成分的变化而变化。计算材料学不仅能预测已知材料的性质,还能帮助设计新材料。通过筛选大量的化合物和结构,计算可以预测哪些新材料可能具有期望的性质,如更高的超导转变温度或更好的光电转换效率。这种"材料基因组"方法正在变革材料的发现和开发过程。计算方法还可以模拟材料加工过程,如热处理、合金化和机械加工对材料性能的影响。这有助于优化加工条件以获得最佳性能,同时减少通过传统实验方法进行加工条件优化的需求。因此,计算材料学可以认为是实验和材料学理论的桥梁,实验研究、理论研究和计算机模拟三者之间的关系如图 1.18 所示。

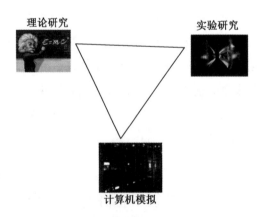

图 1.18　实验研究、理论研究和计算机模拟三者之间的关系

目前,科学技术的迅猛发展,相应地对高性能材料也提出了更高的要求。科学研究尺度随之不断变小,对材料的研究甚至达到了纳米层次。实验难度和成本的提高以及研究体系复杂性的增加,若仅是依靠实验技术来实现材料的所有研究已经很难满足现代科学发展的需求。但计算材料学可以从基本的理论出发,从各种尺度对材料进行多层次结构的研究,也可以得到高温高压等极端条件下材料性质与性能的演变规律。图 1.19 为跨尺度计算多层次结构简易图。

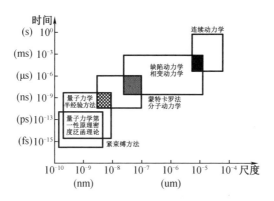

图 1.19　跨尺度计算多层次结构简易图

例如,其中以 DFT 为基础,研发了一系列第一性原理计算软件,图 1.20 描述了截至 2018 年第一性原理常用软件的发展趋势。随着计算机运算能力的高速发展,理论计算为理解不同尺度下材料的性质与特征,设计和研究新型材料等提供了新的研究手段。所以,计算材料学在现代研究中发挥了极其重要的作用,其发展极大地加速了新材料的发现和现有材料性能的优化过程,减少了依赖于传统的试错法的实验研究,对于材料科学、能源科学、纳米技术以及生物医学等领域的发展具有重要意义,与实验技术占据同等重要的地位。

综上所述,高温高压极端条件下物质的热输运性质研究对材料科学、地震学和地球科学等领域具有重要意义。DAC 与高温结合是模拟高温高压环境的有效手段。然而在 DAC 中进行高温高压热导率原位测量是高压学界公认的技术难题。目前在高温高压条件下依托 DAC 技术平台对物质热物性的表征仍存在困难。

为实现极端温压条件下物质热输运性质的精确测量,本课题组搭建了高温高压原位热导率测量实验平台,在 DAC 内实现了稳定热流场。DAC 中测温常采用替代式测温法,但传统替代式测温法不可避免地会出现一定的实验误差。

为了得到 DAC 中样品的真实温度梯度,我们提出了利用数值分析结合多热电偶原位测温模拟 DAC 内温度场分布,进而得到样品热导率的测量方法。DAC 内基于稳恒热流场的高温高压原位热导率测量方法实际是根据 DAC 内温度分布情况求得样品热导率。在基于稳恒热流场的 DAC 内,主要部件的热力学参数、结构尺寸和热辐射对 DAC 内的温度场分布有较大的影响,从而导致热导率测量不精准。

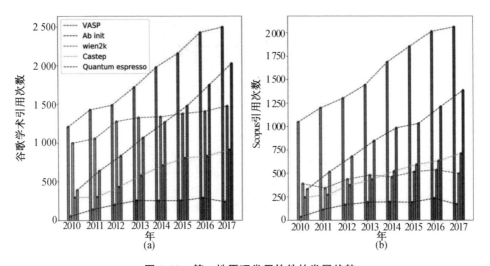

图 1.20　第一性原理常用软件的发展趋势

基于此,以 DAC 内基于稳恒热流场的高温高压原位热导率测量方法为研究对象,采用第一性原理、光学光谱测试、有限体积法、有限元法研究金刚石的热力学性质和热辐射,分析辐射效应、压砧和样品形变对 DAC 内原位热导率测量的影响,以及高压下金刚石压砧和样品的形变对 DAC 内高温高压原位热导率测量的影响。从误差来源、误差修正方法、DAC 内温度梯度分布标定等方面展开研究,以实现高温高压热导率的原位准确测量。

参 考 文 献

[1]　刘志国,千正男.高压技术[M].哈尔滨:哈尔滨工业大学出版社,2012.

[2]　汪志诚.热力学·统计物理[M].3 版.北京:高等教育出版社,2003.

[3]　徐如人,庞文琴.无机合成与制备化学[M].北京:高等教育出版社,2001.

［4］　王华馥,吴自勤.固体物理实验方法［M］.北京:高等教育出版社,1990.

［5］　谢鸿森.地球深部物质科学导论［M］.北京:科学出版社,1997.

［6］　本和光博.实验环境技术－丸善实验物理学讲座第 12 卷［M］.东京:丸善出版社,2000.

［7］　EREMETS M. High pressure experimental methods［M］. Oxford: Oxford Science Publications, 1996.

［8］　BRADLEY C C. High pressure methods in solid state research［M］. Boston, MA: Springer US, 1969.

［9］　箕村茂.超高压－实验物理学讲座第 18 卷［M］.东京:共立出版株式会社,1988.

［10］　SPAIN L, PAAUE J. High pressure technology［M］. New York: Marcel Dekker,1977.

［11］　CAI Y Q,MAO H K,CHOW P C, et al. Ordering of hydrogen bonds in high－pressure low－temperature H_2O［J］. Physical Review Letters, 2005, 94 (2):025502.

［12］　MAO H K,HEMLEY R J. Ultrahigh－pressure transitions in solid hydrogen ［J］. Reviews of Modern Physics,1994,66(2):671－692.

［13］　WU M,ASHBURN J,TORNG C,et al. Superconductivity at 93 K in a new mixed－phase Yb－Ba－Cu－O compound system at ambient pressure［J］. Physical Review Letters,1987,58(9):908－910.

［14］　GAO L,XUE Y,CHEN F,et al. Superconductivity up to 164 K in $HgBa_2Cam-$ 1CumO2m+2+delta (m = 1, 2, and 3) under quasihydrostatic pressures［J］. Physical Review B,Condensed Matter,1994,50(6):4260－4263.

［15］　BUNDY F P. Melting of graphite at very high pressure［J］. The Journal of Chemical Physics,1963,38(3):618－630.

［16］　刘晓旸.高压化学［J］.化学进展,2009,21(S2):1373－1388.

［17］　冯端,金国钧.凝聚态物理学(上卷)［M］.北京:高等教育出版社,2003.

［18］　MAO H K, HEMLEY R J. The high－pressure dimension in earth and planetary science［J］. Proceedings of the National Academy of Sciences, 2007,104(22):9114－9115.

［19］　XU J A, MAO H K, BELL P M. High－pressure ruby and diamond fluorescence: Observations at 0.21 to 0.55 terapascal[J]. Science, 1986, 232 (4756): 1404−1406.

[20] 经福谦, 陈俊祥. 动高压原理与技术[M]. 北京: 国防工业出版社, 2006.

[21] 薛凤家. 诺贝尔物理学奖百年回顾[M]. 北京: 国防工业出版社, 2003.

[22] HEMLEY R J, ASHCROFT N W. The revealing role of pressure in the condensed matter sciences[J]. Physics Today, 1998, 51(8): 26−32.

[23] 郭奕玲, 沈慧君. 物理学史[M]. 2 版. 北京: 清华大学出版社, 2005.

[24] BUNDY F. Ultra−high pressure apparatus[J]. Physics Reports, 1988, 167 (3): 133−176.

[25] MING L C, BASSETT W A. Laser heating in the diamond anvil press up to 2 000 ℃ sustained and 3 000 ℃ pulsed at pressures up to 260 kilobars[J]. Review of Scientific Instruments, 1974, 45(9): 1115−1118.

[26] BASSETT W A. The birth and development of laser heating in diamond anvil cells[J]. Review of Scientific Instruments, 2001, 72(2): 1270−1272.

[27] WEATHERS M S, BASSETT W A. Melting of carbon at 50 to 300 kbar[J]. Physics and Chemistry of Minerals, 1987, 15(2): 105−112.

[28] LAWSON A W, TANG T Y. A diamond bomb for obtaining powder pictures at high pressures[J]. Review of Scientific Instruments, 1950, 21(9): 815.

[29] WEIR C E, LIPPINCOTT E R, VAN VALKENBURG A, et al. Infrared studies in the 1−to 15−micron region to 30,000 atmospheres[J]. Journal of Research of the National Bureau of Standards Section A, Physics and Chemistry, 1959, 63A(1): 55−62.

[30] WIGNER E, HUNTINGTON H B. On the possibility of a metallic modification of hydrogen[J]. The Journal of Chemical Physics, 1935, 3(12): 764−770.

[31] ASHCROFT N W. Metallic hydrogen: A high−temperature superconductor? [J]. Physical Review Letters, 1968, 21(26): 1748−1749.

[32] CUDAZZO P, PROFETA G, SANNA A, et al. Ab initio description of high−temperature superconductivity in dense molecular hydrogen[J]. Physical Review Letters, 2008, 100(25): 257001.

[33] MCMAHON J M, MORALES M A, Pierleoni C, et al. The properties of hydrogen and helium under extreme conditions[J]. Reviews of Modern

Physics,2012,84(4):1607-1653.

[34] MCMAHON J M,CEPERLEY D M. High-temperature superconductivity in atomic metallic hydrogen[J]. Physical Review B,2011,84(14):144515.

[35] DALLADAY-SIMPSON P,HOWIE R T,GREGORYANZ E. Evidence for a new phase of dense hydrogen above 325 gigapascals[J]. Nature,2016,529 (7584):63-67.

[36] DIAS R P,SILVERA I F. Observation of the Wigner-Huntington transition to metallic hydrogen[J]. Science,2017,355(6326):715-718.

[37] PENG F,SUN Y,PICKARD C J,et al. Hydrogen clathrate structures in rare earth hydrides at high pressures: Possible route to room - temperature superconductivity[J]. Physical Review Letters,2017,119(10):107001.

[38] ASHCROFT N W. Hydrogen dominant metallic alloys: High temperature superconductors? [J]. Physical Review Letters,2004,92(18):187002.

[39] DUAN D F,LIU Y X,MA Y B,et al. Structure and superconductivity of hydrides at high pressures[J]. National Science Review,2017,4(1):121-135.

[40] WANG H,LI X,GAO G Y,et al. Hydrogen-rich superconductors at high pressures[J]. WIREs Computational Molecular Science,2018,8(1):1330.

[41] EREMETS M I,TROJAN I A,MEDVEDEV S A,et al. Superconductivity in hydrogen dominant materials:Silane[J]. Science,2008,319(5869):1506-1509.

[42] CHEN X J,WANG J L,STRUZHKIN V V,et al. Superconducting behavior in compressed solid SiH_4 with a layered structure[J]. Physical Review Letters, 2008,101(7):077002.

[43] LI Y W,GAO G Y,XIE Y,et al. Superconductivity at approximately 100 K in dense $SiH_4(H2)_2$ predicted by first principles[J]. Proceedings of the National Academy of Sciences of the United States of America,2010,107 (36):15708-15711.

[44] JIN X L,MENG X,HE Z,et al. Superconducting high-pressure phases of disilane[J]. Proceedings of the National Academy of Sciences of the United States of America,2010,107(22):9969-9973.

[45] GAO G Y,OGANOV A R,BERGARA A,et al. Superconducting high pressure phase of germane [J]. Physical Review Letters, 2008, 101

(10):107002.

[46]   ZHANG H D,JIN X L,LÜ Y Z,et al. A novel stable hydrogen−rich SnH$_8$ under high pressure[J]. RSC Advances,2015,5(130):107637−107641.

[47]   ZALESKI−EJGIERD P,HOFFMANN R,ASHCROFT N W. High pressure stabilization and emergent forms of PbH$_4$[J]. Physical Review Letters,2011, 107(3):037002.

[48]   WANG Y C,LIU H Y,LÜ J,et al. High pressure partially ionic phase of water ice[J]. Nature Communications,2011(2):563.

[49]   ZHANG S T,WANG Y C,ZHANG J R,et al. Phase diagram and high− temperature superconductivity of compressed selenium hydrides [J]. Scientific Reports,2015(5):15433.

[50]   ZHONG X,WANG H,ZHANG J,et al. Tellurium hydrides at high pressures: high−temperature superconductors [J]. Physical Review Letters, 2015, 116 (5):057002.

[51]   WIGNER E,HUNTINGTON H B. On the possibility of a metallic modification of hydrogen [J]. Journal of Chemical Physics,2004,3(12):764−770.

[52]   ASHCROFT N W. Metallic hydrogen:A high−temperature superconductor? [J]. Physical Review Letters,1968,21(26):1748−1749.

[53]   CUDAZZO P,PROFETA G,SANNA A,et al. Ab initio description of high− temperature superconductivity in dense molecular hydrogen [J]. Physical Review Letters,2008,100(25):257001.

[54]   MCMAHON J M,MORALES M A,PIERLEONI C,et al. The properties of hydrogen and helium under extreme conditions [J]. Reviews of Modern Physics,2012,84(4):1607−1653.

[55]   MCMAHON J M,CEPERLEY D M. High−temperature superconductivity in atomic metallic hydrogen[J]. Physical Review B,2011,84(14):144515.

[56]   DIAS R P,SILVERA I F. Observation of the Wigner−Huntington transition to metallic hydrogen[J]. Science,2017,355(6326):715−718.

[57]   PENG F,SUN Y,PICKARD C J,et al. Hydrogen clathrate structures in rare earth hydrides at high pressures:Possible route to room − temperature superconductivity[J]. Physical Review Letters,2017,119(10):107001.

[58] ASHCROFT N W. Hydrogen dominant metallic alloys: High temperature superconductors? [J]. Physical Review Letters,2004,92(18):187002.

[59] DUAN D,LIU Y,MA Y,et al. Structure and superconductivity of hydrides at high pressures[J]. National Science Review,2017,4(1):15.

[60] LIU Y X,DUAN D F,TIAN F B,et al. Prediction of stoichiometric PoHn compounds:Crystal structures and properties[J]. RSC Advances, 2015, 5 (125):103445-103450.

[61] FENG X L,ZHANG J R,GAO G Y,et al. Compressed sodalite-like MgH6 as a potential high-temperature superconductor[J]. RSC Advances, 2015, 5 (73):59292-59296.

[62] WANG H,TSE J S,TANAKA K,et al. Superconductive sodalite-like clathrate calcium hydride at high pressures[J]. Proceedings of the National Academy of Sciences of the United States of America,2012,109(17):6463-6466.

[63] ZÜTTEL A. Hydrogen storage methods[J]. Naturwissenschaften, 2004, 91 (4):157-172.

[64] LI Y W,HAO J,LIU H Y,et al. Pressure-stabilized superconductive yttrium hydrides[J]. Scientific Reports,2015(5):9948.

[65] QIAN S, SHENG X, YAN X, et al. Theoretical study of stability and superconductivity of ScHn (n=4~8) at high pressure [J]. Physical Review B,2017,96(9):094513.

[66] LIU H Y, NAUMOV I I, HOFFMANN R, et al. Potential high-T(c) superconducting lanthanum and yttrium hydrides at high pressure [J]. Proceedings of the National Academy of Sciences of the United States of America,2017,114(27):6990-6995.

[67] KELLER R,HOLZAPFEL W B. Diamond anvil device for X-ray diffraction on single crystals under pressures up to 100 kilobar[J]. Review of Scientific Instruments,1977,48(5):517-523.

[68] ERRANDONEA D, MACLEOD S G, RUIZ-FUERTES J, et al. High-pressure/high-temperature phase diagram of zinc [J]. Journal of Physics Condensed Matter,2018,30(29):295402.

[69] WEIR S T, AKELLA J, ARACNE-RUDDLE C, et al. Epitaxial diamond

encapsulation of metal microprobes for high pressure experiments [J]. Applied Physics Letters,2000,77(21):3400-3402.

[70] MCMAHON J M,CEPERLEY D M. High-temperature superconductivity in atomic metallic hydrogen[J]. Physical Review B,2011,84(14):144515.

[71] ZHUANG Q,JIN X L,CUI T,et al. Effect of electrons scattered by optical phonons on superconductivity in MH_3(M=S,Ti,V,Se)[J]. Physical Review B,2018,98(2):024514.

[72] MARTON F C,SHANKLAND T J,RUBIE D C,et al. Effects of variable thermal conductivity on the mineralogy of subducting slabs and implications for mechanisms of deep earthquakes[J]. Physics of the Earth and Planetary Interiors,2005,149(1-2):53-64.

[73] STACEY F D,LOPER D E. A revised estimate of the conductivity of iron alloy at high pressure and implications for the core energy balance[J]. Physics of the Earth and Planetary Interiors,2007,161(1-2):13-18.

[74] CHAPMAN D S. Thermal gradients in the continental crust[J]. Geological Society,London,Special Publications,1986,24(1):63-70.

[75] YANAGAWA T K B,NAKADA M,YUEN D A. Influence of lattice thermal conductivity on thermal convection with strongly temperature-dependent viscosity[J]. Earth,Planets and Space,2005,57(1):15-28.

[76] VEKSLER I V,HOU T. Experimental study on the effects of H_2O upon crystallization in the Lower and Critical Zones of the Bushveld Complex with an emphasis on chromitite formation [J]. Contributions to Mineralogy and Petrology,2020,175(9):85.

[77] 王晓峰,李光华,褚清新,等. 三氧化二锰的单晶合成、结构表征及其磁性研究[J]. 高等学校化学学报,2007,(28)5:821-823.

[78] LI W M,ZHAO J F,CAO L P,et al. Superconductivity in a unique type of copper oxide[J]. Proceedings of the National Academy of Sciences,2019,116(25):12156-12160.

[79] SNIDER E,DASENBROCK-GAMMON N,MCBRIDE R,et al. Room-temperature superconductivity in a carbonaceous sulfur hydride[J]. Nature,2020,586(7829):373-377.

[80] WENTORF R H J. Cubic form of boron nitride[J]. The Journal of Chemical Physics,1957,26(4):956.

[81] HITOSHI S,TETSUO I. Microstructure and mechanical properties of high-hardness nano-polycrystalline diamonds [J]. SEI Technical Review,2008 (66):85-92.

[82] SCHNEIDER S B,FRANKOVSKY R,SCHNICK W. Synthesis of alkaline earth diazenides MAEN2 (MAE = Ca, Sr, Ba) by controlled thermal decomposition of azides under high pressure[J]. Inorganic Chemistry,2012, 51(4):2366-2373.

[83] VAJENINE G V,AUFFERMANN G,PROTS Y,et al. Preparation,crystal structure, and properties of barium pernitride, BaN_2 [J]. Inorganic Chemistry,2001,40(19):4866-4870.

[84] AUFFERMANN G,PROTS Y,KNIEP R. SrN and SrN(2):Diazenides by synthesis under high N_2-pressure[J]. Angewandte Chemie (International Ed in English),2001,40(3):547-549.

[85] SCHNEIDER S B,FRANKOVSKY R,SCHNICK W. High-pressure synthesis and characterization of the alkali diazenide Li_2N_2[J]. Angewandte Chemie (International Ed in English),2012,51(8):1873-1875.

[86] CHI Z H,CHEN X L,YEN F,et al. Superconductivity in pristine $2H_a-MoS_2$ at ultrahigh pressure[J]. Physical Review Letters,2018,120(3):037002.

[87] DROZDOV A P, EREMETS M I, TROYAN I A, et al. Conventional superconductivity at 203 kelvin at high pressures in the sulfur hydride system [J]. Nature,2015,525:73-76.

[88] MA Y M,EREMETS M,OGANOV A R,et al. Transparent dense sodium [J]. Nature,2009,458:182-185.

[89] FAN C Z,LI J,WANG L M. Phase transitions,mechanical properties and electronic structures of novel boron phases under high-pressure:A first-principles study[J]. Scientific Reports,2014,4:6786.

[90] HUANG Q,YU D L,XU B,et al. Nanotwinned diamond with unprecedented hardness and stability[J]. Nature,2014,510:250-253.

[91] LIU J X,YAN J J,SHI Q W,et al. Pressure dependence of electrical

conductivity of black titania hydrogenated at different temperatures[J]. The Journal of Physical Chemistry C,2019,123(7):4094−4102.

[92] ZHANG J K,LIU C L,ZHANG X,et al. Electronic topological transition and semiconductor−to−metal conversion of Bi_2Te_3 under high pressure [J]. Applied Physics Letters,2013,103(5):052102.

[93] QIN T R,WANG Q L,YUE D H,et al. High−pressure dielectric behavior of polycrystalline $CaMoO_4$: The role of grain boundaries[J]. Journal of Alloys and Compounds,2018,730:1−6.

[94] LI Y Q,GAO Y,HAN Y H,et al. Metallization and hall−effect of Mg_2Ge under high pressure [J]. Applied Physics Letters,2015,107(14):142103.

[95] KE F,DONG H,CHEN Y,et al. Decompression−driven superconductivity enhancement in In_2Se_3 [J]. Advanced Materials,2017,29(34):1521−4095.

[96] WANG J,ZHANG G Z,LIU H,et al. Ionic transport properties in AgCl under high pressures[J]. Applied Physics Letters,2017,111(3):031907.

[97] SUN Y C,ZHOU H Q,YIN K,et al. First−principles study of thermodynamics and spin transition in $FeSiO_3$ liquid at high pressure [J]. Geophysical Research Letters,2019,46(7):3706−3716.

[98] BELONOSHKO A B. Molecular dynamics of $MgSiO_3$ perovskite at high pressures: Equation of state, structure, and melting transition [J]. Geochimica et Cosmochimica Acta,1994,58(19):4039−4047.

[99] GHOSH D B,KARKI B B. Diffusion and viscosity of Mg_2SiO_4 liquid at high pressure from first−principles simulations[J]. Geochimica et Cosmochimica Acta,2011,75(16):4591−4600.

[100] KARKI B B,BOHARA B,STIXRUDE L. First−principles study of diffusion and viscosity of anorthite ($CaAl_2Si_2O_8$) liquid at high pressure [J]. American Mineralogist,2011,96(5−6):744−751.

[101] JEANLOZ R,KNITTLE E. Density and composition of the lower mantle [J]. Philosophical Transactions of the Royal Society of London Series A, Mathematical and Physical Sciences,1989,328:377−389.

[102] WANG W Z,XU Y H,SUN D Y,et al. Velocity and density characteristics of subducted oceanic crust and the origin of lower−mantle heterogeneities

[J]. Nature Communications,2020,11:64.

[103]　DUAN L Y, WANG W Z, WU Z Q, et al. Thermodynamic and elastic properties of grossular at high pressures and high temperatures: A first-principles study[J]. Journal of Geophysical Research: Solid Earth, 2019, 124(8):7792-7805.

[104]　HAO S Q, WANG W Z, QIAN W S, et al. Elasticity of akimotoite under the mantle conditions: Implications for multiple discontinuities and seismic anisotropies at the depth of 600~700 km in subduction zones [J]. Earth and planetary Science Letters,2019,528:115830.

[105]　HOU M Q, HE Y, JANG B G, et al. Superionic iron oxide - hydroxide in Earth's deep mantle[J]. Nature Geoscience,2021,14:174-178.

[106]　BRIDGMAN P W. Effects of high shearing stress combined with high hydrostatic pressure[J]. Physical Review,1935,48(10):825-847.

[107]　SHEN G Y, MAO H K. High-pressure studies with x-rays using diamond anvil cells[J]. Reports on Progress in Physics Physical Society (Great Britain),2017,80(1):016101.

[108]　HAZEN R M, FINGER L W. High-temperature diamond-anvil pressure cell for single-crystal studies[J]. Review of Scientific Instruments,1981, 52(1):75-79.

[109]　KELLER R, HOLZAPFEL W B. Diamond anvil device for X-ray diffraction on single crystals under pressures up to 100 kilobar[J]. Review of Scientific Instruments,1977,48(5):517-523.

[110]　BAUBLITZ M A JR, ARNOLD V, RUOFF A L. Energy dispersive X-ray diffraction from high pressure polycrystalline specimens using synchrotron radiation[J]. Review of Scientific Instruments,1981,52(11):1616-1624.

[111]　SKELTON E F, SPAIN I L, YU S C, et al. Variable temperature pressure cell for polycrystalline X-ray studies down to 2 K—Application to Bi[J]. Review of Scientific Instruments,1977,48(7):879-883.

[112]　DENNER W, DIETERICH W, SCHULZ H, et al. Adaption of a diamond anvil cell to an automatic four-circle diffractometer for X-ray diffraction [J]. The Review of Scientific Instruments,1978,49(6):775.

[113] BRIDGMAN P W. The thermal conductivity and compressibility of several rocks under high pressures [J]. American Journal of Science, 1924, 38 (7):81-102.

[114] ERRANDONEA D, MACLEOD S G, RUIZ - FUERTES J, et al. High - pressure/high-temperature phase diagram of zinc [J]. Journal of Physics Condensed Matter, 2018, 30(29):295402.

[115] SAMUDRALA G K, MOORE S L, VELISAVLJEVIC N, et al. Nanocrystalline diamond micro-anvil grown on single crystal diamond as a generator of ultra-high pressures [J]. AIP Advances, 2016, 6(9):095027.

[116] 经福谦, 陈俊祥. 动高压原理与技术[M]. 北京:国防工业出版社, 2006.

[117] DLOTT D D. New developments in the physical chemistry of shock compression [J]. Annual Review of Physical Chemistry, 2011, 62(1):575-597.

[118] SAKAI T, YAGI T, OHFUJI H, et al. High - pressure generation using double stage micro-paired diamond anvils shaped by focused ion beam[J]. The Review of Scientific Instruments, 2015, 86(3):033905.

[119] BASSETT W A, SHEN A H, BUCKNUM M, et al. A new diamond anvil cell for hydrothermal studies to 2. 5 GPa and from-190 to 1 200 ℃ [J]. Review of Scientific Instruments, 1993, 64(8):2340-2345.

[120] YAN J, DORAN A, MACDOWELL A A, et al. A tungsten external heater for BX90 diamond anvil cells with a range up to 1 700 K[J]. The Review of Scientific Instruments, 2021, 92(1):013903.

[121] OKUDA Y, KIMURA S, OHTA K, et al. A cylindrical SiC heater for an externally heated diamond anvil cell to 1 500 K [J]. The Review of Scientific Instruments, 2021, 92(1):015119.

[122] FIQUET G, DEWAELE A, ANDRAULT D, et al. Thermoelastic properties and crystal structure of $MgSiO_3$ perovskite at lower mantle pressure and temperature conditions[J]. Geophysical Research Letters, 2000, 27(1): 21-24.

[123] SHIM S H, DUFFY T S, SHEN G Y. The stability and P-V-T equation of state of $CaSiO_3$ perovskite in the Earth's lower mantle [J]. Journal of Geophysical Research: Solid Earth, 2000, 105(B11):25955-25968.

[124]　经福谦. 动态超高压技术(一)[J]. 爆炸与冲击,1984,4(3):1-9.

[125]　YANAGAWA T K B,NAKADA M,YUEN D A. Influence of lattice thermal conductivity on thermal convection with strongly temperature – dependent viscosity[J]. Earth,Planets and Space,2005,57(1):15-28.

[126]　CHAPMAN D S. Thermal gradients in the continental crust[J]. Geological Society,London,Special Publications,1986,24(1):63-70.

[127]　MARTON F C,SHANKLAND T J,RUBIE D C,et al. Effects of variable thermal conductivity on the mineralogy of subducting slabs and implications for mechanisms of deep earthquakes[J]. Physics of the Earth and Planetary Interiors,2005,149(1-2):53-64.

[128]　STACEY F D,LOPER D E. A revised estimate of the conductivity of iron alloy at high pressure and implications for the core energy balance[J]. Physics of the Earth and Planetary Interiors,2007,161(1-2):13-18.

[129]　VOSTEEN H D,SCHELLSCHMIDT R. Influence of temperature on thermal conductivity,thermal capacity and thermal diffusivity for different types of rock[J]. Physics And Chemistry Earth,Parts A/B/C,2003,28(9-11):499-509.

[130]　SEIPOLD U. Temperature dependence of thermal transport properties of crystalline rocks—a general law[J]. Tectonophysics,1998,291(1-4):161-171.

[131]　ABDULAGATOV I M,EMIROV S N,TSOMAEVA T A,et al. Thermal conductivity of fused quartz and quartz ceramic at high temperatures and high pressures[J]. Journal of Physics and Chemistry of Solids,2000,61(5):779-787.

[132]　HORAI K I,SUSAKI J I. The effect of pressure on the thermal conductivity of silicate rocks up to 12 kbar[J]. Physics of the Earth and Planetary Interiors,1989,55(3-4):292-305.

[133]　HOFMEISTER A. Mantle values of thermal conductivity and the geotherm from phonon lifetimes[J]. Science,1999,283(5408):1699-1706.

[134]　SEIPOLD U. Depth dependence of thermal transport properties for typical crustal rocks[J]. Physics of the Earth and Planetary Interiors,1992,69(3-4):299-303.

[135]　HOFMEISTER A M,WHITTINGTON A G,PERTERMANN M. Transport

properties of high albite crystals, near-endmember feldspar and pyroxene glasses, and their melts to high temperature[J]. Contributions to Mineralogy and Petrology, 2009, 158(3): 381-400.

[136] OSIPOV A S, KLIMCZYK P, RUTKOWSKI P, et al. Diamond composites of high thermal conductivity and low dielectric loss tangent [J]. Materials Science and Engineering: B, 2021, 269(1): 115171.

[137] DEY U, MITRA N, TARAPHDER A. High temperature - high pressure phase transformation of Cu [J]. Computational Materials Science, 2019, 170: 109154.

[138] GIRI A, GASKINS J T, LI L Q, et al. First-principles determination of the ultrahigh electrical and thermal conductivity in free - electron metals via pressure tuning the electron-phonon coupling factor[J]. Physical Review B, 2019, 99(16): 165139.

[139] YUKUTAKE H, SHIMADA M. Thermal conductivity of NaCl, MgO, coesite and stishovite up to 40 kbar [J]. Physics of the Earth and Planetary Interiors, 1978, 17(3): 193-200.

[140] ANDERSSON P, BÄCKSTRÖM G. Thermal conductivity of solids under pressure by the transient hot wire method [J]. Review of Scientific Instruments, 1976, 47(2): 205-209.

[141] DZHAVADOV L N. Measurement of thermophysical properties of dielectrics under pressure [J]. High Temperatures-High Pressures, 1975, 7(1): 49-54.

[142] PANGILINAN G I, LADOUCEUR H D, RUSSELL T P. All - optical technique for measuring thermal properties of materials at static high pressure[J]. Review of Scientific Instruments, 2000, 71(10): 3846-3852.

[143] BECK P, GONCHAROV A F, STRUZHKIN V V, et al. Measurement of thermal diffusivity at high pressure using a transient heating technique [J]. Applied Physics Letters, 2007, 91(18): 181914.

[144] CAHILL D G, CHEN B, HSIEH W P, et al. Pressure tuning of the thermal conductivity of the layered muscovite crystal [J]. Physical Review B: Condensed Matter and Materials Physics, 2010, 80(18): 180302.

[145] YAGI T, OHTA K, KOBAYASHI K, et al. Thermal diffusivity measurement in a diamond anvil cell using a light pulse thermoreflectance technique[J]. Measurement Science and Technology, 2011, 22(2): 024011.

[146] LI M, GAO C X, MA Y Z, et al. In situ electrical conductivity measurement of high − pressure molten （ $Mg_{0.875}$, $Fe_{0.125}$ ）$_2SiO_4$ [J]. Applied Physics Letters, 2007, 90(11) : 113507.

[147] XU J A, MAO H K, BELL P M. High − pressure ruby and diamond fluorescence: Observations at 0. 21 to 0. 55 terapascal[J]. Science, 1986, 232(4756) : 1404−1406.

[148] BASSETT W A, SHEN A H, BUCKNUM M, et al. A new diamond anvil cell for hydrothermal studies to 2. 5 GPa and from −190 to 1 200 ℃ [J]. Review of Scientific Instruments, 1993, 64(8) : 2340−2345.

[149] 王慧媛, 郑海飞. 高温高压实验及原位测量技术[J]. 地学前缘, 2009, 16 (1) : 17−26.

[150] YUE D H, JI T T, QIN T R, et al. Accurate temperature measurement by temperature field analysis in diamond anvil cell for thermal transport study of matter under high pressures [J]. Applied Physics Letters, 2018, 112 (8) : 081901.

[151] STOLIAROFF A, JOBIC S, LATOUCHE C. PyDEF 2. 0: An easy to use post − treatment software for publishable charts featuring a graphical user interface [J]. Journal of Computational Chemistry, 2018, 39(26) : 2251−2261.

第2章 基本原理与计算方法

2.1 多原子体系的薛定谔方程

从微观角度分析,物质的大多数性质,如硬度、电磁和光学性质主要取决于它的原子核及其电子的空间与能量分布。在研究材料电子结构时,关键是求解多原子体系的薛定谔(Schrödinger)方程:

$$\hat{H}\psi(\boldsymbol{r},\boldsymbol{R})=E\psi(\boldsymbol{r},\boldsymbol{R}) \tag{2.1.1}$$

其中,$\boldsymbol{r}$ 为电子坐标,$\boldsymbol{R}$ 为原子坐标,ψ 为多原子体系的波函数。

哈密顿量 $\hat{H}$ 为

$$\hat{H} = T_e(\boldsymbol{r}) + V_e(\boldsymbol{r}) + T_N(\boldsymbol{R}) + V_N(\boldsymbol{R}) + H_{e-N}(\boldsymbol{r},\boldsymbol{R})$$

$$= - \sum_i \frac{\hbar^2}{2m_e} \nabla_i^2 + \frac{1}{2} \sum_{i \neq j} \frac{e^2}{|\boldsymbol{r}_i - \boldsymbol{r}_j|} - \sum_I \frac{\hbar^2}{2M_I} \nabla_I^2 + \frac{1}{2} \sum_{I \neq J} \frac{e^2 Z_I Z_J}{|\boldsymbol{R}_I - \boldsymbol{R}_J|} -$$

$$\sum_{I,i} \frac{e^2 Z_I}{|\boldsymbol{r}_i - \boldsymbol{R}_I|} \tag{2.1.2}$$

其中,m_e 是电子质量,M_I 是第 J 个原子核质量。

原则上通过求解 Schrödinger 方程(2.1.1)的解析解即可得到物质的所有性质。但物质是由大量相互作用的原子组成,求解多原子体系 Schrödinger 方程的数值解变得极其困难,所以需要以特定的物理问题为基础在物理模型上进行一系列合理的简化与近似。

2.2 Born-Oppenheimer 近似
和 Hartree-Fock 近似

原子中电子质量与原子核质量相差很大,所以在原子核振动的任何瞬间,电子都可以立即调整自身的高速运动状态以适应新的力场,保持自己一直处于基态。将电子对原子核振动的影响归入负电荷所产生的稳定势场中,认为电子在固定势场中高速运动,这就是 Born-Oppenheimer 近似。

在 Born-Oppenheimer 近似下,多原子体系问题简化为多电子问题。此时,多原子体系的 Schrödinger 方程可以表示为

$$\left[- \sum_i \nabla_{r_i}^2 + \sum_i V_i \mid r_i \mid + \frac{1}{2} \sum_{i,j} \frac{1}{\mid r_i - r_j \mid} \right] \psi = \left[\sum_i \hat{H}_i + \sum_{i,j} \hat{H}_{ij} \right] \psi = E\psi$$

$$(2.2.1)$$

方程(2.2.1)采用了原子单位制($2m = 1, \hbar = 1, e^2 = 1$),左边第一项是电子的动能,第二项是电子与原子核的相互作用能,第三项是电子间的库仑相互作用能。当电子较多时,即使在 Born-Oppenheimer 近似下电子间相互作用的复杂性仍然导致很难求解 Schrödinger 方程得到精确解。为了可以得到 Schrödinger 方程的数值解,必须对电子-电子相互作用做近似处理。最简单的是直接忽略电子间的相互作用,也就是单电子独立近似。在单电子独立近似下,体系的 Schrödinger 方程简化为

$$\sum_i \hat{H}_i \psi = E\psi \qquad (2.2.2)$$

式(2.2.2)中的波函数 ψ 为单电子波函数 $\varphi_n(r_n)$ 之间的乘积,表示为

$$\psi(r) = \prod_i \varphi_i(r_i) = \varphi_1(r_1) \varphi_2(r_2) \cdots \varphi_n(r_n) \qquad (2.2.3)$$

式(2.2.3)所表示的波函数 $\psi(r)$ 称为 Hartree 波函数,$\psi(r) = \varphi_1(r_1) \varphi_2(r_2) \cdots \varphi_n(r_n)$ 是多电子体系 Schrödinger 方程的近似解,这个近似称为 Hartree 近似,由于电子间相互作用项 $\hat{H}_{ij}$ 是真实存在的,因此这种近似解法不够精确。将式(2.2.3)代入式(2.2.1)中,得到单电子的方程:

$$\left[- \Delta^2 + V(r) + \sum_{i'(i \neq i')} \iiint d^3 r' \frac{\mid \varphi_i(r') \mid^2}{\mid r' - r \mid} \right] \varphi_i(r) = E_i \varphi_i(r) \qquad (2.2.4)$$

式(2.2.4)称为 Hartree 方程。Hartree 方程表示了位于 r 处的电子受到晶格势和其他电子平均势作用的运动状态,利用 $\psi(r) = \varphi_1(r_1) \varphi_2(r_2) \cdots \varphi_n(r_n)$ 可得到能量期望值如下所示:

$$E = \sum_i \langle \varphi_i \mid \hat{H}_i \mid \varphi_i \rangle + \frac{1}{2} \sum_{i,j} \langle \varphi_i \varphi_j \mid \hat{H}_{ij} \mid \varphi_i \varphi_j \rangle \qquad (2.2.5)$$

由于全同粒子的不可区分性,若有 N 个电子,其位矢分别为 $r_1, r_2, \cdots, r_N$,就会有 $N!$ 种等价的排列方式。若考虑费米子 pauli 不相容原理,则采用哈特利-

福克(Hartree-Fock)近似,试探波函数 $\psi(r)$ 利用 Slater 行列式表示为

$$\psi = \frac{1}{\sqrt{N!}} \begin{vmatrix} \varphi_1(x_1) & \varphi_1(x_1) & \cdots & \varphi_N(x_1) \\ \varphi_1(x_2) & \varphi_1(x_2) & \cdots & \varphi_N(x_2) \\ \vdots & & \vdots & & \vdots \\ \varphi_1(x_N) & \varphi_1(x_N) & \cdots & \varphi_N(x_N) \end{vmatrix} \quad (2.2.6)$$

其中,$\varphi_i(x_i)$ 是坐标 r_i 处电子的波函数,$x \equiv (r, \sigma)$,$\dfrac{1}{\sqrt{N!}}$ 是归一化因子。

满足正交归一化条件:

$$\int \varphi_i^*(x) \varphi_j(x) = \delta_{ij} \quad (2.2.7)$$

能量期望值利用波函数 $\psi(r)$ 的 Slater 行列式进行求解,如下所示:

$$E = \langle \psi | \hat{H} | \psi \rangle$$

$$= \int \psi^* \hat{H} \psi \, dx_1 dx_2 \cdots dx_N$$

$$= \sum_i \int dr \varphi_i^*(r) \hat{H}_i \varphi_i(r) + \frac{1}{2} \sum_{i,j} \int dr dr' \frac{|\varphi_i(r)|^2 |\varphi_j(r')|^2}{|r - r'|} -$$

$$\frac{1}{2} \sum_{i,j} \int dr dr' \frac{\varphi_i^*(r) \varphi_i(r') \varphi_j^*(r') \varphi_j(r)}{|r - r'|} \quad (2.2.8)$$

通过变分原理,在坐标表象中方程为

$$[-\Delta^2 + V(r)] \varphi_i(r) + \sum_{j(\neq i)} \int dr' \frac{|\varphi_j(r')|^2}{|r' - r|} \varphi_i(r) -$$

$$\sum_{j(\neq i), \parallel} \int dr' \frac{\varphi_j^*(r') \varphi_i(r')}{|r' - r|} \varphi_j(r) = E_i \varphi_i(r) \quad (2.2.9)$$

其中,$\parallel$ 表示自旋平行,式(2.2.9)称为 Hartree-Fock 方程。与 Hartree 方程的区别在于 Hartree-Fock 方程多出了等式(2.2.9)左端最后一项的交换相互作用能。Hartree-Fock 方程也可以表示为

$$\left[-\Delta^2 + V(r) + \int dr' \frac{\rho(r') - \rho_i^{HF}(r, r')}{|r' - r|} \right] \varphi_i(r) = E_i \varphi_i(r) \quad (2.2.10)$$

$$\rho(r') = \sum_i \rho_i^H(r') \quad (2.2.11)$$

$$\rho_i^{HF}(r, r') = -\sum_{i' \parallel} \frac{\varphi_j^*(r') \varphi_i(r') \varphi_i^*(r) \varphi_j(r)}{\varphi_i^*(r) \varphi_j(r)} \quad (2.2.12)$$

其中,$\rho(\boldsymbol{r})$ 为电子数密度,$\rho_i^{\mathrm{HF}}(\boldsymbol{r},\boldsymbol{r}')$ 为交换电荷密度。为了可以求解式(2.2.

10),Slater 提出了采用平均法得到 $\bar{\rho}_i^{\mathrm{HF}}(\boldsymbol{r},\boldsymbol{r}')$,因此式(2.2.10)可以表示为

$$\left[-\Delta^2 + V(\boldsymbol{r}) + \int \mathrm{d}\boldsymbol{r}' \frac{\rho(\boldsymbol{r}') - \bar{\rho}_i^{\mathrm{HF}}(\boldsymbol{r},\boldsymbol{r}')}{|\boldsymbol{r}' - \boldsymbol{r}|} \right] \varphi_i(\boldsymbol{r}) = E_i \varphi_i(\boldsymbol{r}) \quad (2.2.13)$$

式(2.2.13)左边第二项和第三项可以作为一个有效势场,即

$$\left[-\Delta^2 + V_{\mathrm{eff}}(\boldsymbol{r}) \right] \varphi_i(\boldsymbol{r}) = E_i \varphi_i(\boldsymbol{r}) \quad (2.2.14)$$

综上,Hartree-Fock 近似本身完全忽略了多原子体系中的关联能,该近似不能认为是单电子近似的严格理论基础。

2.3　密度泛函理论

密度泛函理论(density functional theory, DFT)是利用电子数密度研究多原子体系的方法。DFT 通过采用各类型近似方法处理了薛定谔方程中包含所有复杂项的交换关联泛函。以 Hohenberg-Kohn 定理为基础的 DFT 是求解单电子问题的理论基础,也是引入的近似最少,计算难度降低,效率最高的一类方法。1965 年 W. Kohn 和 L. J. Sham 提出的 Kohn-Sham 方程推动了 DFT 发展到实际引用阶段。Kohn-Sham 方程将多粒子方程转化为单粒子方程时,将粒子间存在的复杂相互作用项单独收入交换关联项中,然后选取合适的近似方法对交换关联项进行单独处理。目前 DFT 已在凝聚态物理、化学等学科中取得了广泛应用,是研究材料结构和性质的重要工具之一。

2.3.1　Hohenberg-Kohn 定理

随着电子数的不断增加,数值求解的波函数成为一个高维函数,其求解计算量会随体系电子数呈指数趋势增加。这使得对于复杂体系求解 Schrödinger 方程时计算量非常大,量子计算无法实现。而电子密度 $\rho(\boldsymbol{r})$ 是空间坐标(x, y, z)的函数,仅有 3 个变量。无论体系包含了多少电子,该体系的电子密度 $\rho(\boldsymbol{r})$ 仍可以用空间坐标(x, y, z)函数的 3 个变量进行描述。所以相比波函数,电子密度 $\rho(\boldsymbol{r})$ 描述多原子体系有着惊人的优势。在 Born-Oppenheimer 近似和 Hartree-Fock 近似的基础上,为了进一步减小计算量,1927 年 Thomas 和 Fermi 提出了 Thomas-Fermi 模型,该模型利用电子密度泛函 $\rho(\boldsymbol{r})$ 表示体系原子总能量。后来狄拉克通过增加交换能泛函改进 Thomas-Fermi 模型,改进后的模型在很多应用中表现仍然不够理想。但该模型极好地诠释了 DFT 的思路。1964

年 P. Hohenberg 和 W. Kohn 在非均匀电子气理论的基础上提出了以下两条基本定理。

Hohenberg-Kohn 定理一：在一个给定外势 $V(r)$ 下，多粒子体系的基态性质由（非简并）基态电子密度 $\rho(r)$ 唯一地确定。

Hohenberg-Kohn 定理二：在一个给定外势 $V(r)$ 下，若 $E[n(r)]$ 是体系最低的能量，则电子密度函数 $n(r)$ 是体系正确的密度分布。

体系的哈密顿量（Hamiltonian）可以写为

$$H = T + V + U \tag{2.3.1}$$

式（2.3.1）包含动能、Coulomb 势，以及外势场对粒子的作用。根据 Hohenberg-Kohn 引理，电子的基态能量泛函形式为

$$
\begin{aligned}
E[n(r)] &= T[n(r)] + V[n(r)] + U[n(r)] \\
&= \langle \psi[n(r)] | T + V + U | \psi[n(r)] \rangle \\
&= \langle \psi[n(r)] | T + U | \psi[n(r)] \rangle + \int \mathrm{d}^3 r V(r) n(r) \\
&= F[n(r)] + \int \mathrm{d}^3 r V(r) n(r)
\end{aligned}
\tag{2.3.2}
$$

称为 HK 能量泛函。$F[n(r)]$ 与 $E[n(r)]$ 的差别就是少了一项对所有粒子都一样的外势 $V(r)$ 的贡献，$F[n(r)]$ 是一个与 $V(r)$ 无关的普适泛函。

2.3.2　Kohn–Sham 方程

1965 年，W. Kohn 和 L. J. Sham 提出描述多电子体系总能时，利用无相互作用的电子动能 $T_S[n(r)]$ 描述电子-电子相互作用的动能泛函项 $T[n(r)]$，然后把 $T[n(r)]$ 和 $T_S[n(r)]$ 之间的差别部分全部归入交换关联项 $E_{XC}[n(r)]$。利用能量泛函 $E(n)$ 对电子密度函数 $n(r)$ 进行变分求解，表示为

$$\int \mathrm{d}r \delta n(r) \left\{ \frac{\delta T[n(r)]}{\delta n(r)} + V(r) + \int \mathrm{d}r' \frac{n(r')}{|r'-r|} + \frac{\delta E_{XC}[n(r)]}{\delta n(r)} \right\} = 0 \tag{2.3.3}$$

基于粒子数不变条件：

$$\int \mathrm{d}r \delta n(r) = 0 \tag{2.3.4}$$

$$\frac{\delta T[n(r)]}{\delta n(r)} + V(r) + \int \mathrm{d}r' \frac{n(r')}{|r'-r|} + \frac{\delta E_{XC}[n(r)]}{\delta n(r)} = \mu \tag{2.3.5}$$

式中，μ 为拉格朗日乘子（Lagrange multiplier），表示单电子能量。式（2.3.5）中包含有效势 $V_{\mathrm{eff}}[n(r)]$ 的具体形式为

$$V_{\text{eff}}[n(\boldsymbol{r})] = V(\boldsymbol{r}) + \int \mathrm{d}\boldsymbol{r}' \frac{n(\boldsymbol{r}')}{|\boldsymbol{r}' - \boldsymbol{r}|} + \frac{\delta E_{\text{XC}}[n(\boldsymbol{r})]}{\delta n(\boldsymbol{r})} \qquad (2.3.6)$$

式(2.3.6)中有效势包含外势、Hartree 势(电子-电子的库仑势)以及交换关联势。无相互作用的体系电子密度 $n(\boldsymbol{r})$ 可以用轨道形式表示,$n(\boldsymbol{r})$ 和 $T_{\text{S}}[n(\boldsymbol{r})]$ 具体形式分别为

$$n(\boldsymbol{r}) = \sum_{i=1}^{N} |\varphi_i(\boldsymbol{r})|^2 \qquad (2.3.7)$$

$$T_{\text{S}}[n(\boldsymbol{r})] = \sum_{i=1}^{N} \int \mathrm{d}r \varphi_i^*(\boldsymbol{r})(-\nabla^2)\varphi_i(\boldsymbol{r}) \qquad (2.3.8)$$

通过对单粒子波函数 $\varphi_i(\boldsymbol{r})$ 进行变分,得到

$$\{-\Delta^2 + V_{\text{eff}}[n(\boldsymbol{r})]\}\varphi_i(\boldsymbol{r}) = E_i\varphi_i(\boldsymbol{r}) \qquad (2.3.9)$$

式(2.3.6)、式(2.3.7)、式(2.3.9)为 Kohn-Sham 方程。正是由于 Kohn 和 Sham 提出的方法,DFT 迅速发展成为材料电子结构计算的主流方法。式(2.3.6)中包含了交换关联项 $E_{\text{XC}}[n(\boldsymbol{r})]$,Kohn-Sham 方程的求解精度关键在于近似处理交换关联项 $E_{\text{XC}}[n(\boldsymbol{r})]$ 的精确程度。

2.3.3　交换关联泛函

Hohenberg-Kohn 定理建立了 DFT 的框架,DFT 在没有引入任何近似的情况下,就已经将电子系统基态的问题形式上简化为有效单电子问题了。这也是 DFT 与其他近似方法根本上的区别。在构造多电子总能时将所有误差量均折入交换关联项 $E_{\text{XC}}[n(\boldsymbol{r})]$ 中,相比于能量泛函中其他的作用能,交换关联项要小很多。交换关联项 $E_{\text{XC}}[n(\boldsymbol{r})]$ 无法精确得到,所以需要对体系能量泛函中最复杂的交换关联项做一些简单合理的近似。

局域密度近似(local density approximation, LDA)认为各点处的 $E_{\text{XC}}[n(\boldsymbol{r})]$ 只取决于该点的电子密度 $n(\boldsymbol{r})$。所以在 LDA 近似下,$E_{\text{XC}}[n(\boldsymbol{r})]$ 表示为

$$E_{\text{XC}}^{\text{LDA}}[n] \doteq \int n(\boldsymbol{r})\varepsilon_{\text{XC}}[n(\boldsymbol{r})]\mathrm{d}\boldsymbol{r} \qquad (2.3.10)$$

其中,$\varepsilon_{\text{XC}}[n(\boldsymbol{r})]$ 是密度为 n 的均匀电子气的交换关联密度,对于不同的 $\boldsymbol{r}$,有不同的 $n(\boldsymbol{r})$,相应有不同的 $\varepsilon_{\text{XC}}[n(\boldsymbol{r})]$。相应的交换关联能为

$$V_{\text{XC}}^{\text{LDA}}(\boldsymbol{r}) = \frac{\delta E_{\text{XC}}^{\text{LDA}}}{\delta n}(\boldsymbol{r}) = \varepsilon_{\text{XC}}[n(\boldsymbol{r})] + n(\boldsymbol{r})\frac{\delta \varepsilon_{\text{XC}}(n)}{\delta n}(\boldsymbol{r}) \qquad (2.3.11)$$

对于自旋体系,在局域自旋密度近似(local spin density approximation, LSDA)下,$E_{\text{XC}}[n(\boldsymbol{r})]$ 表示为

$$E_{\text{XC}}^{\text{LSDA}}[n] \doteq \int n(\boldsymbol{r})\varepsilon_{\text{XC}}[n_{\alpha}(\boldsymbol{r}), n_{\beta}(\boldsymbol{r})]\mathrm{d}\boldsymbol{r} \qquad (2.3.12)$$

在电子密度分布较为平缓的体系中,LDA 可以很好地预测材料的结构和能量,LDA 在材料科学的广泛应用推动了 DFT 的发展。但 LDA 也有缺点,例如会高估体系的结合能,低估晶格常数,错估相稳定性等。

LDA 在一些局域电子或是电子密度 $n(\boldsymbol{r})$ 改变快的体系中计算结果准确性不高。为了达到更加精确的交换关联势,将空间电子密度 $n(\boldsymbol{r})$ 的不均匀性加入交换关联势,就是广义梯度近似(genaralized gradient approximation,GGA)。

$$E_{\mathrm{XC}}^{\mathrm{GGA}}[\,n(\boldsymbol{r})\,] = \int n(\boldsymbol{r})\varepsilon_{\mathrm{XC}}[\,n(\boldsymbol{r}),\nabla n(\boldsymbol{r})\,]\mathrm{d}\boldsymbol{r} \qquad (2.3.13)$$

相应的交换关联能为

$$V_{\mathrm{XC}}^{\mathrm{GGA}}(\boldsymbol{r}) = \frac{\delta E_{\mathrm{XC}}^{\mathrm{GGA}}}{\delta n}(\boldsymbol{r}) = \varepsilon_{\mathrm{XC}}(n,\nabla n)(\boldsymbol{r}) + n\frac{\delta\varepsilon_{\mathrm{XC}}(n,\nabla n)}{\delta n}(\boldsymbol{r}) - \nabla\cdot n\frac{\delta\varepsilon_{\mathrm{XC}}(n,\nabla n)}{\delta\nabla n}(n)$$

$$(2.3.14)$$

GGA 交换关联泛函是电子局域密度及其密度梯度的泛函,构造 GGA 交换关联泛函的方法多种多样,目前 PBE、BLYP、HTCH 是应用最为广泛的 GGA 泛函。不同形式的 GGA 泛函可能计算结果完全不同,需要把计算结果与已有的实验数据相对比,以此确定合适的构造 GGA 泛函的方法。20 世纪 80 年代末,包含了动能密度的 meta-GGA 泛函被提出。20 世纪 90 年代初,包含了占据轨道的杂化泛函被提出。后续又提出了包含虚轨道的双杂化泛函。随着解析函数变量的增加,对体系电子结构的描述就变得更加详细,其计算精度也提高了。目前的交换关联泛函有 LDA、GGA、meta-GGA、杂化泛函、双杂化泛函。图 2.1 描述了不同类型的泛函及其计算精度。

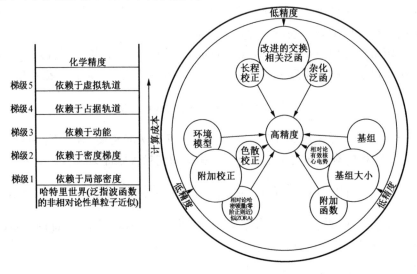

图 2.1 交换关联泛函的"天梯"图

2.4　晶格动力学

2.4.1　冷冻声子法和线性响应法

一直以来,声子谱是基于力常数进行计算的。以密度泛函微扰理论为基础的第一性原理计算在不依赖任何实验数据的基础上,可以计算得到比较精确的声子谱。目前主要采用超晶胞冷冻声子方法(frozen-phonon method,FPM)和线性响应方法(linear response method,LRM)。

FPM 在优化后的平衡结构中引入微小原子位移计算原子间的力,然后利用动力学矩阵计算声子谱。该方法适用于一些结构简单的晶体,但对于复杂的体系,扩胞使得计算量极其庞大,因此该方法不适用于复杂的体系。利用 FPM 计算声子谱是目前应用较多的方法之一,其中 Phonopy 是主要应用的软件之一。软件 Phonopy 是使用 Python 语言编写的晶体声子分析开源软件,Phonopy 通过体系的原子间力常数来计算声子谱,其计算声子谱流程大致如下:

第一步:优化原胞后,进行扩胞以建立超胞。

第二步:对某些特定的原子进行较小的移动,利用第一性原理程序 VASP 或 WIEN2k 等对每个原子位移后构型进行原子受力计算,得到力常数。

第三步:利用 Phonopy 进行后处理,绘制声子谱、声子态密度以及热力学性质等。

LRM 是点阵动力学计算方法之一,通过 LRM 计算声子谱也是目前应用较多的方法之一。该方法无须进行扩胞,而是直接对任意波矢进行求解。LRM 通过体系对外界能量的响应求解声子谱,它克服了 FPM 的缺点,能适用于对复杂的体系计算其声子谱。目前常用 Quantum Espresso 软件利用 LRM 方法研究晶体的声子谱。本书利用 Quantum Espresso 软件计算了高压下金刚石的声子谱。

2.4.2　准简谐近似

假设晶体中包含 N 个原胞,当原子在平衡位置做微小振动时,其多原子体系的总势能可以表示为

$$V = V_0 + \sum_{n,\alpha} V_\alpha(n) u_n^\alpha + \frac{1}{2} \sum_{n,n',\alpha,\beta} V_{\alpha,\beta}(n,n') u_n^\alpha u_{n'}^\beta +$$

$$\frac{1}{6} \sum_{n,n',m,\alpha,\beta,\gamma} V_{\alpha,\beta,\gamma}(n,n',m) u_n^\alpha u_{n'}^\beta u_m^\gamma + \cdots\cdots \tag{2.4.1}$$

其中，V_0 是原子在平衡位置时的势能，u_n^α 是第 n 个原胞沿 $\alpha(\alpha=x,y,z)$ 方向偏离平衡位置的位移分量，其他变量以此类推。在讨论晶格振动时，式(2.4.1)右端的第一、第二和第三项一般称为简谐近似，第四项以及之后的高次项称为非简谐作用。晶体的热膨胀现象是由晶格振动势能的非简谐项引起的，若不考虑非简谐效应就不存在格林爱森系数，相应地就不会有晶体的热膨胀物理性质。若考虑非简谐效应的所有高阶项，在计算不同体系时，由于不同类型原子之间相互作用均有自身的特点，理论计算极其困难，所以需要通过合理的近似得到较为简单的晶格振动模型来计算声子谱。

在计算晶格振动对系统自由能的贡献时，需要考虑声子-声子相互作用的非简谐效应，我们通过引入声子频率随体积的变化来研究晶格振动的温度效应，也就是准简谐近似。准简谐近似仅考虑了声子之间相互作用非简谐效应的一阶修正，忽略势能函数的更高阶修正。晶体原子间相互作用的非简谐效应仅体现在声子频率与体积的相关性上，也就是说，改变恒定体积的晶体温度不会影响晶体的声子频率。根据声子态密度，高温下系统的亥姆霍兹自由能 $F(V,T)$ 表达式为

$$F(V,T) = U(V) + \frac{1}{2}\int_0^\infty \hbar w_{q,m}(V) + k_B T \int_0^\infty \ln\left\{1 - \exp\left[-\frac{\hbar w_{q,m}(V)}{k_B T}\right]\right\} g(w,x)\,dw$$

$$\tag{2.4.2}$$

其中，w 是振动频率，q 是波数矢量，$w_{q,m}$ 是第 m 个振动模式，V 是体积，T 是温度，k_B 是 Boltzmann 常数，$g(w)$ 是声子态密度，其归一化条件为

$$3n = \int_0^\infty g(w)\,dw \tag{2.4.3}$$

式(2.4.2)描述的自由能和声子频率的关系称为准简谐近似(quasiharmonic approximation，QHA)。在实际问题求解中，在 QHA 下可以得到体系的振动自由能 F。在 F 已知的前提下，通过求 F 偏导数得到体系的平衡状态方程、熵、内能、热容和热膨胀系数等热力学函数。系统的状态方程表示为

$$P = -\left(\frac{\partial F}{\partial V}\right)_T = -\frac{dU}{dV} - \sum_{q,m}\left[\frac{1}{2}hw_{q,m}(V) + \frac{\hbar w_{q,m}(V)}{e^{hw_{q,m}(V)/k_B T} - 1}\right]\frac{1}{V}\frac{d\ln w_{q,m}(V)}{d\ln V}$$

$$\tag{2.4.4}$$

熵表达式为

$$S(V,T) = -\left(\frac{\partial F}{\partial T}\right)_V = -k_B \sum_{q,m} \left\{ \ln\left[2\sinh\frac{\hbar w_{q,m}(V)}{2k_B T}\right] - \frac{\hbar w_{q,m}(V)}{2k_B T}\coth\frac{\hbar w_{q,m}(V)}{2k_B T} \right\}$$

$$(2.4.5)$$

内能表达式为

$$U(V,T) = F + TS = F - T\left(\frac{\partial F}{\partial T}\right)_V$$

$$= U(V) + \frac{1}{2}\sum_{q,m}\hbar w_{q,m}(V) + \sum_{q,m}\frac{\hbar w_{q,m}(V)}{e^{\hbar w_{q,m}(V)/k_B T} - 1} \qquad (2.4.6)$$

吉布斯自由能 $G(T,P)$ 表达式为

$$G(T,P) = F(V,T) + PV \qquad (2.4.7)$$

等容热容表达式为

$$C_V = -\left(\frac{\partial U}{\partial T}\right)_V = -k_B \sum_{q,m}\left[\frac{\hbar w_{q,m}(V)}{2k_B T}\right]^2 \operatorname{csch}^2\left[\frac{\hbar w_{q,m}(V)}{2k_B T}\right]^2 \qquad (2.4.8)$$

等压热容表达式为

$$C_P = C_V\left(1 + \frac{\alpha^2 K_T V}{C_V}\right), K_T = -\frac{1}{V}\left(\frac{\partial V}{\partial P}\right)_T \qquad (2.4.9)$$

热膨胀系数可以表示为

$$\alpha = -\frac{1}{V}\left(\frac{\partial V}{\partial T}\right)_P \qquad (2.4.10)$$

α 正是非简谐效应的体现。

弹性模量可以表示为

$$B_T = -V\left(\frac{\partial P}{\partial V}\right)_T = V\left(\frac{\partial^2 F}{\partial V^2}\right)_T \qquad (2.4.11)$$

格林爱森系数可以表示为

$$\gamma_{th} = V\alpha K_T / C_V \qquad (2.4.12)$$

2.4.3　爱因斯坦模型

1907 年,爱因斯坦基于普朗克提出的量子假说,首次提出了固体热容的量子理论。爱因斯坦对晶格振动做了假设,认为晶体中的每个原子都是独立的三维简谐振子,并且所有原子都以相同频率 w_0 振动。由此,晶体的能量表示为

$$U = 3N \frac{\hbar w_0}{\exp(\hbar w_0 / k_{\mathrm{B}} T) - 1} \tag{2.4.13}$$

等容热容表达式为

$$C_V = -\left(\frac{\partial U}{\partial T}\right)_V = 3Nk_{\mathrm{B}} \left(\frac{\hbar w_0}{k_{\mathrm{B}} T}\right)^2 \frac{\mathrm{e}^{\frac{\hbar w_0}{k_{\mathrm{B}} T}}}{\left(\mathrm{e}^{\frac{\hbar w_0}{k_{\mathrm{B}} T}} - 1\right)^2} = 3Nk_{\mathrm{B}} E\left(\frac{\hbar w_0}{k_{\mathrm{B}} T}\right) \tag{2.4.14}$$

$$E\left(\frac{\hbar w_0}{k_{\mathrm{B}} T}\right) = E\left(\frac{\theta_{\mathrm{E}}}{T}\right) \tag{2.4.15}$$

其中,$\theta_{\mathrm{E}} = hw_0 / k$ 为爱因斯坦温度,$E\left(\dfrac{\hbar w_0}{k_{\mathrm{B}} T}\right)$ 为爱因斯坦函数。式 (2.4.14) 表示 $3N$ 个振子以等频率 w_0 振动时对固体热容做出的贡献。当 $T \gg \theta_{\mathrm{E}}$,$C_V = 3Nk_{\mathrm{B}}$ 时,高温下爱因斯坦模型给出的热容与实验结果吻合得非常好;当 $T \ll \theta_{\mathrm{E}}$,$C_V \approx 3Nk_{\mathrm{B}} \left(\dfrac{\theta_{\mathrm{E}}}{T}\right)^2 \mathrm{e}^{-\frac{\theta_{\mathrm{E}}}{T}}$ 时,低温时爱因斯坦模型给出的热容与实验得到的与 T^3 成正比的规律有偏差。低温时爱因斯坦模型对热容的描述出现偏差主要是由该模型是基于原子间振动无相互作用导致的,并且没有考虑低频声子对热容的贡献。

2.4.4 德拜模型

1921 年,德拜考虑了晶体中原子间振动的相互作用以及每个谐振子振动频率的差异性,对爱因斯坦模型进行了修正。德拜假设晶体是连续弹性介质,认为谐振子从频率近似为零到最大值 w_{m} 之间以弹性波的形式振动。晶体中的 N 个原子集体振动的效果等同于 $3N$ 个不同频率谐振子的共同作用。由此,德拜热容可表示为

$$C_V = 9Nk_{\mathrm{B}} \left(\frac{1}{w_{\mathrm{m}}}\right)^3 \int_0^{w_{\mathrm{m}}} \frac{\left(\dfrac{\hbar w}{k_{\mathrm{B}} T}\right)^2 \mathrm{e}^{\left(\frac{\hbar w}{k_{\mathrm{B}} T}\right)}}{\left[\mathrm{e}^{\left(\frac{\hbar w}{k_{\mathrm{B}} T}\right)} - 1\right]^2} w^2 \mathrm{d}w \tag{2.4.16}$$

$$R = Nk_{\mathrm{B}}$$

$$\xi = \frac{\hbar w}{k_{\mathrm{B}} T} \tag{2.4.17}$$

$$C_V = 9R \left(\frac{k_{\mathrm{B}} T}{\hbar w_{\mathrm{m}}}\right)^3 \int_0^{\hbar w_{\mathrm{m}} / k_{\mathrm{B}} T} \frac{\xi^4 \mathrm{e}^{\xi}}{(\mathrm{e}^{\xi} - 1)^2} \mathrm{d}\xi \tag{2.4.18}$$

式(2.4.16)表示了声子对固体热容做出的贡献。格波频率上限 w_m 称为德拜频率。引入德拜温度，$\theta_D = \dfrac{\hbar w_m}{k_B}$。当 $T \gg \theta_D$，$C_V = 3Nk_B$ 时，高温时德拜模型给出的热容趋于杜隆-珀替定律，与实验结果相符；当 $T \ll \theta_D$，$C_V(T/\theta_D) \propto \left(\dfrac{T}{\theta_D}\right)^3$ 时，低温下德拜模型给出的热容与实验结果吻合得非常好。

2.5　热分析理论基础

2.5.1　传热学定律

热传递的基本方式有热传导、热对流以及热辐射。热传导是通过物质内部微观粒子的热运动进行热能传递的现象。傅里叶定律描述了热传导的现象，导热率计算式可以为

$$\phi = -\lambda A \frac{\mathrm{d}t}{\mathrm{d}x}(W) \tag{2.5.1}$$

其中，A 是面积，t 是温度，λ 是导热系数。

热对流是指依靠流体运动实现热量传递的现象。根据傅里叶定律式(2.5.1)，热流密度 q 可表示为

$$q = \frac{\phi}{A} = -\lambda \frac{\mathrm{d}t}{\mathrm{d}x} \tag{2.5.2}$$

对流换热用牛顿冷却公式可表示为

$$q = h(T_w - T_f) \tag{2.5.3}$$

其中，T_w 为固体外表面温度，T_f 为与固体接触交界的流体表面温度。若温差为 $|\Delta T|$，则牛顿冷却公式表示为

$$q = h|\Delta T|,\ \phi = hA|\Delta T| \tag{2.5.4}$$

其中，h 是对流换热系数。

热辐射是物体的固有属性，是物体由于自身温度向外发射电磁波的现象。辐射换热中包含两次能量转化，即内能-热射线-内能。斯蒂芬-玻耳兹曼定律描述了在单位时间内两个物体之间的辐射能量 E：

$$E = \varepsilon \sigma A_1 F_{12}(T_1{}^4 - T_2{}^4) \tag{2.5.5}$$

其中,σ 是 Boltzmann 常数,ε 是发射率,F_{12} 是 1 和 2 两个面之间的形状系数,A_1 是面 1 的面积,T_1/T_2 是面 1/面 2 的绝对温度。

通过求解传热控制方程分析物体内部的温度分布,这时需要设置物体的热边界条件。热边界条件有以下三种形式:

温度边界条件,该条件设定了物体边界上的温度,即

$$T_\Gamma = T_0(x,y) \tag{2.5.6}$$

其中,Γ 为物体的边界,T_Γ 为物体边界温度,$T_0(x,y)$ 为已知的温度。

热流边界条件,该条件设定了物体边界上的热流密度,即

$$\lambda \left(\frac{\partial T}{\partial n}\right)_\Gamma = q_0 \tag{2.5.7}$$

其中,n 为热流方向,q_0 为物体边界热流密度。

换热边界条件,该条件描述物体边界与相接触的介质之间的换热大小,即

$$\lambda \left(\frac{\partial T}{\partial n}\right)_\Gamma + \alpha(T-T_m) = 0 \tag{2.5.8}$$

其中,α 为换热系数,T_m 为周围介质温度。

上述 3 类边界条件也可以统一表示为

$$\lambda \left(\frac{\partial T}{\partial n}\right)_\Gamma + \alpha(T-T_m) - q_0 = 0 \tag{2.5.9}$$

令 $\alpha = q_0 = 0$,沿外法向方向的温度梯度为 0 时,称为绝热边界条件。

2.5.2 介质辐射传热

大多数物理现象的数值模型是微分形式的控制方程,如热传导和热对流,目前求解微分形式数学模型的一些数值方法已经比较成熟。而热辐射是少数控制方程为积分形式的物理现象之一,所以对热传导和热对流传热问题有效的一系列数值计算方法并不适用于分析辐射传热问题。热传导控制方程和热辐射控制方程的区别在于考虑封闭的区域时,某位置由热传导产生的热通量可以通过温度的微分得到,即热传导在某一位置所产生的热量仅与该位置周围的温度相关。而该位置处由热辐射产生的热量需要通过求解积分方程得到,即热辐射产生的热量与空间各个方向上的温度都相关。因此,与热传导不同,辐射传热需要考虑各方向上的传热,并且不同位置的温度对某点产生的热辐射能量影响与其位置远近无关。

辐射传热的研究在发动机制造、高温高压燃烧室、新能源开发、等离子发生器、

信息领域、火箭技术等领域有着重要的应用价值。按照辐射的载体类型可以分为表面辐射传热和介质辐射传热。一般的辐射传热过程只发生在材料的表面。但对于气体、液体和少数固体,辐射传热是可以深入材料内部的,这类材料称为半透明体,例如玻璃、金刚石、硅、云母、纤维材料、多孔材料等。半透明体的辐射传热是在整个容积内进行的,其热能传递过程往往是多种传热方式耦合传热。

　　在 20 世纪 60 年代表面辐射传热的研究已经相对成熟,之后就集中于研究介质辐射传热。由于介质辐射传热的全局性,因此需要考虑介质不同位置处的温度和辐射特性。介质辐射传热的积分方程有两个,而表面辐射传热积分方程只有一个。表面辐射传热中,辐射区域内均为透明介质,不吸收辐射热量,因此辐射热源为 0,而介质辐射传热中,要得到介质内的辐射热源就需要补充热源积分方程。由于半透明介质会辐射能量,所以在辐射传热积分方程中引入了包含介质辐射力的域积分。半透明介质辐射中,从固体壁面发射的热射线经过介质时会被吸收,从而辐射能被削弱,因此积分项中需要利用介质的透射率 T_λ 描述被削弱之后的剩余辐射能的比例。所以介质辐射传热问题比表面辐射传热问题要复杂得多。

2.6　热应力基本理论

2.6.1　应力、应变、胡克定律

　　材料的基本力学变量有位移、应变和应力。当构件受到外力的作用或热的施加时,构件内部分子会产生抵抗外部作用的力来维持构件的形状,这种力称为内力,该内力大小随外力的变化而变化,故又称为应力。应力的大小与其相接触部分的表面积 S 成正比,可以用下式定义:

$$\sigma = \frac{F_{\text{n}}}{S} \tag{2.6.1}$$

其中,F_{n} 表示作用在面积为 S 的面上的力,$\sigma>0$ 为拉伸应力,$\sigma<0$ 为压缩应力。构件受到外力的作用而产生形变时,物体内各位置处形变程度一般情况下是不相同的。度量某点处形变程度的力学量称为该点的应变。物体形变可以分为线度变化和体积变化,通常体积变化必伴随着形状变化。物体形变时,其原子

位置发生变化,受到内部分子间相互作用力的反抗,从而产生与导致构件形变的外力相抗衡的弹性恢复力。在引起形变的力撤销后,相对应的形变立即消失,分子可以回到形变前的平衡位置,即弹性形变。当应力超过一定的数值时,应力与应变的关系将被破坏。在应力消失后,变形后的物体不能完全恢复,即塑性变形。假设同种材料制成的圆杆长为 l,在受到力载荷或热载荷作用后发生形变,其长度变为 l',则线应变定义为

$$\varepsilon = \frac{l-l'}{l} = \frac{\Delta l}{l} \qquad (2.6.2)$$

若圆杆横截面的直径为 r,当截面直径发生 δ 形变后,则横向应变定义为

$$\varepsilon_1 = \frac{\delta}{r} \qquad (2.6.3)$$

泊松系数的公式为

$$\mu = \left| \frac{\varepsilon_1}{\varepsilon} \right| \qquad (2.6.4)$$

虽然实验中无法直接测量应力,但可以通过测量其应变从而得到应力的大小。在材料力学中,胡克(R. Hook)在 1678 年由实验得到了应力与应变之间的线性关系,这个关系就是胡克定律:

$$\sigma = E\varepsilon \qquad (2.6.5)$$

其中,E 为杨氏模量,胡克定律也可以表示为

$$\frac{F_n}{S} = E \frac{\Delta l}{l} \qquad (2.6.6)$$

2.6.2 热应力和热膨胀

在材料力学中,物体发生形变可能是由于受到外力的作用,也可能是由于物体的温度发生改变。在生活中,时常可以观察到"热胀冷缩"的现象,但是,并不是所有的物体都"热胀冷缩",例如水,其与"热胀冷缩"是相反的,表现出"热缩冷胀"的现象。物体的温度发生改变并受到一定的制约而不能自由地形变所产生的应力,称为热应力。热应力产生的原因可以总结为物体内部温度分布不均匀导致的内部之间变形的约束、不同材料组成的构件之间变形的约束,以及外部约束这三种情况。当温度由 T_1 升到 T_2 时,某方向上的热应变 ε 为

$$\varepsilon = \frac{l-l'}{l} = \alpha_l (T_2 - T_1) \qquad (2.6.7)$$

温度由 T_1 升到 T_2 时,对于材料的体积热应变 ε 为

$$\varepsilon = \frac{V-V'}{V} = \alpha_V(T_2 - T_1) \tag{2.6.8}$$

式(2.6.7)中的 α_l 为线膨胀系数,式(2.6.8)中的 α_V 为体积膨胀系数。

2.7　程　序　简　介

2.7.1　Quantum Espresso 软件

Quantum Espresso 是意大利理论研究中心以 DFT 为基础开发的计算模拟开源软件,其主要分为两大功能模块,电子自洽计算(PWscf)和分子动力学(CPMD),下属模块也包含声子计算模块(PHonon)、输运性质计算模块(PWcond)、生成原子赝势模块(Atomic)、过渡态计算模块(NEB)以及数据后处理模块(PostProc)等。

该软件采用 Fortran 77 或 Fortran 90 语言编写。Quantum Espresso 一般使用流程是:首先优化体系的结构,获得能量最低构型。在探究体系结构参数的基础上,对体系电子结构进行计算,进而对体系光学性质、电声耦合作用、超导性质以及晶格动力学等进行研究。计算功能的实现是通过执行相应的源文件,PWscf 能通过其所包含的源文件实现以下主要计算:电子结构、基态能量、单电子轨道、原子间相互作用、应力、结构优化、分子动力学、搜索反应路径、过渡态结构、计算能垒、振动特性和介电特性等。PostProc 能通过 pp. x、dos. x 和 projwfc.x 实现以下主要计算:局域电子分布函数、自旋电荷密度、特定分子轨道图、映射原子轨道、映射态密度等。PHonon 能通过 ph. x 实现以下主要计算:声子频率及其特征向量、红外光谱和拉曼光谱等。计算材料性质可以总结为以下几步:

第一步:优化(relax, vc-relax),获得能量最低构型。

第二步:自洽(self-consistent field, scf)计算,通过迭代的方式数值求解微分-积分方程(Kohn-Sham 方程),获得体系基态电荷密度、波函数、构型能量。

第三步:非自洽(non-self-consistent field, nscf)计算,固定 K 点及利用基态电荷密度,获得 D。

第四步:进行具体的性质计算。

Quantum Espresso 官网网址为 https：//www. quantum-espresso. org/。

1. Quantum Espresso 软件的安装(以 6. 7 版本为例)

(1)首先是源码安装包 q-e-qe-6.7MaX-Release 的下载。

(2)将安装包上传到服务器，进行解压(tar~)，进入解压目录(cd~，切换至目标目录)。

(3)安装 gfortan，sudo apt-get install bulid-essential gcc gfortran。

(4)通过. /configure-prefix =/path_to/install FC = ifort 安装编译器到指定路径。/path_to/install 是指定的安装路径，FC 是设置的编译器。

(5)自动配置，运行. /configure，运行之后生成 make. inc 的环境配置文件。在当前路径下 make all，编译全部通过后，make in stall 即可将编译好的程序安装到指定路径下的/bin 下。

(6)配置环境变量，避免每次都需要输入执行文件前面的绝对路径；在/bin 下通过 echo "export PATH = $ PATH：\home/用户名/espresso-6.7/bin"，保存后关闭，在 source~/. bashrc，路径生效后每次开机后自动启动。

(7)终端执行命令 make all 即可，运行测试文件，验证软件安装是否成功。

2. Quantum Espresso 软件的使用

(1)Quantum Espresso 的输入文件

Quantum Espresso 的输入文件中，namelists 包含 CONTROL、SYSTEM、ELECTRONS、IONS(optional)、CELL(optional)、PHONON(optional)等，Cart 包含有 ATOMMIC - SPECIES、ATOMMIC - POSITIONS、K - POINTS、CELL - PARAMETERS(optional)、OCCUPATIONS(optional)、CLIMBING - IMAGES(optional)等，下面将对主要模块输入文件参数进行详细介绍。

①pw. x-&control。

```
&CONTROL                               #声明控制块
calculation = 'vc-relax'               #计算类型
restart-mode = 'from-scratch'          #开始运算时波函数起点
pseudo_dir = './'                      #赝势文件夹路径
prefix = 'system'                      #运算任务文件名
trtress = .false                       #压力的控制命令
tprnfor = .false                       #力的控制命令
prefix = 'system'                      #声明用到的临时文件的文件名
                                        前缀
```

```
outdir = './'                                   #输出文件路径
```

②pw. x-&SYSTEM。

```
&SYSTEM                                         #声明控制块
nat = 4                                         #体系原子数
ntyp = 2                                        #体系原子种类数
ibrav = 0                                       #晶型设置
vdw_corr = 'dft-d3'                             #设置 dftd3
ecutwfc =100.0                                  #波函数的动能截止
ecutrho = 900.0                                 #电荷密度的动能截断
occupations = 'smearing'                        #引入占据态
smearing = 'marzari-vanderbilt'
degauss = '0,002'                               #函数的展宽参数
nspin = 1                                       #自旋极化
starting magnetization(1) = 0.7                 #自旋极化初值
```

③pw. x-&ELECTRONS。

```
&ELECTRONS                                      #声明控制块
electron_maxstep = 200                          #自洽运算最大步数
mixing_beta = 0.3                               #混合程度
conv_thr = 1.0e-8                               #自洽运算收敛标准
mixing_mode = 'local-TF'                        #自洽算法
diagonalization = 'david'                       #求解 Kohn-Sham 方程本征矢
                                                  量和本征值的算法

diago_david_ndim = 4
```

④pw. x-&IONS。

```
&IONS                                           #声明控制块
bfgs_ndim ='1'                                  #控制旧的力和位移矢量
pot_extrapolation = 'second_order'              #控制优化或电子迭代过程中原
                                                  子势能的混合方式

wfc_extrapolation = 'second_order'              #控制优化或电子迭代过程中波
                                                  函数的混合方式

ion_dynamics = 'bfgs'                           #优化算法设置
```

⑤pw. x-&CELL。

```
&CELL                                           #声明控制块
cell_dynamics ='bfgs'                           #优化算法设置
```

```
press=0.0                                    #压强设置
press_conv_thr=0.5                           #压强收敛标准
cell_dofree=2Dxy
```

⑥pw. x-ATOMIC_SPECIES。

```
ATOMIC_SPECIES                               #势函数设置
A  12.011  C.pbe-n-kjpaw_psl.1.0.0.UPF       #元素名称 元素摩尔质量 赝势文
                                              件名

B  30.974  P.pbe-n-kjpaw_psl.1.0.0.UPF       #元素名称 元素摩尔质量 赝势
                                              文件名
```

⑦pw. x-CELL_PARAMETERS。

```
CELL_PARAMETERS angstrom                     #体系结构参数(晶格矢量)
5.03902984        0.00000000        0.00000000
0.00000000        2.91634674        0.00000000
0.00000000        0.00000000        20.94032829
```

⑧pw. x-ATOMIC_POSITIONS。

```
ATOMIC_POSITIONS angstrom                    #原子坐标信息 在笛卡儿坐标系
                                              下单位是(Angstrom)
A      0.01306485        1.45817337        10.38696549
A      2.53257963        0.00000000        10.55336217
B      3.39140458        1.45817337        10.97351695
B      0.87188966        0.00000000        9.96681073
```

⑨pw. x-K_POINTS。

```
K_POINTS                                     #K 点划分方案设置
K_POINTS automatic                           #自动生成不变的 K 点
6 9 1  0 0 0
```

⑩ph. x-&inputph。

```
&inputph
tr2_ph= 1.0d-10                              #频率收敛截断
prefix= 'system'                             #运算任务文件名
Fildvscf= 'scdv'                             #声子输出文件的文件名
amass(1)= 44.955910                          #元素的摩尔质量
outdir= './tmp'                              #输出文件路径
fildyn= 'sc.dyn'                             #动力学矩阵文件
trans= .true.                                #计算声子相关的性质
```

```
ldisp = .true.                          #计算声子色散曲线
nq1 = 4, nq2 = 4, nq3 = 2               #设置 q 网格点
```

⑪ph. x-&inputpp。

```
&inputpp
prefix ='si'                            #声明用到的临时文件的文件名
                                         前缀

outdir='$TMP_DIR/'                      #输出文件路径
filplot = 'sicharge'                    #动力学矩阵文件
plot num = 0
/                                       #表示块的结束
&plot
nfile=1                                 #输出文件的数量
filepp(1)= 'sicharge'                   #输出文件的名称
weight(1)= 1.0                          #输出文件的权重
iflag = 2                               #指定输出的类型
output_format = 2                       #输出文件的格式
fileout = 'si.rho.dat'                  #输出文件的名称
e1(1)= 1.0                              #指定计算的方向
e1(2)= 1.0
e1(3)= 0.0
e2(1)= 0.0                              #指定计算的方向
e2(2)= 0.0
e2(3)= 1.0
nx = 56                                 #输出文件的网格大小
ny = 40                                 #输出文件的网格大小
```

⑫projwfc. x；dos. x-&inputpp。

```
&inputpp
outdir = '$TMP DIR/'                    #输出文件的目录
prefix = 'ni'                           #运算任务文件名
fildos = 'ni.dos'                       #电子态密度(DOS)输出文件的
                                         名称

Emin = 5.0                              #电子态密度计算的能量范围的
                                         上限

Emax=25.0                               #电子态密度计算的能量范围的
```

<table>
<tr><td></td><td>下限</td></tr>
</table>

DeltaE = 0.1   #能量间隔(Ry 单位)

ngauss = 1   #高斯展宽的数量

⑬Matdyn. x-&input。

&inputmatdyn

asr ='simple'   #使用简单超胞重复(simple)
                                            或扩展超胞重复(extended)

dos = .ture.   #计算电子态密度

amass(1) = 12   #元素的摩尔质量

flfrc ='C.k444.fc'   #力常数矩阵文件的输出文件名

flfrq = "C.freq"   #频率文件的路径或名称

nk1 = 50, nk2 = 50, nk3 = 50   #布里渊区的 k 点网格的大小

q_in_band_form = .true.   #处理 q 点

/   #表示块的结束

8   #布里渊区(Brillouin zone)
                                            中不同点的坐标和权重

 gG 20

 X 20

 M 20

 gG 20

 R 20

 X 0

 M 20

 R 0

⑭cp. x-&input。

&control   #声明控制块

calculatton = 'cp'   #计算类型

restart_node = 'fron_scratch"   #开始运算时波函数起点

prefix = 'si'

outdir = ./outdir'

pseudo _ dir = './ / hone/ anonynous/ quantunEspresso _ 2019/ SSSP precision pseudos'

nstep = 500   #总步数

iprint = 10   #输出频率

```
isave = 100                              #保存频率
dt = 5                                   #每个时间步的时间间隔
ndr = 50                                 #多少个时间步进行一次重新随
                                          机初始化

ndw = 50                                 #多少个时间步进行一次重新初
                                          始化速度

tstress = .true.                         #输出应力信息
tprnfor = .true.                         #输出原子受力信息
etot_conv_thr = 1.d-9                    #总能量收敛的阈值
ekin_conv_thr = 1.d-7                    #动能收敛的阈值
/                                        #表示块的结束
&system                                  #声明控制块
ibrav = 8                                #晶型设置
cefldm(1) = 10.6407620646               #晶胞的第一个晶轴的长度
celldn(2) = 1
celldn(3) = 1
nat = 8                                  #体系原子数
ntyp = 1                                 #体系原子种类数
ecutwfc = 50                             #波函数的动能截止
ecutrho = 400                            #计算电荷密度的平面波展开的
                                          截断能量

nr2b = 20                                #计算相关积分的截断半径的格
                                          点数量

nr3b = 20                                #计算三体相关积分的截断半径
                                          的格点数量

/                                        #表示块的结束
&electrons                               #声明控制块
electron_dynanics = 'danp'               #电子的动力学模拟方式
electron_damping = 0.05                  #电子的阻尼系数
emass = 300                              #电子的有效质量
orthogonalizatlon = 'ortho'              #电子波函数的正交化方式
ortho_eps = 1d-11                        #电子波函数正交化的收敛精度
/                                        #表示块的结束
&ions                                    #声明控制块
```

```
ion_dynamics = 'none'                                #离子动力学模拟的方式
/                                                    #表示块的结束
ATOMIC SPECIES                                       #势函数设置
Si 28.0855 Si.pbe-n-rrkjus_psl.1.0.6.UPF             #元素名称 元素摩尔质量 赝势文
                                                      件名

ATOMIC_POSITIONS (crystal)                           #原子坐标信息
Si    0.0000  0.0000  0.0000  1  1  1
Si    0.0000  0.5000  0.5000  1  1  1
Si    0.5000  0.5000  0.0000  1  1  1
Si    0.5000  0.0000  0.5000  1  1  1
Si    0.2500  0.2500  0.2500  1  1  1
Si    0.2500  0.7500  0.7500  1  1  1
Si    0.7500  0.7500  0.2500  1  1  1
Si    0.7500  0.2500  0.7500  1  1  1
```

⑮md. x-&input。

```
&CONTROL                                             #声明控制块
calculation = "vc-md"                                #计算类型
dt = 20                                              #每个时间步的时间间隔
max_seconds = 6.04800e+05                            #总时间长度
nstep = 100                                          #总步数
pseudo_dir = "."                                     #储存赝势的目录位置
restart_mode = "from_scratch"                        #从头开始进行模拟
tprnfor = .TRUE.                                      #计算力的控制命令
tstress = .TRUE.                                      #计算压力的控制命令
/                                                    #表示块的结束
&SYSTEM                                              #声明控制块
a = 3.566800                                         #晶胞的晶格常数
degauss = 1.00000e-02                                #费米面模糊性的参数
ecutrho = 5.00000e+02                                #电荷密度的平面波截断能量
ecutwfc = 5.00000e+01                                #波函数的动能截止
ibrav = 1                                            #晶体结构的布拉维格子类型
nat = 8                                              #体系原子数
nosym = .TRUE.                                        #不考虑系统的空间对称性
```

```
ntyp = 1                                    #体系原子种类数
occupations = "smearing"                    #电子占据方式
smearing = "gaussian"                       #能级平滑方法
/                                           #表示块的结束
&ELECTRONS                                  #声明控制块
conv_thr = 1.00000e-08                      #自洽运算收敛标准
diago_david_ndim = 4                        #David 对角化算法中计算的维
                                             度数量

diagonalization = "david"                   #对哈密顿量进行对角化的方法
electron_maxstep = 200                      #自洽计算中的最大迭代步数
mixing_beta = 7.00000e-01                   #自洽计算中的混合参数
mixing_mode = "plain"                       #自洽计算中的混合模式
mixing_ndim = 8                             #混合方案中的维度
startingpot = "atomic"                      #初始电位的类型
startingwfc = "atomic+random"               #初始波函数的类型
/                                           #表示块的结束
&IONS                                       #声明控制块
ion_dynamics = "beeman"                     #求解牛顿方程的算法
ion_temperature = "initial"                 #离子动力学模拟中的离子温度
                                             设置方式

tempw = 2.0000e+02                          #初始离子温度的数值
/                                           #表示块的结束
&CELL                                       #声明控制块
cell_dofree = "ibrav"                       #晶胞自由度
cell_dynamics = "w"                         #晶胞的动力学模式
/                                           #表示块的结束
K_POINTS {automatic}                        #自动生成不变的 K 点
4 4 4 1 1 1


ATOMIC_SPECIES                              #势函数设置
C 12.01070  C.pbe-n-rrkjus_psl.1.0.0.UPF    #元素名称 元素摩尔质量 赝势
                                             文件名
```

```
ATOMIC_POSITIONS {angstrom}
```

#原子坐标信息在笛卡儿坐标系下单位是(Angstrom)

```
C      0.000000   0.000000   0.000000
C      0.000000   1.783400   1.783400
C      1.783400   1.783400   0.000000
C      1.783400   0.000000   1.783400
C      2.675100   0.891700   2.675100
C      0.891700   0.891700   0.891700
C      0.891700   2.675100   2.675100
C      2.675100   2.675100   0.891700
```

（2）Quantum Espresso 的输出文件

以自洽计算为例。

```
&inputscf
&CONTROL
calculation = "scf"
restart_mode = 'from_scratch'
pseudo_dir = '.'
prefix='C'
outdir = './outdir'
tprnfor = .true.
tstress = .true.
/
&SYSTEM
a = 3.57067e+00
ecutwfc = 5.00000e+01
ecutrho = 400.0
nosym =.true.
ibrav = 2
nat = 2
ntyp = 1
/
&ELECTRONS
mixing_beta = 0.7
conv_thr = 1.00000e-10
```

```
/
K_POINTS {automatic}
6  6  6  1 1 1


ATOMIC_SPECIES
C     12.01070  C.pbe-n-rrkjus_psl.1.0.0.UPF


ATOMIC_POSITIONS {angstrom}
C     -0.000000  0.000000  0.000000
C     -0.892666  0.892666  0.892666
&outputscf
```

Subspace diagonalization in iterative solution of the eigenvalue problem:

a serial algorithm will be used

Message from routine find_sym:

Not a group! Trying with lower acceptance parameter···

Message from routine find_sym:

Still not a group! symmetry disabled

G-vector sticks info

----

sticks:	dense	smooth	PW	G-vecs:	dense	smooth	PW
Sum	637	313	109		10417	3695	749

bravais-lattice index	=	2	
lattice parameter (alat)	=	6.7476	a.u.
unit-cell volume	=	76.8043	(a.u.)^3
number of atoms/cell	=	2	
number of atomic types	=	1	
number of electrons	=	8.00	
number of Kohn-Sham states	=	4	

```
kinetic-energy cutoff        =        50.0000   Ry
charge density cutoff        =       400.0000   Ry
convergence threshold        =        1.0E-10
mixing beta                  =        0.7000
number of iterations used    =             8   plain      mixing
Exchange-correlation         = PBE ( 1   4   3   4 0 0 )


celldm ( 1 ) =   6.747588   celldm ( 2 ) =   0.000000   celldm ( 3 ) =
0.000000
celldm ( 4 ) =   0.000000   celldm ( 5 ) =   0.000000   celldm ( 6 ) =
0.000000


crystal axes: ( cart. coord. in units of alat )
          a ( 1 ) = (   -0.500000   0.000000   0.500000 )
          a ( 2 ) = (    0.000000   0.500000   0.500000 )
          a ( 3 ) = (   -0.500000   0.500000   0.000000 )


reciprocal axes: ( cart. coord. in units 2 pi / alat )
          b ( 1 ) = (   -1.000000  -1.000000   1.000000 )
          b ( 2 ) = (    1.000000   1.000000   1.000000 )
          b ( 3 ) = (   -1.000000   1.000000  -1.000000 )




PseudoPot. # 1 for C   read from file:
. \C.pbe-n-rrkjus_psl.1.0.0.UPF
MD5 check sum: b1297a8fa73421b5727a97352907285d
Pseudo is Ultrasoft + core correction, Zval =   4.0
Generated using "atomic" code by A. Dal Corso v.5.1.2
Using radial grid of 1073 points,   4 beta functions with:
          l ( 1 ) =   0
          l ( 2 ) =   0
          l ( 3 ) =   1
          l ( 4 ) =   1
```

Q(r) pseudized with 0 coefficients

atomic species	valence	mass	pseudopotential
C	4.00	12.01070	C (1.00)

No symmetry found

Cartesian axes

site n.	atom		positions (alat units)
1	C	tau(1) =	(-0.0000000 0.0000000 0.0000000)
2	C	tau(2) =	(-0.2499996 0.2499996 0.2499996)

number of k points = 108

Number of k-points >= 100: set verbosity='high' to print them.

Dense grid: 10417 G-vectors   FFT dimensions: (32,   32,   32)

Smooth grid: 3695 G-vectors   FFT dimensions: (24,   24,   24)

Estimated max dynamical RAM per process >   18.14 MB

Check: negative core charge= -0.000007

Initial potential from superposition of free atoms

starting charge   7.99992, renormalised to   8.00000
Starting wfcs are   8 randomized atomic wfcs

total cpu time spent up to now is   2.9 secs

Self-consistent Calculation

iteration # 1   ecut =   50.00 Ry   beta = 0.70
Davidson diagonalization with overlap
ethr = 1.00E-02, avg # of iterations = 2.0

total cpu time spent up to now is   4.0 secs

total energy   =   -24.82776351 Ry
Harris-Foulkes estimate   =   -24.88010470 Ry
estimated scf accuracy   <   0.11750815 Ry

iteration # 2   ecut =   50.00 Ry   beta = 0.70
Davidson diagonalization with overlap
ethr = 1.47E-03, avg # of iterations = 1.2

total cpu time spent up to now is   4.8 secs

total energy   =   -24.83653979 Ry
Harris-Foulkes estimate   =   -24.83666901 Ry
estimated scf accuracy   <   0.00240795 Ry

iteration # 3   ecut =   50.00 Ry   beta = 0.70
Davidson diagonalization with overlap
ethr = 3.01E-05, avg # of iterations = 2.0

total cpu time spent up to now is   5.8 secs

total energy   =   -24.83695387 Ry
Harris-Foulkes estimate   =   -24.83694133 Ry
estimated scf accuracy   <   0.00006658 Ry

iteration # 4   ecut =   50.00 Ry   beta = 0.70

Davidson diagonalization with overlap

ethr = 8.32E-07, avg # of iterations = 2.1

total cpu time spent up to now is   6.9 secs

total energy   =   -24.83696740 Ry

Harris-Foulkes estimate   =   -24.83696793 Ry

estimated scf accuracy   <   0.00000194 Ry

iteration # 5   ecut =   50.00 Ry   beta = 0.70

Davidson diagonalization with overlap

ethr = 2.43E-08, avg # of iterations = 2.1

total cpu time spent up to now is   8.0 secs

total energy   =   -24.83696798 Ry

Harris-Foulkes estimate   =   -24.83696796 Ry

estimated scf accuracy   <   0.00000007 Ry

iteration # 6   ecut =   50.00 Ry   beta = 0.70

Davidson diagonalization with overlap

ethr = 8.52E-10, avg # of iterations = 2.1

total cpu time spent up to now is   9.1 secs

total energy   =   -24.83696800 Ry

Harris-Foulkes estimate   =   -24.83696800 Ry

estimated scf accuracy   <   2.3E-10 Ry

iteration # 7   ecut =   50.00 Ry   beta = 0.70

Davidson diagonalization with overlap

ethr = 2.85E-12, avg # of iterations = 3.2

total cpu time spent up to now is   10.4 secs

End of self-consistent calculation

Number of k-points >= 100: set verbosity ='high' to print the bands.

highest occupied level (ev):   12.9522

!   total energy   =   -24.83696800 Ry
Harris-Foulkes estimate   =   -24.83696800 Ry
estimated scf accuracy   <   6.3E-12 Ry

The total energy is the sum of the following terms:

one-electron contribution =   8.13589496 Ry
hartree contribution   =   1.94605062 Ry
xc contribution   =   -9.37237356 Ry
ewald contribution   =   -25.54654003 Ry

convergence has been achieved in   7 iterations

Forces acting on atoms (cartesian axes, Ry/au):

atom 1 type 1 force =   0.00026591 -0.00026591 -0.00026592
atom 2 type 1 force = -0.00026591   0.00026591   0.00026592

Total force =   0.000651   Total SCF correction =   0.000001

Computing stress (Cartesian axis) and pressure

total   stress   (Ry/bohr**3)   (kbar)   P=   0.33
0.00000223 0.00001527 0.00001528   0.33   2.25   2.25
0.00001527 0.00000223 -0.00001527   2.25   0.33   -2.25

0.00001528　−0.00001527　0.00000223　　　　2.25　　−2.25　　0.33

Writing output data file C.save\

```
init_run      :      6.55s CPU      1.21s WALL (       1 calls)
electrons     :     77.98s CPU      7.56s WALL (       1 calls)
forces        :      1.20s CPU      0.10s WALL (       1 calls)
stress        :     10.47s CPU      1.02s WALL (       1 calls)


Called by init_run:
wfcinit       :      5.57s CPU      0.58s WALL (       1 calls)
potinit       :      0.23s CPU      0.02s WALL (       1 calls)
hinit0        :      0.59s CPU      0.60s WALL (       1 calls)


Called by electrons:
c_bands       :     61.82s CPU      6.03s WALL (       7 calls)
sum_band      :     14.26s CPU      1.38s WALL (       7 calls)
v_of_rho      :      0.69s CPU      0.08s WALL (       8 calls)
newd          :      1.22s CPU      0.07s WALL (       8 calls)
mix_rho       :      0.17s CPU      0.01s WALL (       7 calls)


Called by c_bands:
init_us_2     :      5.05s CPU      0.48s WALL (    1836 calls)
cegterg       :     57.94s CPU      5.39s WALL (     756 calls)


Called by sum_band:
sum_band:bec  :      1.53s CPU      0.12s WALL (     756 calls)
addusdens     :      0.73s CPU      0.09s WALL (       7 calls)


Called by *egterg:
h_psi         :     50.73s CPU      4.70s WALL (    2451 calls)
s_psi         :      1.28s CPU      0.08s WALL (    2451 calls)
g_psi         :      1.03s CPU      0.14s WALL (    1587 calls)
```

```
     cdiaghg         :     0.59s CPU     0.17s WALL (     2343 calls)


     Called by h_psi:
     h_psi:pot       :    49.58s CPU     4.52s WALL (     2451 calls)
     h_psi:calbec :     0.83s CPU     0.12s WALL (     2451 calls)
     vloc_psi       :    48.39s CPU     4.33s WALL (     2451 calls)
     add_vuspsi    :     0.36s CPU     0.06s WALL (     2451 calls)


     General routines
     calbec         :     1.59s CPU     0.18s WALL (     3747 calls)
     fft            :     0.00s CPU     0.03s WALL (      127 calls)
     ffts           :     0.00s CPU     0.00s WALL (       15 calls)
     fftw           :    17.36s CPU     1.50s WALL (    22184 calls)
     interpolate :     0.00s CPU     0.00s WALL (        8 calls)


     Parallel routines


     PWSCF          :   1m39.20s CPU    11.70s WALL


     This run was terminated on:  10: 1:27   30ct2020


     =--------------------------------------------------------------
------------------=
     JOB DONE.
     =--------------------------------------------------------------
------------------=
```

（3）Quantum Espresso 的应用算例

①能带的计算。

（a）结构弛豫的输入文件。

```
&CONTROL
calculation = 'vc-relax'
disk_io = 'low'
prefix = 'pwscf'
```

```
pseudo_dir = './'
outdir = './tmp'
verbosity = 'high'
tprnfor = .true.
tstress = .true.
forc_conv_thr = 1.0d-5
/
&SYSTEM
ibrav = 0
nat = 2, ntyp = 2
occupations = 'smearing'
smearing = 'gauss'
degauss = 1.0d-9
ecutwfc = 50
ecutrho = 500
/
&ELECTRONS
electron_maxstep = 100
conv_thr = 1.0d-9
mixing_mode = 'plain'
mixing_beta = 0.8d0
diagonalization = 'david'
/
&IONS
ion_dynamics = 'bfgs'
/
&CELL
press_conv_thr = 0.1
/
ATOMIC_SPECIES
Si 28.08550 Si.UPF
C  12.01070 C.UPF
CELL_PARAMETERS (angstrom)
2.174000000  2.174000000  0.000000000
```

```
0.000000000   2.174000000   2.174000000
2.174000000   0.000000000   2.174000000
ATOMIC_POSITIONS (crystal)
Si      0.000000000   0.000000000   0.000000000
C       0.250000000   0.250000000   0.250000000
K_POINTS {automatic}
8 8 8 0 0 0
```

计算结束后,运行 awk '/ Begin final coordinates/ ,/ End final coordinates/ {print $ 0} ' relax. out。

得到输出文件:

```
Begin final coordinates
  new unit-cell volume = 141.54631 a.u.^3 (20.97500 Ang^3)
  density =      3.17432 g / cm^3


CELL_PARAMETERS (angstrom)
  2.188890250   2.188890250   0.000000000
  0.000000000   2.188890250   2.188890250
  2.188890250   -0.000000000  2.188890250


ATOMIC_POSITIONS (crystal)
Si      0.000000000   -0.000000000  0.000000000
C       0.250000000   0.250000000   0.250000000
End final coordinates
```

(b)自洽计算的输入文件。

```
&CONTROL
calculation = 'scf'
disk_io = 'low'
prefix = 'pwscf'
pseudo_dir = './'
outdir = './tmp',
verbosity = 'high'
tprnfor = .true.
tstress = .true.
forc_conv_thr = 1.0d-5
```

```
/
&SYSTEM
ibrav = 0
nat = 2, ntyp = 2
occupations = 'smearing'
smearing = 'gauss'
degauss = 1.0d-9
ecutwfc = 50
ecutrho = 500
/
&ELECTRONS
electron_maxstep = 100
conv_thr = 1.0d-9
mixing_mode = 'plain'
mixing_beta = 0.8d0
diagonalization = 'david'
/
&IONS
ion_dynamics = 'bfgs'
/
&CELL
press_conv_thr = 0.1
/
ATOMIC_SPECIES
Si 28.08550 Si.UPF
C  12.01070 C.UPF
CELL_PARAMETERS ( angstrom )
2.174000000   2.174000000   0.000000000
0.000000000   2.174000000   2.174000000
2.174000000   0.000000000   2.174000000
ATOMIC_POSITIONS ( crystal )
Si     0.000000000   0.000000000   0.000000000
C      0.250000000   0.250000000   0.250000000
K_POINTS {automatic}
```

888000

(c)能带计算的输入文件。

```
&CONTROL
calculation = 'bands'
disk_io = 'low'
prefix = 'pwscf'
pseudo_dir = './'
outdir = './tmp'
verbosity = 'high'
tprnfor = .true.
tstress = .true.
forc_conv_thr = 1.0d-5
/
&SYSTEM
ibrav = 0
nat = 2
ntyp = 2
occupations = 'smearing'
smearing = 'gauss'
degauss = 1.0d-9
ecutwfc = 50
ecutrho = 500
/
&ELECTRONS
electron_maxstep = 100
conv_thr = 1.0d-9
mixing_mode = 'plain'
mixing_beta = 0.8d0
diagonalization = 'david'
/
&IONS
ion_dynamics = 'bfgs'
/
&CELL
```

```
press_conv_thr = 0.1
/
ATOMIC_SPECIES
  Si 1.0 Si.UPF
  C  1.0 C.UPF
CELL_PARAMETERS (angstrom)
  2.174000000  2.174000000  0.000000000
  0.000000000  2.174000000  2.174000000
  2.174000000  0.000000000  2.174000000
ATOMIC_POSITIONS (crystal)
Si     0.000000000  0.000000000  0.000000000
C      0.250000000  0.250000000  0.250000000
K_POINTS {crystal_b}
3
0.5 0.0 0.5 30
0.0 0.0 0.0 30
0.5 0.5 0.5 1
```

（d）能带后处理输入文件。

```
&bands
prefix ='pwscf',
outdir = 'tmp'
filband = 'bd.dat'
lp = .true.
/
```

②态密度的计算。

```
nscf.in
&CONTROL
calculation = 'nscf'
restart_mode = 'from_scratch'
outdir = './output'
pseudo_dir = './pseudo'
title = 'Graphene'
prefix = 'Graphene'
/
```

```
&SYSTEM
ibrav = 0
nat = 2
ntyp = 1
ecutwfc = 100.0
ecutrho = 400.0
occupations = 'tetrahedra'
/
&ELECTRONS
electron_maxstep = 1000
conv_thr = 1.0d-10
mixing_mode = 'plain'
mixing_beta = 0.7
mixing_ndim = 8
scf_must_converge = .true.
/
ATOMIC_SPECIES
C  12.011  C_ONCV_PBE_sr.upf

CELL_PARAMETERS (angstrom)
   1.231428526  -2.132896217  0.000000000
   1.231428526   2.132896217  0.000000000
   0.000000000   0.000000000  12.000000000

ATOMIC_POSITIONS (crystal)
C          -0.0000000000    -0.0000000000     0.5000000000
C           0.3333330000     0.6666670000     0.5000000000

K_POINTS automatic
30 30 1 0 0 0
dos.in
&DOS
prefix = 'Graphene'
outdir = './output'
```

```
ngauss = 0
degauss = 0.01
Emin =-15
Emax =15
DeltaE = 0.01
fildos = 'dos.dat'
/
projwfc.in
&PROJWFC
prefix = 'Graphene'
outdir = './output'
Emin = -15
Emax =  15
ngauss = 0
degauss = 0.01
DeltaE = 0.02
filpdos = 'pdos.dat'
/
```

计算结束后,可以从输出文件中读取态密度和投影态密度的相关数据,并用以画图。

③红外和拉曼光谱的计算。

(a)对优化后的晶体结构进行 scf 计算的输入文件。

```
&CONTROL
title = scf
prefix = 'ph'
calculation = 'scf'
restart_mode = 'from_scratch'
wf_collect = .false.
outdir = './'
pseudo_dir = './'
etot_conv_thr = 1.0d-5
forc_conv_thr = 1.0d-4
tstress = .true.
tprnfor = .true.
```

```
nstep = 100
/
&SYSTEM
ibrav = 4,
celldm(1) = 7.1928551712,
celldm(3) = 1.6400783135,
nat = 4,
ntyp = 2,
ecutwfc = 80,
nosym = .false.,
/
&ELECTRONS
electron_maxstep = 100,
conv_thr = 1.D-12,
/
ATOMIC_SPECIES
   S  32.066  16-S.GGA.fhi.UPF
   Zn  65.409  30-Zn.GGA.fhi.UPF
ATOMIC_POSITIONS crystal
S       0.333333333   0.666666667   0.374653315
S      -0.333333333  -0.666666667   0.874653315
Zn      0.333333333   0.666666667   0.000346685
Zn     -0.333333333  -0.666666667   0.500346685
K_POINTS automatic
 16 16 16 0 0 0
```

计算结束后,若输出文件中有对称操作的相关信息。为了实现后续高精度的声子性质预测,需使用较密的 k-mesh。

（b）利用 ph.x 计算 gamma 点的声子性质（即一阶红外和拉曼性质）的输入文件。

```
&inputph
tr2_ph=1.0d-12,
prefix='ph',
epsil=.true.,
trans=.true.,
```

```
lraman = .true.,
amass(1) = 32.066,
amass(2) = 65.409,
outdir = './',
fildyn = 'ZnS_IR.dynG',
fildrho = 'ZnS_IR.drho',
/
0.0 0.0 0.0
```

（c）ph. out 文件的最后输出信息。

```
        q = (     0.000000000   0.000000000   0.000000000 )


     * * * * * * * * * * * * * * * * * * * * * * * * * * * * * *
   * * * * * * * * * * * * * * * * * * * * * * * * * * * * * *
        omega( 1) =       1.007969 [THz] =        33.622437 [cm-1]
        omega( 2) =       1.274035 [THz] =        42.497508 [cm-1]
        omega( 3) =       1.274035 [THz] =        42.497508 [cm-1]
        omega( 4) =       2.280533 [THz] =        76.070895 [cm-1]
        omega( 5) =       2.280533 [THz] =        76.070895 [cm-1]
        omega( 6) =       6.220740 [THz] =       207.502947 [cm-1]
        omega( 7) =       8.545154 [THz] =       285.037559 [cm-1]
        omega( 8) =       8.616679 [THz] =       287.423368 [cm-1]
        omega( 9) =       8.616679 [THz] =       287.423368 [cm-1]
        omega(10) =       8.870194 [THz] =       295.879779 [cm-1]
        omega(11) =       8.870194 [THz] =       295.879779 [cm-1]
        omega(12) =      10.242682 [THz] =       341.661368 [cm-1]
     * * * * * * * * * * * * * * * * * * * * * * * * * * * * * *
   * * * * * * * * * * * * * * * * * * * * * * * * * * * * * *


     Mode symmetry, C_6v (6mm)  point group:

        omega(  1 -  1) =        33.6  [cm-1]  --> A_1          I+R
        omega(  2 -  3) =        42.5  [cm-1]  --> E_1          I+R
        omega(  4 -  5) =        76.1  [cm-1]  --> E_2          R
        omega(  6 -  6) =       207.5  [cm-1]  --> B_2
```

```
omega(  7 -  7) =      285.0 ［cm-1］ --> A_1        I+R
omega(  8 -  9) =      287.4 ［cm-1］ --> E_1        I+R
omega( 10 - 11) =      295.9 ［cm-1］ --> E_2         R
omega( 12 - 12) =      341.7 ［cm-1］ --> B_2
```

```
* * * * * * * * * * * * * * * * * * * * * * * * * * * * * * * *
* * * * * * * * * * * * * * * * * * * * * * * * * * * * * *
```

（d）利用 dynmat. x 计算红外和拉曼强度的输入文件。

```
&input
fildyn='ZnS_IR.dynG',
asr='crystal',
q(1)=0,q(2)=0,q(3)=1,
filout='ZnS_001.out'
filmol='ZnS_001.mold'
filxsf='ZnS_001.axsf'
/
```

（e）dynmat. out 文件的最后输出信息。

```
IR cross sections are in (D/A)^2/amu units
Raman cross sections are in A^4/amu units
multiply Raman by 0.140845 for Clausius-Mossotti correction
```

# mode	［cm-1］	［THz］	IR	Raman	depol
1	-0.00	-0.0000	0.0000	0.0155	0.7499
2	0.00	0.0000	0.0000	0.0372	0.7497
3	0.00	0.0000	0.0000	0.0132	0.7500
4	76.07	2.2805	0.0000	0.1087	0.7500
5	76.07	2.2805	0.0000	0.1087	0.7500
6	207.50	6.2207	0.0000	0.0000	0.7115
7	288.35	8.6445	8.1445	1.6782	0.7500
8	288.35	8.6445	8.1445	1.6782	0.7500
9	295.88	8.8702	0.0000	2.3796	0.7500
10	295.88	8.8702	0.0000	2.3796	0.7500
11	341.66	10.2427	0.0000	0.0000	0.6960
12	350.25	10.5003	9.0605	3.2269	0.6959

④光学性质的计算。

```
&vc.inp
&CONTROL
calculation='vc-relax'
disk_io='low'
prefix='pwscf',
pseudo_dir='./'
outdir='./tmp'
verbosity='high'
tprnfor=.true.
tstress=.true.
forc_conv_thr=1.0d-5
/
&SYSTEM
ibrav= 0,
nat= 2
ntyp= 2
occupations= 'fixed'
ecutwfc= 80
ecutrho = 320
/
&ELECTRONS
electron_maxstep = 100
conv_thr = 1.0d-9
mixing_mode = 'plain'
mixing_beta = 0.8d0
diagonalization = 'david'
/
&IONS
ion_dynamics='bfgs'
/
&CELL
press_conv_thr=0.1
/
```

```
ATOMIC_SPECIES
  B  10.811  B_ONCV_PBE-1.0.upf
  N  14.00674 N.oncvpsp.upf
CELL_PARAMETERS (angstrom)
  1.807500000  1.807500000  -0.000000000
  0.000000000  1.807500000  1.807500000
  1.807500000  -0.000000000  1.807500000
ATOMIC_POSITIONS (crystal)
  B      0.000000000  0.000000000  0.000000000
  N      0.250000000  0.250000000  0.250000000
K_POINTS {automatic}
  13 13 13 0 0 0
```

（a）非自洽场（non-self-consistent field，NSCF）计算。

```
&CONTROL
calculation = 'nscf'
disk_io = 'low', prefix = 'pwscf',
pseudo_dir = './', outdir = './tmp', verbosity = 'high'
tprnfor = .true., tstress = .true., forc_conv_thr = 1.0d-5
/
&SYSTEM
ibrav = 0,
nat = 2, ntyp = 2,
occupations = 'smearing', smearing = 'gauss', degauss = 1d-9,
ecutwfc = 80, ecutrho = 320,
nbnd = 30
nosym = .true,
noinv = .true,
/
&ELECTRONS
electron_maxstep = 100
conv_thr = 1.0d-9
mixing_mode = 'plain'
mixing_beta = 0.8d0
diagonalization = 'david'
```

```
/
&IONS
ion_dynamics = 'bfgs'
/
&CELL
press_conv_thr = 0.1
/
ATOMIC_SPECIES
  B   10.811   B_ONCV_PBE-1.0.upf
  N   14.00674 N.oncvpsp.upf
CELL_PARAMETERS (angstrom)
 1.810733563   1.810733563   0.000000000
 -0.000000000   1.810733563   1.810733563
 1.810733563   -0.000000000   1.810733563
ATOMIC_POSITIONS (crystal)
B    0.000000000   0.000000000   0.000000000
N      0.250000000   0.250000000   0.250000000
K_POINTS {automatic}
 13 13 13 0 0 0
```

(b)后处理。

```
&inputpp
outdir = './tmp'
calculation = 'eps'
/
&energy_grid
smeartype = 'gauss'
intersmear = 0.50
intrasmear = 0.0
wmin = 0.0
wmax = 60.0
nbndmin = 1
nbndmax = 0
nw = 2000
shift = 0.0
```

计算结束后,可以从输出文件 eels_pwscf. dat、epsr_pwscf. dat、epsi_pwscf. dat、ieps_pwscf. dat 中提取相关数据,得到电子能量损失谱、介电函数实部虚部和介电函数。

2.7.2　ANSYS 软件

计算机辅助工程是各领域模拟分析复杂问题的重要研究手段,ANSYS 是目前计算机辅助工程中应用极其广泛的一款工程分析软件,以计算机为工具,利用数值模型对实际的物理问题进行模拟求解,可以进行电磁场分析、工程热分析、静力结构分析、热应力分析、流体动力学分析、优化设计等以及多物理场耦合场的分析,适用于求解各种复杂形状,因而在土木工程、食品工程、电子产品、国防军工等研究领域是行之有效的工程分析手段。

从 1971 年的 ANSYS 2.0 版本到如今的版本,ANSYS 已经整合了很多领域的软件。2003 年 ANSYS 公司收购了 CFX;2006 年兼并了 FLUENT 软件;2013 年收购了仿真复合材料的 EVEN;2014 年收购了 3D 建模工具 SpaceClaim;2019 年收购了电子设计软件 Sherlock。2002 年,ANSYS 公司在经典版本的基础上,首次集成各系列软件推出了全新仿真平台 ANSYS Workbench,包含刚体动力学仿真模块、结构动力学仿真模块、结构静力学仿真模块、流体动力学仿真模块以及电磁场仿真模块等,并实现了不同软件计算数据的传递与共享,大大提高了仿真的效率。从 ANSYS 14.0 开始,Workbench 界面下增加了 System Coupling 模块,该模块完善了多物理场的耦合计算功能,提高了直接耦合或顺序耦合的分析效率。同时 Workbench 中不同模块之间的继承性也方便了用户可以根据实际问题选择不同的耦合方法进行计算。

ANSYS 操作主要分为前处理部分、分析计算部分以及后处理部分。前处理部分是指在进行仿真计算之前对模型进行准备和设置的过程。在前处理阶段,用户通常以真实实验模型结构为依据,进行几何建模、网格划分、加载边界条件和材料属性设置等操作。这些操作旨在准备一个完整的仿真模型,以便进行后续的分析计算。在几何建模方面,ANSYS 软件本身也提供了一些几何建模的功能,但对于一些复杂的几何结构,用户可能会选择使用专业的几何建模软件,并将其导入 ANSYS 中进行后续的分析计算。ANSYS 与一些几何建模软件的兼容性良好,包括 CAD、SpaceClaim、Solidworks 等软件格式的导入。在网格划分方面,ANSYS 本身自带网格生成工具 ANSYS Meshing,与 ANSYS 软件集成度高,可直接生成 ANSYS 软件所需的网格。用户可以使用专业的网格生成软件来生成模型的有限元网格,包括 ICEM CFD。ICEM CFD 是由 ANSYS 公司开发的专业网格生成软件,尤其擅长于复杂流动问题的网格划分。

分析计算部分指的是执行实际工程案例的仿真计算过程。在分析计算阶段,用户需要进行求解设置,即配置求解器的参数和选项,以控制求解过程的精度、稳定性和效率。需要具体问题的特点和求解要求来选择合适的求解器,ANSYS 提供了多种不同的求解器,涵盖了静力学、动力学、热传导、流体力学等各个领域。在选择求解器后,要选择合适的求解算法,如直接法、迭代法、多重网格法等,并指定求解过程的收敛准则,如残差阈值、最大迭代次数等。对于动态分析,需要指定时间步长大小。在这个阶段,还可以选择并行计算方式,指定需要使用的处理器数量等。完成求解器设置后,用户将准备好的模型和加载条件输入给求解器,并启动求解过程。求解器根据用户设置的物理方程、边界条件和求解器选项,通过数值方法对问题进行求解,求解器将逐步迭代计算,直到满足收敛准则为止,计算并最终得到模型的响应结果,如位移、应力、温度等。求解过程通常需要一定的计算时间,时间长短取决于模型的复杂程度和求解器的设置。

后处理部分是指在完成仿真计算之后对计算结果进行分析和可视化的过程。在后处理阶段,可以利用求解得到的数据生成各种图表、曲线、动画等,直观地展示仿真结果;可以从仿真结果中提取关键数据,如最大应力、位移、温度分布等,用于后续的分析和报告;可以对仿真结果进行分析和评估,评价模型的性能和响应情况,进行故障诊断、优化设计等。此外,还有一些其他软件和工具,如 Matlab、Python 等,与 ANSYS 软件的兼容性也较好,这些软件可以用于辅助数据处理、后处理分析、脚本编程等方面,与 ANSYS 软件结合使用可以提高工程仿真的效率和灵活性。

ANSYS 所执行的热力学分析基于能量守恒的热平衡方程,根据有限元法计算得出各实验节点温度,进而推导得出其他热物理参量。ANSYS 热耦合分析还包括:热-结构耦合分析、热-电耦合分析、热-流体耦合分析以及热-化学耦合分析等。热-结构耦合分析用于处理由温度变化引起的结构变形和应力分布的问题。在这种分析中,模型的温度场和结构场相互耦合,即热效应对结构行为产生影响,同时结构的变形也会影响温度分布。ANSYS 可以通过将热传导方程与力学方程耦合,实现热−结构耦合分析。热−电耦合分析用于处理电子器件或电热设备中的热和电场相互作用的问题。在这种分析中,电流通过器件时会产生热量,从而影响器件的温度分布;同时,温度的变化也会影响器件的电特性。ANSYS 可以通过耦合电路模型和热传导方程,实现热−电耦合分析。热−流体耦合分析用于处理流体流动中的热传输问题,以及由温度变化引起的流体性质变化的问题。在这种分析中,流体的温度分布受到热源、边界条件以及流动本身的影响,同时流体的流动也会影响温度场的分布。ANSYS 可以通过耦合流体动力学模型和热传导方程,实现热−流体耦合分析。热−化学耦合分析用于处理化学反应中的热效应问题,以及由温度变化引起的化学反应速率变化的问题。在这种分析中,化学反应会产生热量,从而影响温度分布;同时,温度的变化也会影响化学反应的速率。ANSYS 可以通过耦合化学反应模型和热传导方程,实现热−化学耦合分析。这些热耦合分析方法可以单独使用,也可以组合使用,以解决各种不同类型的热耦合问题。ANSYS 提供了丰富的功能和工具,支持用户对各种热耦合问题进行深入分析和求解。按热传递方式,ANSYS 热模拟又可以分为稳态传热和瞬态传热,静态传热分析是指在热传导过程中考虑温度场的稳态分布,即温度分布随时间不变。这种分析通常用于模拟热传导、热平衡状态下的温度场分布,以及预测系统或部件在稳定工况下的热响应。静态热分析忽略了时间对温度场的影响,只考虑空间上的温度分布和热流量。瞬态传热分析是指在热传导过程中考虑温度场随时间的动态变化,即温度分布随时间变化。这种分析用于模拟系统或部件受到瞬态热载荷(如突然加热或冷却)时的动态响应,以及预测系统在时间上的温度变化过程。瞬态热分析考虑了时间对温度场的影响,可以更准确地模拟系统的热响应过程。

　　ANSYS 热应力模拟又可以分为直接法和间接法,直接法指的是直接采用具有温度和位移自由度的耦合单元,同时得到热分析和结构应力分析的结果;间接法指的是先进行热分析,然后将求得的节点温度作为载荷施加到结构应力分析中。而装配体结构应力分析的关键就是正确处理好零部件之间的接触问题。多体接触问题是一种高度非线性行为,计算时需要较大的计算资源。ANSYS 做了大量算法的优化和调整,尽量减少搜索的时间,提高计算的速度。当两个不同物体的表面互相接触,具有一定的公共区域时,就称它们处于接触状态,一般接触的两个物体具有以下特点:

　　(1)实际接触的不同物体表面之间互相不渗透。

（2）实际接触的不同物体之间可以传递正压力和切向摩擦力。

（3）实际接触的不同物体之间通常不能传递法向拉伸力。

实际接触体是互相不渗透的,因此,装配体结构力分析时程序内部必须在这两个面间建立某种关系,以防止它们在有限元分析中互相穿过,程序防止相互穿透时,称之为强制接触协调。ANSYS 的 Workbench 的 static structural（结构静力模块）中,不规则结构的静力分析的接触属于状态变化的非线性,也就是说,系统的刚度依赖于接触状态。表 2.1 为 ANSYS 的 Workbench 中包含的 5 种接触分析的类型。

表 2.1　Workbench 的 5 种接触类型

接触类型	迭代次数	法向分离	切向滑移
绑定	1	无间隙	不能滑移
不分离	1	无间隙	允许滑移（切向无摩擦滑动）
无摩擦	多次	允许有间隙	允许滑移
粗糙	多次	允许有间隙	不能滑移
摩擦	多次	允许有间隙	允许滑移

基于 DAC 高压装置在实现高压的基础上附加产生高温极端条件,而由于热膨胀系数不匹配或温度不均匀导致的热负荷已经成为降低金刚石和压机使用寿命的主要因素,为满足金刚石压砧和钢片几何构型设计中的理论要求,则需要将设计数据与仿真数据相结合。目前,高温对压砧、垫片和样品在高压作用下受力状态的影响尚不明确,对其热应力没有进行系统的分析与模拟。预测 DAC 高压装置主要部件结构中的热应力对其变形最小化有着一定的指导性意义。

以高温高压 DAC 装置热应力仿真为例,采用 ANSYS 热应力模拟的间接法对热应力耦合场进行分析,首先利用有限体积法对 DAC 装置关键部件进行热分析,然后以求得的节点温度作为载荷施加到结构应力分析中进行热应力模拟。下面以 ANSYS 19.0 版本为例,介绍基本操作流程。

（1）使用 ANSYS ICEM CFD 前处理软件建立模型、网格划分。

（2）利用 FLUENT 软件求解热模型得到结构温度分布,将计算得到的节点温度数据导出保存。这些数据包括各个节点的温度值,通常以文本文件的形式保存,以便后续做应力分析使用。

(3)在 ANSYS 的结构分析模块中定义结构材料特性。

(4)在选择目标面和接触面时,一个核心原则是尽量减少穿透量,使其接近于零,其中穿透的识别通常通过检测高斯点来实现。例如,当平面与凸面接触时,应选择平面作为接触面;当一个面网格粗糙而另一个面网格细致时,应选择粗糙的面作为目标面;当一个大面与一个小面接触时,应选择大面作为目标面。

(5)使用接触工具,检查初始接触状态,避免出现间隙影响计算结果精度的现象。明确接触单元不能穿透目标单元,但目标单元可以穿透接触单元。

(6)确定热分析与结构分析是否采用相同的网格,网格相同时可直接读入热载荷,即将稳态热分析结果直接导入。原有网格无法应用到结构分析时,清除热网格重新划分网格,再读入热模型并进行插值,即将之前导出的节点温度数据作为外部载荷施加到结构模型上。

(7)温度导入 ANSYS 的结构静力学模块后,施加其他结构载荷,并选择适当的求解器和求解设置进行计算。

(8)进行运算,求解热应力分布情况。求解过程中,ANSYS 会考虑节点温度对结构产生的热应力的影响。

(9)完成结构应力分析后,可以查看模型的应力分布情况,并对其进行分析和评估。可以通过结果图表、曲线、动画等形式来直观展示模型的应力响应,评价结构的稳定性和安全性。

通过以上步骤,可以将 ANSYS 求得的节点温度作为外部载荷施加到结构应力分析中进行热应力模拟,从而综合考虑热效应对结构的影响,提高分析的准确性和可靠性。

ANSYS 的流体模块是基于有限元方法(finite element method, FEM),2006 年兼并的 FLUENT 是一款基于有限体积法(finite volume method, FVM)的软件。FLUENT 软件是计算流体力学软件中的领先者,在燃烧、环境分析、材料处理应用、航空航天等领域被广泛应用。FLUENT 软件包含了多种先进模型,例如湍流模型、燃烧模型、湿蒸汽模型、欧拉多相流模型、离散项模型、孔介质模型和燃烧模型等,这些模型可运用于低速和超高音速、单相流和多相流、化学组分输运、化学反应、燃烧反应以及气固两相混合等所有与流体相关的问题。此外,可以选用多种数值算法,包含耦合隐式算法、耦合显式算法和非耦合隐式算法,使具体问题求解的收敛性和稳定性达到最佳。与传统的计算流体动力学

（computational fluid dynamics，CFD）数值计算方法相比，FLUENT 软件使用二阶精度对问题进行求解，其求解精度相对较高，经过大量算例和实验的验证，FLUENT 计算的结果较符合真实物理解。另外，由于其能实现不同传热方式（热辐射、热对流和热传导）的耦合，适用范围广，包括多种传热模型，并且能够提高计算效率和收敛速度，因此 FLUENT 软件十分适合仿真半透明体的热传输行为。

参 考 文 献

［1］　吴代鸣.固体物理基础［M］.北京:高等教育出版社,2007.

［2］　黄昆,韩汝琦.固体物理学［M］.北京:高等教育出版社,1988.

［3］　SUTCLIFFE B T. The born–oppenheimer approximation［M］. Boston:Springer US,1992.

［4］　HARTREE D R. The wave mechanics of an atom with a non–coulomb central field. part II. some results and discussion［J］. Mathematical Proceedings of the Cambridge Philosophical Society,1928,24(1):111–132.

［5］　FOCK V. Näherungsmethode zur lösung des quantenmechanischen mehrkörperproblems［J］. Zeitschrift Für Physik,1930,61(1):126–148.

［6］　MARTIN R M. Electronic structure:basic theory and practical methods［M］. 北京:世界图书出版公司,2007.

［7］　谢希德,陆栋.固体能带理论［M］.2 版.上海:复旦大学出版社,2007.

［8］　Sutcliffe B T. The Born–Oppenheimer Approximation［M］. Boston:Springer US,1992.

［9］　THOMAS L H. The calculation of atomic fields［J］. Mathematical Proceedings of the Cambridge Philosophical Society,1927,23(5):542–548.

［10］　FERMI E. Eine statistische Methode zur Bestimmung einiger Eigenschaften des Atoms und ihre Anwendung auf die Theorie des periodischen Systems der Elemente［J］. Zeitschrift Für Physik,1928,48(1):73–79.

［11］　NITYANANDA R,HOHENBERG P,KOHN W. Inhomogeneous electron gas［J］. Resonance,2017,22(8):809–811.

[12] KOHN W, SHAM L J. Self－consistent equations including exchange and correlation effects[J]. Physical Review, 1965, 140(4A): A1133－A1138.

[13] PERDEW J, CHEVARY J, VOSKO S, et al. Atoms, molecules, solids, and surfaces: Applications of the generalized gradient approximation for exchange and correlation[J]. Physical Review B, Condensed Matter, 1992, 46(11): 6671－6687.

[14] FRANK W, ELSÄSSER C, FÄHNLE M. Ab initio force－constant method for phonon dispersions in alkali metals[J]. Physical Review Letters, 1995, 74 (10):1791－1794.

[15] BARONI S, DE GIRONCOLI S, DAL CORSO A, et al. Phonons and related crystal properties from density－functional perturbation theory[J]. Reviews of Modern Physics, 2001, 73(2):515－562.

[16] TOGO A, OBA F, TANAKA I. First－principles calculations of the ferroelastic transition between rutile－type and $CaCl_2$－typeSiO_2 at high pressures[J]. Physical Review B, 2008, 78(13):134106.

[17] OTERO-DE-LA-ROZA A, ABBASI-PÉREZ D, LUAÑA V. Gibbs2: A new version of the quasiharmonic model code. II. Models for solid － state thermodynamics, features and implementation [J]. Computer Physics Communications, 2011, 182(10):2232－2248.

[18] LIU Z L. Phasego: A toolkit for automatic calculation and plot of phase diagram[J]. Computer Physics Communications, 2015, 191:150－158.

[19] BELIN K. Allmaen ventilation med displacerande stroemning [M]. Stockholm: BFR-rapport R, 1978.

[20] PICK R M, COHEN M H, MARTIN R M. Microscopic theory of force constants in the adiabatic approximation[J]. Physical Review B, 1970, 1 (2):910－920.

[21] BORN M, HUANG K, LAX M. Dynamical Theory of Crystal Lattices [M]. Oxford : Clarendon Press, 1954.

[22] 姚征, 陈康民. CFD 通用软件综述[J]. 上海理工大学学报, 2002, 24(2): 137－144.

[23] HARTMANN D L, MOY L A, FU Q. Tropical convection and the energy

balance at the top of the atmosphere[J]. Journal of Climate,2001,14(24):4495-4511.

[24] 罗志昌.流体网络理论[M].北京:机械工业出版社,1988.

[25] 余其铮.辐射换热原理[M].哈尔滨:哈尔滨工业大学出版社,2000.

[26] BEN ABDALLAH P,LE DEZ V. Radiative flux field inside an absorbing – emitting semi – transparent slab with variable spatial refractive index at radiative conductive coupling[J]. Journal of Quantitative Spectroscopy and Radiative Transfer,2000,67(2):125-137.

[27] BEN ABDALLAH P,LE DEZ V. Temperature field inside an absorbing – emitting semi-transparent slab at radiative equilibrium with variable spatial refractive index [J]. Journal of Quantitative Spectroscopy and Radiative Transfer,2000,65(4):595-608.

[28] TAN H P,HUANG Y,XIA X L. Solution of radiative heat transfer in a semitransparent slab with an arbitrary refractive index distribution and diffuse gray boundaries[J]. International Journal of Heat and Mass Transfer,2003,46(11):2005-2014.

[29] 谈和平.红外辐射特性与传输的数值计算:计算热辐射学[M].哈尔滨:哈尔滨工业大学出版社,2006.

[30] HUANG Y,WANG K,WANG J. Two methods for solving radiative transfer in a two-dimensional graded-index medium[J]. Journal of Thermophysics and Heat Transfer,2009,23(4):703-710.

[31] HUANG Y,LIANG X G. Approximate thermal emission models of a two-dimensional gradient index semitransparent medium [J]. Journal of Thermophysics and Heat Transfer,2006,20(1):52-58.

[32] HUANG Y,DONG S J,YANG M,et al. Thermal emission characteristics of a graded index semitransparent medium [J]. Journal of Quantitative Spectroscopy and Radiative Transfer,2008,109(12/13):2141-2150.

[33] 张建峰,王翠玲,吴玉萍,等. ANSYS 有限元分析软件在热分析中的应用[J].冶金能源,2004,23(5):9-12.

[34] 汪志诚.热力学·统计物理[M].3 版.北京:高等教育出版社,2003.

[35] 万学斌.固体热容激光器增益介质的温度和应力分布研究[D].长沙:国

防科学技术大学,2004.

[36] 胡银平.离体生物组织冻结过程温度场和应力场的数值模拟[D].重庆：重庆大学,2007.

[37] 竹内洋一郎.热应力 [M].北京:科学出版社,1977.

[38] GIANNOZZI P, BARONI S, BONINI N, et al. QUANTUM ESPRESSO：A modular and open – source software project for quantum simulations of materials[J].Journal of Physics Condensed Matter,2009,21(39):395502.

[39] 陈首兴,李丁九.重复频率脉冲电容器[J].电力电容器,1989(1):13-19.

[40] 温正.FLUENT 流体计算应用教程[M].2 版.北京:清华大学出版社,2013.

[41] 江帆,黄鹏.Fluent 高级应用与实例分析[M].北京:清华大学出版社,2008.

第 3 章　高温高压设备

　　研究物质在高压下的性质时,需将物质置于高压腔体中,这就要用到高压设备。对于科学研究工作来说,高压腔体的体积不能太小,内部的压力梯度不能过大,最好能产生静水压。高压设备主要有高压反应釜、活塞-圆筒压机、Bridgman 压机、压砧-圆筒装置、多压砧装置和 DAC 装置等。这些设备中必须包含能够移动的部件以压缩其中的物质产生高压,而且和高压腔体中物质接触的部分要具有比这种物质高的硬度。其中活塞-圆筒压机、对顶砧压机和多顶砧压机的加压原理是将样品封装在耐压腔体中,减小体积,以静态方法增大样品所受压力,共同遵循的基本加压原理是通过外部施力直接或间接地将压力均匀地传递给样品,如图 3.1 所示。

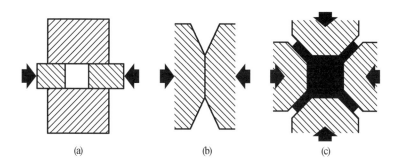

图 3.1　活塞-圆筒压机、对顶砧压机和多顶砧压机的加压原理示意图

　　高压设备通过不同机械构造来产生高压,广泛应用于科学研究和工业生产中,如材料科学、生命科学及地球物理学等领域。而这些高压设备能够达到的极限工作压力因其设计和使用的材料而异,而且常常需要采取特殊措施来确保高压腔体中样品所受压力可以均匀传递,尤其是在处理极小的样品时。如高压设备中活塞、圆筒或压砧通常不直接接触对高压腔中的样品。直接接触可能导致压力施加不均,使样品受到不均匀的压力作用,可能影响实验结果的准确性或导致样品损坏。使用传压介质是解决压力分布不均匀问题的一个常用方法,传压介质的使用能够有效地将来自活塞或压砧的压力均匀分布到整个样品表面。传压介质通常是一种固体、液体或气体，能够在微观层面上均匀地传递压力，而不会对样品造成机械损伤。样品的尺寸远远小于传压介质，被夹在传压介质中间，其局部的压力相对均匀。并且使用传压介质可以确保每次实验在相同的条件下进行，因为介质可以在整个样品周围形成一个压力均匀的环境，从而提高实验结果的可重复性和可靠性。选择传压介质时，须考虑其在高压环境下的稳定性、不活性及与样品的相容性。常见的传压介质包括甲醇–乙醇混合物、矿物油、氩气等。因此通过在高压设备中使用传压介质，研究人员可以更精确地控制实验条件，确保样品在受压过程中保持均匀受力，从而获得可靠和重复的实验结果。这种技术的应用极大地提高了高压实验的效率和成功率。

密封材料须具备良好的机械强度和柔韧性，使其能在受压时发生可控的形变，而不是破裂或过度流动。这种半流动状态的材料能有效地适应界面间的不规则性，填补微小的空隙，从而保证压力的均匀传递。如在压砧系统中，当密封材料发生适度流动后，它不仅封闭了潜在的泄漏路径，还提供了对压砧的侧向支撑。这种支撑帮助压砧抵抗因压力而可能产生的侧向位移或倾斜，从而提高整个系统的稳定性和工作压力。选择密封材料时还必须考虑其在预期的工作压力和温度范围内的性能。材料应能承受高压和有关的温度变化，不发生化学分解或失去机械性能。高压设备中的活塞、压砧等关键部件所受的力量巨大，因此需要通过特殊设计的框架来提供必要的机械支撑。这种框架通常由高强度材料制成，能承受极大的负荷而不发生变形。除了 DAC 装置外，一个完整的高压设备还包括压缩泵、阀门、管道等部件。

3.1 活塞–圆筒装置

世界上最早的高压装置可以追溯到 19 世纪末，由英国物理学家 William Parsons 设计制造的活塞–圆筒装置，如图 3.2 和图 3.3 所示。此装置的核心是一个厚壁圆筒用作高压腔体，在圆筒中安装一个可移动的活塞，活塞向下推动时，会增加腔体内的压力。圆筒体通常由坚固的金属材料如钢或铝制成，呈圆柱形，其主要功能是提供一个精确且光滑的滑动表面，以支撑活塞运动并承受活塞产生的压力。为了减少摩擦并提高密封效率，圆筒体的内壁会经过精密加工和抛光处理。在设计圆筒体时,需要综合考虑其耐压性、抗腐蚀性以及耐高温能力,同时材料的选择和壁厚的计算也必须确保在预期的操作压力下保持结构的完整性和功能性。活塞则是安装在圆筒体内部的可移动部件,通常由与圆筒体材料相兼容的材料制成,例如钢或铝。活塞的主要作用是在圆筒体内部移动,通过其与圆筒体之间的密封来隔绝或压缩流体。在液压或气压系统中,活塞的移动由流体压力驱动,从而转换为机械力。为了保证最小的摩擦和最长的使用寿命,活塞的设计必须精确适配圆筒体的内径,确保有效密封和减少磨损。此外,活塞表面可能涂覆有抗磨材料或使用特殊合金,以提高其耐用性和性能。

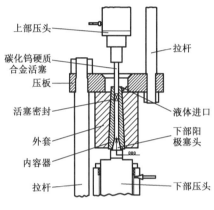

图 3.2　活塞-圆筒装置图

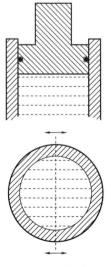

图 3.3　活塞-圆筒装置示意图

高压腔内装入样品和传压介质。受限于当时的材料技术,英国物理学家 William Parsons 设计加工的这台活塞-圆筒装置极限压力只有约 1 GPa。在物理学家 William Parsons 设计的活塞-圆筒装置中,活塞与圆筒之间存在一定的间隙,这是由于加工精度和材料性能的限制。在高压状态下,这种间隙可能导致样品被挤出,影响实验的有效性和可靠性。因此,高压腔的密封性成为设计中需要特别注意的问题。密封系统是活塞圆筒装置中至关重要的部分,密封系统对于提高实验设备的性能至关重要,它不仅保护了样品,还确保了实验环境的稳定和安全。这些密封件安装在活塞和圆筒体之间,防止传压介质(如油或气体)泄漏,并保持压力。密封系统确保了装置在各种压力和温度条件下的可靠运行。选择密封材料时,需要考虑其与工作介质的兼容性、耐温性、耐压性和耐化学性。密封的设计也需考虑到操作环境的污染问题,以防止颗粒或杂质损坏密封。常用的密封材料包括丁腈橡胶、聚氨酯和聚四氟乙烯(PTFE)。图 3.4 为 Bridgman 密封和 O 形环密封的示意图。

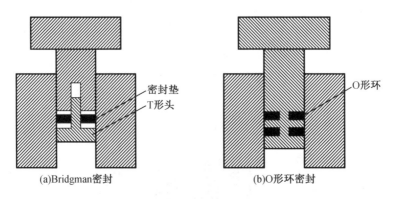

图 3.4 密封示意图

活塞-圆筒装置的极限压力低,且受到压力施加方式的限制,静水压条件欠佳。活塞-圆筒装置的极限压力是由构成的材料和具体设计决定的。一般比较硬的钢的压缩屈服强度为 2 GPa,350 钢的屈服强度为 2.8 GPa,是已知最硬的钢。碳化钨合金是高压设备中常用的材料,其压缩屈服强度约为 5 GPa。无预应力的圆筒的极限工作压力就是压缩屈服强度,使用组合圆筒或自紧圆筒可以提高其使用压力。350 钢比较脆,当圆筒的工作压力达到 2.8 GPa 时,会出现很多纵向裂纹。一般情况下,应用硬度稍低但具有一定塑性的钢来制造圆筒,可达到的压力为 3 ~ 3.5 GPa。利用碳化钨材料可得到 3 GPa 以上的压力,但这种材料的拉伸强度极差,因此经常用作组合圆筒的内筒,利用钢制外筒对其施加接近压缩屈服强度的预应力。在加压过程中,要保证碳化钨材料工作在压缩状态下,而不能处于张应力作用下。碳化钨材料不能用来做自紧处理,因为自紧圆筒内壁通常要有 0.2 %~2.5 % 的塑性变形。活塞的屈服也是限制活塞-圆筒装置极限压力的一个因素,利用碳化钨材料,其使用压力可达 5 GPa。提高活塞-圆筒装置极限压力的另一个方法是使用短圆筒,如图 3.5 所示。高压区附近的材料应力很集中,周围的材料对这部分起到了大质量支撑的作用。长圆筒情况下的计算结果对短圆筒不再适用。实验结果表明,短圆筒的极限工作压力约为长圆筒的二倍。图 3.6 为一种实际的活塞-短圆筒装置,其圆筒的内外径之比约为 1：10。

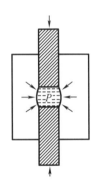

图 3.5　活塞–短圆筒装置示意图

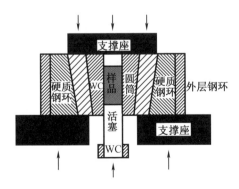

图 3.6　一种实际的活塞–短圆筒装置示意图

活塞主要承受轴向应力,它工作时进入圆筒部分,除了承受轴向压力外还受圆筒的径向支撑力,而露在圆筒外的部分没有这种支撑力。因此,活塞的径向膨胀使其发生剪切形变而损坏。如果对活塞的这部分给予径向支撑,则可大大提高其承受轴向负荷的能力。利用受压缩的液体或软固体可以对活塞侧面提供这种径向支撑。图 3.7 给出了三种对活塞提供径向支撑的设计,以改善活塞的结构稳定性和减少磨损。图 3.7(a)是基本切槽型,这种设计展示了活塞底部两侧各有一切口,这有助于减少径向负荷并提供一定的柔性以适应热膨胀。切口的存在可以使活塞在运动过程中更好地适应缸体内的压力变化,从而减轻侧向压力和磨损。图 3.7(b)是加强横梁,在基本切槽型的基础上增加了一横梁,这种结构可以提供额外的支持,增强活塞的结构强度。横梁的加入有助于抵抗更高的负载和压力,能够有效延长活塞的使用寿命。图 3.7(c)是锥形加强,这一设计在活塞的顶部加入了锥形的结构,这不仅增加了活塞顶部的强度,还改善了力的分布。锥形设计有助于均匀地分散来自缸体的压力,减少压力集中点,有效避免了活塞在高压环境下的潜在破损风险。

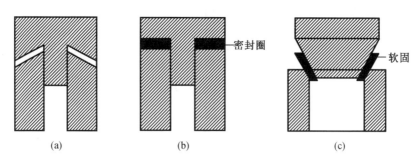

图 3.7　活塞的几种径向支撑设计

　　强化活塞强度的另一种方法是逐次加压法。为了给活塞露在外面的部分提供侧面支撑,将第一级活塞-圆筒装置的圆筒内放进第二级活塞-圆筒装置,而在第二级的圆筒内放进第三极活塞-圆筒装置,等等。当依次加压后在最里面的圆筒内产生很高的压力,其特点是对活塞和圆筒同时提供很高的支撑压力。但是这种方法中每增加一级,高压腔体积就会缩小很多,在实际应用上受到限制。Bridgman 首先采用了二级活塞-圆筒装置,产生了高达 10 GPa 的压力。

　　活塞-圆筒装置可提供较大的高压腔,但产生的压力相对较低。通过施加的力和活塞的面积可精确地确定压力。在活塞-圆筒装置中可方便地引入加热部件,并实现精确的温度控制。活塞-圆筒装置由于它较大的样品腔体积、简易的力学结构和相对较低的使用与维护成本,使其成为产生 5 GPa 及以下压力环境的主流高压装置之一。目前活塞-圆筒装置广泛地用于 5 GPa 以下的样品合成、材料物理化学性质研究,也可为更高压力下的进一步实验进行前期预压工作。

此外,活塞-圆筒装置特别适用于需要精确控制高温高压条件、温度场均一稳定,且需要大腔体静高压样品环境的科学研究。洛克泰克(RTK)公司推出的高温高压活塞圆筒装置,如图 3.8 所示。该装置通过其独特的设计和先进技术,使得复杂的环境模拟变得可能。RTK 公司的高温高压活塞-圆筒装置利用静态高压技术,可以在一个大腔体静高压环境中模拟高达 1 600 ℃ 的温度和 4.5 GPa 的压力,其中样品尺寸的直径可达 8 mm,长度可达 10 mm。该装置的核心部分由高端精密材料制造,保证了设备在极端条件下的耐用性和可靠性。

(a)　　　　　　　　　　　　　　(b)

图 3.8　高温高压活塞-圆筒装置

RTK 公司自主研发生产的这个双向活塞-圆筒装置,包含一台 250 T 或 300 T 的压机,主机结构主要通过 250 T 或 300 T 大功率液压机驱动上下两个活塞相对运动,对活塞圆筒压盘进行挤压,进而在样品内部产生最高可达 4.5 GPa 的压力,这样的加压方式产生的压力更加均匀、稳定。这种设计允许活塞圆筒装置在样品上同时产生高压和高温,其中样品可以产生较小的温度梯度和压力梯度,并且稳定性好,实验时间可以从几分钟持续到数月,结构简单,腔体的装样量相对较多,易于维护。同时该高温高压活塞-圆筒装置的温度和压力的控制系统极为精确,能够确保实验的可重复性和成功率,控温温度精度为 ±1 ℃,压力最大误差 ±0.5 bar①。结合全自动远程控制软件,可在电脑上对压力、温度

───────────

①　　1 bar = 100 kPa。

进行监控和控制。

同时,RTK 公司的自动加压恒压装置可以更精密地控制实验条件,实现自动加压、保压和卸压,极大地提升了操作的便利性和精确度。除了标准型产品,RTK 公司还提供桌面型产品,操作简便,易于维护。这使得该装置不仅适用于大型实验室和研究机构,也适用于小型实验设施。全自动的特性允许通过电脑控制压力和温度的稳定上升,实验时间可以持续从几分钟到数月,满足长期实验的需求。此外,该高温高压活塞圆筒装置具备完善的保护装置,包括温度过载保护、压力过载保护和冷水机检测保护,确保了操作的安全性。

高温高压活塞-圆筒装置广泛应用于地球科学、物理、化学、生物学、材料科学、药理学、航空航天及军工工业等领域。在地质学中,该装置用于模拟岩石在地球深部的反应条件;在材料科学中,该装置用于合成如氮化硼这类超硬材料及其他超导材料的制备和性能测试。

3.2 Bridgman 对顶砧和压砧-圆筒装置

活塞-圆筒装置得到广泛应用后,高压物理领域的主要奠基人、1955 年诺贝尔物理学奖获得者、美国物理学家布里奇曼教授注意到单级活塞-圆筒装置的高压部件在加载过程中容易产生严重的拉伸与剪切形变,其压力极限难以进一步提高。布里奇曼教授的大质量支撑原理是在大物体的一小面积上产生高压时,由于其周围材料支撑的作用,物体可承受比其名义抗压强度高几倍的压缩应力。20 世纪中期,布里奇曼教授依据大质量支撑原理,设计出了著名的 Bridgman 压机,早期的 Bridgman 压机如图 3.9 所示。

Bridgman 压机引入了压砧的概念,砧面上的高应力能够被均匀地分散到底面。为避免高硬度的压砧材料在拉伸应力下的损坏,一般会将压砧和外层钢套进行过盈配合以产生足够的预紧应力,为压砧提供侧向支撑,如图 3.10 所示。

压砧材料为硬质合金,过盈量 1% 的 Bridgman 压机可以产生 10 GPa 以上的高压。实验证明,有预应力的压砧,其内部可以承受更高的压力,图 3.11 为铜、钢、硬质合金和具有预应力的硬质合金的大质量支撑增强系数。大质量支撑增强系数反映了材料在预应力作用下对提高整体结构稳定性和承压能力的贡献程度。图 3.11 的大质量支撑增强系数是基于一般性质的描述,实际的大质量支撑增强系数还会受到材料处理工艺、设计准则和具体应用场合的影响。利用这种压砧,Bridgman 装置的工作压力很容易就超过 10 GPa。例如,半锥角为 80°

具有预应力的硬质合金压砧的增强系数为 3.5 左右,碳化钨的压缩屈服强度约为 5 GPa,因此设备的极限工作压力可达 17.5 GPa。若在两砧面之间接入加热电阻,就可以同时产生高压和高温,使得对样品的高温高压研究成为可能。这种压机的高压腔体较小,加压后的样品呈薄片状,且加温装置的引入会不可避免地损伤压砧,这些缺点限制了它的应用范围。但是这种装置结构简单,易于操作,对于从事基础科学研究的人员来说仍具有吸引力。

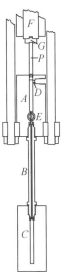

图 3.9　早期的 Bridgman 压机

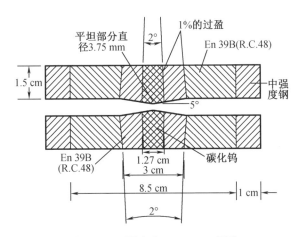

图 3.10　预应力 Bridgman 压砧

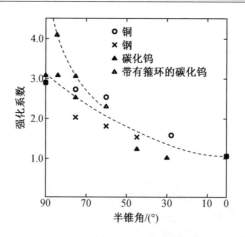

图 3.11 预应力几种压砧的大质量支撑增强系数

活塞-圆筒装置的高压腔体大,产生的压力较为均匀,但压力极限低;Bridgman 压机产生的压力较高,但样品过薄、形变严重,从而影响实验的准确性和稳定性。这促使其他学者产生了将其改进的想法,他们将圆筒和压砧这两大部件相结合,设计了一系列更适合实际应用的压砧-圆筒高压装置。1962 年 J. M. Balachandran 和 H. Drickamer 对 Bridgman 压机的稳定性和实验准确性提出了改进方法,通过使用叶蜡石作为支撑材料,将其放置在 Bridgman 压砧的侧面,以增加对压砧的支撑力,并减轻压力对压砧的影响,如图 3.12 所示。这种装置称为 Drickamar 装置,设计核心是利用 Bridgman 压砧的基本原理,并通过引入支撑结构来增强压砧的稳定性和承压能力。该装置结合了活塞-圆筒装置和 Bridgman 压机的优势,兼具大的样品腔和较高的压力极限,与传统的 Bridgman 压砧相比,Drickamer 压腔能够在更高的压力和温度下稳定工作,提高了实验的准确性和可重复性,广泛应用于室温和低温下的电阻测试。这项技术的应用使得在高压下进行的实验更加可靠,并为高压物理学和材料科学的发展做出了贡献。

1953 年,美国通用电气公司的 F. P. Bundy、H. T. Hall 等研究人员设计了一种革命性的高压装置,如图 3.13 所示,样品放置在多层组合圆筒内,两个锥形活塞在单轴外力的作用下对样品压缩以产生高压,这种装置称为 Belt 压机,即世界上第一台"年轮"式两面顶压机。Belt 压机的活塞外面紧箍着具有预应力的钢环(belt),对其产生侧向支撑。包围样品的是传压介质,再外面是密封材料,一般是叶蜡石和金属构成的多层结构,可防止内部材料的挤出,同时提供对活塞锥面的侧向支撑。密封材料使压力的分布更加均匀,有效地保护了活塞和外部圆筒。由图 3.13 可见,大质量支撑原理对活塞和多层圆筒都适用,使其能承受很高的压力。Belt 压机作为一种结合了活塞−圆筒装置和 Bridgman 压机优势的高压装置,可在产生 10 GPa 左右压力的同时保持较大的高压腔体,其优异的对中性、稳定的温度场和压力场能够满足样品进行长时间加温加压的需求。从 20 世纪 60 年代开始的约 50 年的时间内,Belt 压机广泛应用于超硬材料工业生产中,如人造金刚石、立方氮化硼等的高温高压合成。Belt 压机最著名的应用是人造金刚石的合成。在极高的压力和温度条件下,碳的晶体结构可以转变成金刚石结构。F. P. Bundy、H. T. Hall 等的这一创新,实现了工业规模合成金刚石的可能,极大地推动了超硬材料领域的发展。Belt 压机的开发是 20 世纪科学技术史上的一个里程碑,它展示了工程创新是如何推动科学研究和工业生产的进步的。

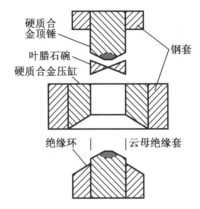

图 3.12　Drickamer 压腔有支撑的 Bridgman 压砧

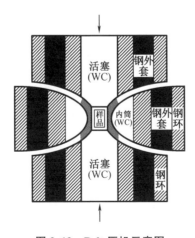

图 3.13　Belt 压机示意图

3.3 变形 Bridgman 压机

为了克服 Bridgman 压机高压腔体小的缺点,可以用杯状压砧或环状压砧来替代平砧面压砧,这个想法来源于实践经验。Bridgman 压机中,高压实验后压砧表面中心会产生塑性变形,随后压砧在稍低的压力下仍然可正常工作。因此,人们有意地将压砧的中心挖去一块,可增大高压腔的容积,而高压装置的使用压力又不至于有大的降低。变形 Bridgman 压机主要有杯状压砧装置(cupped anvils cell)和环状压砧装置(toroidal cell)两种,高压腔体的体积可达 100 cm^3。

3.3.1 杯状压砧装置

杯状压砧装置是由俄罗斯高压研究所的 Oleg Ivanovich Ivanov(奥列格·伊万诺维奇·伊万诺夫)和 Leonid Fedorovich Vereshchagin(列昂尼德·费多罗维奇·韦列什查金)等在 1960 年设计的,其结构如图 3.14 所示。压砧上凹槽的深度和宽度需要特殊考虑,如果凹槽的边缘太高,则导致在压缩过程中两个压砧接触,将限制压力的进一步提高;如果凹槽的边缘太低,那么高压腔体的体积就会缩小。因此必须根据实际的需要来设计相应的压砧。

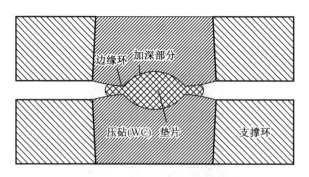

图 3.14 杯状对顶砧

刨面对顶砧与平面对顶砧在结构上的主要差异在于砧面的设计。这种设计差异导致了它们在实验中表现出不同的物理特性和效能。下面详细阐述这些差异:

1. 砧面中心有坑,压腔体积增加

刨面对顶砧的主要特征是砧面中心有一个小坑,这个设计增加了压腔的体积。这样的结构设计允许在相同的压力下容纳更多的样品,使其可以处理更大的样品或使更多的样品同时进行实验。此外,增大的压腔体积还有助于缓解样品受压时产生的压力梯度,使得压力更加均匀地分布在样品上。平面对顶砧具有平滑且均匀的砧面,压腔体积相对较小。这种设计在需要极高精度压力应用时更为常见,因为小体积的压腔有助于实现更高的压力,尤其是在超高压实验中。

2. 压腔中的压力分布不同

由于中心有坑的设计,刨面对顶砧在压腔中产生的压力分布相对更为复杂。这种设计可以在一定程度上提供更均匀的压力分布,因为坑的存在有助于分散从砧面传递到样品的力。在平面对顶砧中,压力分布通常较为集中,尤其是在砧面接触点。这种压力集中的特性使得平面对顶砧特别适用于需要在非常小的区域内产生极高压力的实验。

3. 最高达到压力下降很小

刨面对顶砧的设计增加了压腔的体积,可能会导致在达到相同的极高压力时更为困难,但实际上这种设计对最高可达压力的影响非常小。适当的工程调整和实验配置可以使这种影响降到最低。平面对顶砧由于其压腔体积小和压力集中的特点,理论上可以达到更高的压力,这使得平面对顶砧在进行需要极端压力的科学研究时更为理想。

利用碳化钨压砧,杯状压砧装置的压力可高到 8 GPa,而其高压腔体积要比 Bridgman 压砧大得多。室温下,可靠的工作压力为 6 GPa,高温下为 4.5 ~ 5.5 GPa。这种高压装置的主要缺点是,卸压时密封材料容易射出,造成危险,因此卸压时要求缓慢操作。在加热实验中存在同样的问题,一般通过增大装置的载荷来加以避免。这种装置广泛应用于所需压力为 4~5 GPa 的超硬材料的合成。其较大的腔体为在 5~8 GPa 高压下进行材料的物理性质研究提供了便利条件。

杯状压砧内形成的压力分布很不同于圆锥形压砧,图 3.15 给出了其压力分布,最高的压力并不在压砧的中轴线处产生,而是在凹坑的边缘附近。在杯状压砧中,由于压力是从外围向内部传递的,因此中心区域(即样品所在位置)的压力较高。这种设计确保了样品能够受到足够的压力,以观察在高压环境下的物质性质变化。从中心向杯壁方向,压力会逐渐减小。向外围递减的压力梯度的存在是由于压力在材料中传递时的散失以及杯壁本身对压力的抵抗作用。虽然存在压力梯度,但通过精确的设计和制造,杯状压砧可以在样品所在区域实现相对均匀的压力分布。这对于保证实验结果的一致性非常重要。

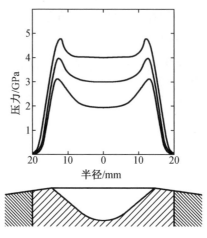

图 3.15   杯状对顶砧上的压力分布

3.3.2   环状压砧装置

环状压砧装置是由 Leonid Grigorievich Khvostantsev 等在 1977 年设计的,它保留了 Brdgman 压机的优点,但具有大的高压腔体,如图 3.16 所示。和杯状压砧装置不同的是,环状压砧装置除了中央的高压腔外,在外边还有一个环形的凹槽,这种装置的工作压力要高于杯状压砧装置,而且压力更加稳定,但需要更大的载荷。

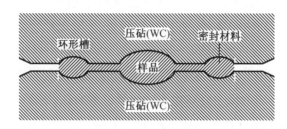

图 3.16   环状对顶砧

利用碳化钨压砧,这种装置的压力极限为 14 GPa。高压腔体积为 0.3 cm³ 的装置在 11 GPa、1 800~2 000 ℃ 条件下可稳定工作几天;高压腔体积为 0.8 cm³ 的装置,其压力和温度分别达到 9.5 GPa 和 1 800 ℃。环状压砧装置的最大高压腔体积为 200 cm³,压力为 8 GPa。苏联的许多实验室都利用这种装置合成金刚石、立方硼氮化物等超硬材料。这种装置的应用范围是多方面的,可用于 X 射线衍射、中子衍射、低温超导电性、电阻、热电势、压缩率等方面的研究。

这种装置有许多改进的类型,但主要技术参数没变,改变的只是高压腔体外的环形凹槽。环形凹槽对这种装置起到了非常重要的作用。

(1)对压砧中间的密封材料起到了有效地支撑作用,使密封材料不至于被过分挤出,在加压过程中密封材料也不会变形太大。因此在这种装置中可以方便地引入导线做不同的测试。加压后,环状压砧装置的密封材料的典型厚度为 1~2 mm,而杯状压砧装置中密封材料的厚度只有 0.2~0.3 mm。

(2)环形凹槽增大了压砧与密封材料的摩擦力,使压砧的应力分布更平缓。

(3)环形凹槽可看作是密封材料的储存器,减小了压力梯度。这一点在降压时尤为重要,可有效地防止杯状压砧装置中密封材料喷出的问题。

图 3.17 给出了环状对顶砧上的压力分布,环形对顶砧内形成的压力分布很不同于杯状对顶砧,最高的压力在压砧的中轴线处产生,而不是在凹坑的边缘附近。环状对顶砧的核心设计特点是其环形工作面,这使得在样品周围形成一个相对均匀压力的环状区域。这种设计有助于在样品的边缘产生一个稳定的高压环境,同时中心区域(环内部)可以用于放置传感器或进行光学观测。虽然环形工作面只在环形区域产生均匀压力,但实际上样品中心与环形边缘之间的压力可能会有所不同。这种差异取决于多种因素,包括样品的物理特性、加载压力的方式以及砧面的精确度。环形工作面的设计有助于提高样品在高压下的稳定性。通过在环形区域施加压力,可以减少样品中心的压力波动和不稳定现象,特别是在进行化学反应或相变实验时。

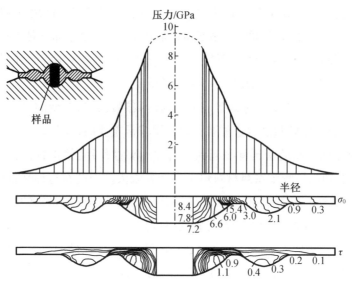

图 3.17　环形对顶砧上的压力分布

3.4　多压砧装置

3.4.1　多压砧装置的特点

多压砧装置是在 20 世纪五六十年代发展起来的,是用于生成极高压力的实验设备。这种装置的所有压砧具有相同的形状和尺寸,组合成正多面体状的高压腔体,以实现更均匀的压力分布。常见的压砧面形状包括正三角形、正方形和正五边形,其中最简单的正多面体为正四面体,因此压砧数量通常为四个以上。与 Bridgman 压机和 Drickamer 装置的高压腔体相比,多压砧装置的高压腔体明显更大,前者几乎是二维的,生成的样品多为片状,而多压砧装置则能在较大的样品体积上生成极高压力,压力通常可达几十 GPa 甚至上百 GPa。此外,多压砧装置采用固态传压介质时,与两压砧装置相比,能显著改善压力分布的均匀性,从而降低样品破碎的风险。这种装置通过多个压砧均匀施加压力,相较于传统的单砧装置,可以在更大的样品体积下达到更高的压力。这种多点加载方式显著减少了样品内部的应力集中,提高了静水压条件,从而实现了更均匀的压力分布。因此,多压砧装置特别适合进行那些需要在高压下测试大块样品的实验,例如地球物理模拟或大规模材料性能测试。多压砧装置在科研和工业中的应用非常广泛,不仅包括合成新材料如人造钻石和其他超硬材料,还涉及研究地球深部的物理和化学过程、开发新的药物以及高性能材料的创新。这些特点使得多压砧装置成为高压科学研究和材料测试领域的重要工具,尤其适用于需要高精度和大样本容量的应用场景。

受限于组件材料的强度,两面顶(单轴加载)大腔体高压装置的极限压力难以突破 15 GPa,长时间稳定运行和高温时的工作压力极限还要更低,例如杯状压砧装置的高温工作压力只有 4.5 ~ 5.5 GPa。且极限压力较高的两面顶压机高压腔体较薄,几乎是二维的,对研究具有一定三维尺寸的体材料有很大限制。在人工合成金刚石取得成功后,高压技术领域迎来了更大的发展机遇。20 世纪50 年代,多压砧技术开始出现,与两面顶大腔体压机装置技术并行发展。多压砧的基本概念是正多面体的样品腔每个面都对应一个压砧,这些压砧具有相同的形状和尺寸,合在一起组成多面体形状的高压腔。常见的多压砧装置有四面、六面、八面体压机,多砧面的同步加压使高压腔体中的静水压条件大幅改善。图 3.18 中给出的是正四、六、八、十二和二十面体形状的高压腔体。

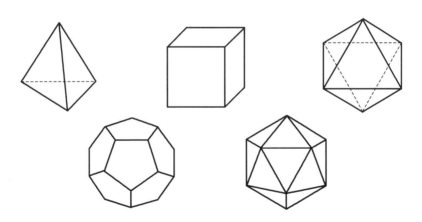

图 3.18　正四、六、八、十二和二十面体形状的高压腔体

多压砧装置中的压砧通常采用截角金字塔形状,如图 3.19 所示,这种设计使得砧面面积最小化,而其余部分则为砧面提供了大质量的支撑作用。在装置的工作过程中,各个砧面被外力同步推向构成正多面体形状的传压介质中,从而生成高压。如图 3.20 所示,相邻的压砧之间填充有密封材料,这些材料的摩擦力帮助平衡了作用在砧面上的压力。这些密封材料紧密地附着在压砧上,使得压砧的锥面处于压应力状态下,并受到侧向的保护,从而可以产生极高的压力。多压砧装置采用的材料,如碳化钨,使得该装置能够产生比活塞-圆筒装置和 Belt 装置更高的压力。这是因为在圆筒装置中,内壁需要承受较大的切向张应力,而这种大的差应力限制了装置能够达到的极限压力。相比之下,多压砧装置中的压砧始终处于压应力作用下,其差应力相对较小,这使得多压砧装置能够稳定地达到更高的压力,提高了实验的可行性和效率。

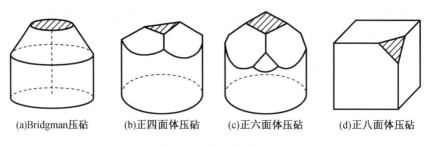

(a)Bridgman压砧　　(b)正四面体压砧　　(c)正六面体压砧　　(d)正八面体压砧

图 3.19　几种常见的压砧

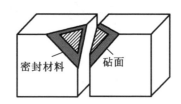

密封材料　　砧面

图 3.20　正八面体装置中的压砧和密封材料

在常用的多压砧装置中,压砧的数目通常为 4,6 或 8。尽管增加压砧数目至 12 或 20 可以在理论上改善高压腔体内的静水压条件,但对压砧加载的对中性与同步性要求更高。这是由于过多的压砧边数,会导致每个压砧所对应的空间立体角减小,这会影响到装置的大质量支撑效率,从而可能降低压砧的极限工作压力,同时增加了对高压腔的密封难度。在实践中,过多的压砧数目会造成加工和维护的困难。20 世纪 60 年代后期,日本大阪大学的 Kawai 实验室尝试开发基于正二十面体的高压装置,这一尝试结果导致多个压砧损坏。此外,增加压砧数量还带来了其他技术挑战,如各压砧位置的精确校准、对中性检查和加压过程中的同步性变得更加困难。实际应用表明,使用 8 个压砧的高压装置最为有效。正八面体结构的装置优化了大质量支撑原理与压砧数量之间的平衡,实现了较理想的静水压条件和结构稳定性。这种配置不仅提高了实验的可靠性,还确保了压力应用的均匀性,使得该设备在进行高压科学研究和材料制备时展现出广泛的应用潜力。

在多压砧装置中,压砧的移动可以通过三种主要的驱动方式来实现。一是独立加载,在这种方式中,每个压砧被单独的加载部件驱动。尽管压砧是独立操作的,但其关键在于保证所有压砧的运动能够同步进行,从而确保压力在高压腔体内均匀分布。这要求高度精确的控制系统来协调每个加载部件的运动。二是液体介质加载,在这种配置中,整个压砧系统被置于液体介质中,例如油或水。外力通过这些高压液体施加于各个压砧上。由于液体的各向同性传递压力的特性,这种方法能够使得各个压砧受到均匀的力,从而提高高压腔体内的静水压特性,这对于需要极其均匀压力分布的实验特别有益。三是集成加载,在此方式中,所有的压砧被组装在一起,并通过单轴外力加载方式进行驱动。利用导向块等机械系统来保证所有压砧的同步运动,实现均匀加压。这种方法通过简化装置的同时,确保压力在整个高压腔体中的均匀分布。这些不同的驱动方式各有其优点和特定的应用场景,选择合适的驱动方式取决于实验的具体需求和预期的压力范围。每种方式都旨在提供稳定和可控的压力环境,以支持各种高压研究和材料测试工作。

3.4.2 多压砧装置的类型

世界上首台多压砧装置诞生于 1958 年,由 H. T. Hall 设计,是极限工作压力达 12 GPa 的正四面(体)顶压机,如图 3.21(a)所示。它的传压介质初始形状是正四面体,尺寸略大于砧面边长,在高压下由砧面挤压产生流变而填充于相邻的压砧侧面空隙之间,形成对压砧的侧向保护和高压腔密封。正四面体压腔装置的每个压砧都需要严格地同步移动,否则会导致极限压力的降低、高压腔的密封失效和压力传递的下降,同时在各砧面之间通常使用聚四氟乙烯塑料片填充,以减小它们之间的摩擦力和防止脆性传压介质在流变初期的掉落。正四面顶压机的有效高压腔体较小,因此主要活跃在发明初期的 20 世纪 60 年代,多用于超硬材料的合成、实验室中的高压物性研究等,未得到广泛普及。

V. Platen 将压砧的数目增加到六个,对应的高压腔体为标准的立方体,进一步提高了传压介质的静水压环境和高压腔体积。在外力加载下,各压砧将沿笛卡儿坐标中的[100]、[010]、[001]方向同步移动,以保证压力的均匀对称。我国最早采用铰链式结构实现六个压砧的行程同步,相较于国外常用拉杆式六面顶压机,如图 3.21(b)所示,其机械可靠性和维护成本都得到大幅改善。

 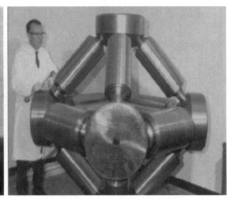

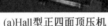

(a)Hall型正四面顶压机   (b)后续改进的拉杆式六面顶压机

图 3.21　多压砧装置

在 20 世纪 60 年代中期,由日本京都大学与神户制钢公司合作开发了一种独特的多压砧高压装置,这种装置利用导向块通过单轴外力实现六个压砧的同步运动,具体装置示意图如图 3.22(a)所示。在这种设计中,外力沿传压介质的[100]方向施加,与其中一对压砧的轴线平行。导向块则沿[110]和[101]方向设置,并与[100]方向的压砧固定连接。当单轴外力推动压砧和导向块运动时,另外两对压砧协同作用,共同压缩位于中心的传压介质。这样,外力在三对压砧之间被均匀分配,每对压砧承受的力等于外力的 1/3。这种基于正六面体结构的装置被称为 DIA 型装置。特别值得一提的是,Inoue 和 Asada 在 1973 年利用这种 DIA 型装置完成了第一次在高温高压条件下的原位 X 射线衍射实验。这标志着这种装置不仅能有效实现高压环境的稳定控制,还能配合复杂的实验需求,如 X 射线衍射分析,为高压科学研究提供了重要的实验平台。

另一种导向块设计如图 3.22(b)所示,其中单轴外力沿传压介质的[111]方向施加,而导向块沿着[100]、[010]和[001]方向设置。在这种配置下,外力的作用导致两个导向块相对移动,从而挤压六个压砧向中心运动,进而产生高压。导向块上的外力在与之接触的三个压砧上产生的分力是相等的,每个压砧上的力均为外力的 $1/\sqrt{3}$。

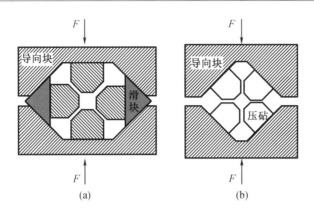

图 3.22 两种单轴外力驱动的正六面体装置

如图 3.22 所示的两种单轴外力驱动方式都涉及导向块与压砧之间的相对滑动。在高压环境下,这种相对滑动产生的摩擦力非常可观,这不仅增加了操作的复杂性,还可能导致压砧的损坏。在设计和使用这类装置时,需要特别注意减少摩擦影响,并考虑采用适当的润滑和材料选择来保护压砧,确保装置的长期稳定运行。

在正六面体装置的早期发展中,这种装置主要用于金刚石的合成,尤其是在中国,铰链式正六面体装置广泛应用于多晶金刚石的生产,此外还可用于高温高压实验研究。如何在大腔体压机中对高温高压的材料进行原位观测一直是研究者们关注的课题。对于六面顶装置,该装置的设计可以在其中一对压砧使用立方氮化硼这种低原子序数材料,从而使设备能够进行高压(高温)原位 X 射线衍射实验,这是目前大腔体高压同步辐射装置中的一种常用技术,这种应用目前已被多个同步辐射实验站采用。使用碳化钨作为压砧材料时,正六面体装置在 500 t 单轴外力的作用下可产生高达 10 GPa 的压力,而采用更硬的烧结金刚石作为压砧材料时,压力可以达到 15 至 20 GPa。这些技术的发展和应用不仅提高了材料合成的效率,也为材料科学研究提供了重要的实验手段。

为了进一步提高极限压力,在 1966 年诞生了正八面体压腔装置。最初的正八面体装置(Kawai 型)采用了如图 3.23(a)所示的球分割型正八面体压腔,即将硬质合金球均等分为通过球心的八份,再将球心处的尖角磨平合围成正八面体高压腔,最终得到的球形压砧需要用橡胶包裹浸泡在液体传压介质腔体内。在压砧的加工过程中,所需的精度很高、冗余度极低,球状分割压砧高压装置使用不方便,难以实用化,但其力学结构的创意促成了 6-8 型高压装置的诞生。后来的正八面体压砧采用了如图 3.23(b)所示的立方体构型,结合正六面体高压腔装置,巧妙地将压力传递分散为二级 6-8 型增压结构。

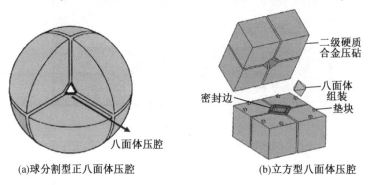

(a)球分割型正八面体压腔   (b)立方型八面体压腔

图 3.23   八面体压腔示意图

一级大腔体装置能产生的最高压力一般低于 12 GPa,如果将立方体构型的正八面体压砧作为增压单元,以一级大腔体(如正六面体压腔)装置作为架构,所能产生的极限压力会大幅提升,因此也称二级多压砧装置。使用碳化钨硬质合金作为末级压砧材料,可获得约 25 GPa 的最高压力,若末级压砧材料替换为多晶金刚石,则极限压力可提升到 80 GPa 以上,但其有效样品腔体积只有约 1 mm^3。

压砧材料的硬度越大,所能达到的最大压力也越高。从图 3.24 中可以看出,烧结金刚石作为压砧可以达到比碳化钨高得多的压力。根据图中的线性关系可知,烧结金刚石压砧所能达到的最高压力为 120 GPa,而单晶金刚石压砧所能达到的最高压力为 400 GPa。但受到尺寸的限制,单晶金刚石材料制成的多压砧装置还不够实用。

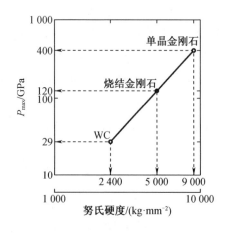

图 3.24   几种压砧材料的努氏硬度和所达到的最高压力

烧结金刚石是产生高压的首选材料,但其在最高压力下有一个缺点,就是容易爆炸。原因是导向块的非均匀形变造成 Kawai 型立方体的不均匀压缩,这可以采用三个方向分别加载外力的方式来解决。如果烧结助剂是 SiC 的话,烧结金刚石可以用于原位的 X 射线衍射实验。烧结立方 BN 材料也可用于同样的目的。

我国大腔体静高压技术的发展,尤其是最近二十年的研发与生产实践表明,相比于国外的各种大腔体静高压装置,国产铰链式六面顶压机具有明显的技术优势,直接促成了我国目前在大腔体静高压技术及超硬材料高压制备产业所具有的国际领先地位。但在 20 世纪 70 年代至 90 年代,我国的大腔体静高压技术没有显著进步,与国外差距增大,以至于出现"迷信"国外技术的现象,高价进口了多台国外大腔体静高压设备,却最终没有在国内有效运行。进入 21 世纪,才逐步在技术上从"迷信"走向"自信"。2020 年,我国人造金刚石产量已占全球总产量的 90% 以上;国产铰链式六面顶压机的运行台数逾万,亦占全球大腔体静高压装置运行台数的 90% 以上。

四川大学高压科学与技术实验室于 20 世纪 80 年代安装了两台代表国内主流技术水平的六面顶高压装置,分别采用往复式增压器的 6×6 MN 六面顶高压装置和单行程增压器的 6×8 MN 六面顶高压装置。受到控制水平的限制,这两台六面顶装置存在一些问题:温度和压力稳定性差、控制精度低、压力产生效率和压力温度极限低,难以胜任高温高压下的实验研究。实际上这些问题是当时我国大腔体静高压装置的通病:自动化程度低,高压腔温度控制采用手动的方式进行;液压系统,尤其是增压系统落后,单行程增压器由于超程限制无法维持长时间的压力,往复式增压器由于活塞需要频繁换向不能保持稳定的压力状态;装置能提供的极限压力、温度和有效合成腔体较小,液压系统提供的加载力一般不超过 10 MN。为了解决这些问题,实验室针对控制系统和液压系统做了大幅度的改进。首先于 20 世纪 90 年代引进了日本的液压技术,采用小容量超高压油泵及其自动控制系统,替代原有的国产指针接触式压力补偿系统,解决了国产六面顶装置压力控制精度差、稳定性不佳的问题。

在借鉴引进技术、积累改造经验的基础上,我们进一步探索发展具有自主知识产权的大腔体静高压技术道路,以解决控制技术国产化的问题。图 3.25 展示了四川大学高压科学与技术实验室目前使用的 6×1 400 t 六面顶压机及其基本构架。该六面顶压机的可实现的最大顶压能力为 1 400 t,通过六个独立的顶压单元,分别位于设备的六个面上。每个顶压单元可以施加独立的压力,通过活塞和液压系统实现。实验样品通常放置在一个封闭的压力容器内,压力通过六个顶压单元均匀施加在样品上,使其受到均匀的顶压作用。该压机配备先进的控制系统,可以实现压力、温度等参数的精确控制和调节,满足不同实验条件下的要求。

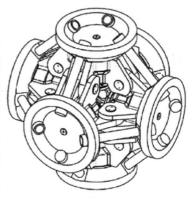

(a)6×1 400 t六面顶压机　　　　　　　　(b)其基本构架

图 3. 25　四川大学高压科学与技术实验室的 6×1 400 t 六面顶压机及其基本构架

6×1 400 t 六面顶压机配备动态无级变速和静态保压两种控制模式,并可以在这两种模式之间相互转换。动态无级变速控制模式是压力施加过程,可以根据预设的压力-时间曲线进行调节,实现压力的无级变速。通常情况下,实验开始时会以较低的速度施加压力,以避免对样品造成冲击或损坏。随着实验的进行,压力施加速度可以逐渐增加,直至达到设定的最终压力。这种模式适用于需要精确控制压力施加速度的实验,例如研究材料的变形行为、相变过程等。静态保压控制模式是一旦设定的压力达到目标值,系统将会自动保持该压力不变,直到实验结束或者手动调整。在这种模式下,顶压机会自动检测实时的压力变化,并通过调节液压系统的工作压力来保持设定的压力值不变。这种模式适用于需要在特定压力下进行静态实验或者对样品进行保持压力的实验,例如测量材料的稳定性、相变过程的动力学特性等。在实验过程中,有时需要从动态无级变速模式转换到静态保压模式,或者反之。在从动态无级变速模式转换到静态保压模式时,系统会根据实验要求调整液压系统的工作参数,使其保持在静态状态下。这可能需要一段时间来平稳过渡。反之,在从静态保压模式转换到动态无级变速模式时,系统会根据预设的压力-时间曲线重新调整液压系统的工作参数,以满足动态压力变化的需求。6×1 400 t 六面顶压机采用加热功率自动控制和高压腔热电偶原位测温自动控制两种样品加热温度控制方式,以满足不同实验需求下的样品加热温度控制要求。

在材料科学方面,通过该设备进行的高压实验研究可以揭示材料在高压环境下的相变、结构演化、力学性能等重要信息,为新材料的设计和应用提供了基础数据和理论支持。在地球科学领域,该设备用于模拟地球内部高压高温环境,研究地球内部岩石的构造、变形过程、地幔流动等地质现象,为地球科学理论的深入发展和地球内部结构的解析提供了重要的实验依据。在化学反应研究中,该设备可用于模拟高压条件下的化学反应过程,研究反应动力学、反应机理等,为新型材料的合成和化学工艺的优化提供理论指导和实验验证。综上所述,四川大学高压科学与技术实验室的 6×1 400 t 六面顶压机是一种具有先进技术和多功能特点的高压实验设备,广泛应用于材料科学、地球科学、化学等领域的科研研究,并取得了丰硕的科研成果。

3.4.3　多压砧装置密封垫的选择

在多压砧装置中,传压介质有时兼作密封材料使用。通常情况下,传压介质的体积略大于高压腔体,因此在加压过程中,传压介质会被挤出并充当密封角色。作为密封材料,传压介质应具备易于变形和良好的黏附性,能够紧密贴合在压砧表面,同时在高压条件下不易流动,显示出较高的剪切强度。然而,作为传压介质,理想的属性是在高压下具有较低的剪切强度,以便更有效地传递压力。这种双重用途对材料的性能提出了一些相互矛盾的要求。因此,在选择材料时通常需要采取折中的办法,特别需要注意材料的内摩擦系数。F. P. Bundy 认为适用于密封材料的内摩擦系数应在 0.30 至 0.50 之间,且在 5 GPa 压力下体积压缩率约为 15% 为佳。H. T. Hall 则认为内摩擦系数在 0.25 至 0.50 之间的材料适合用作高压密封。在实际选择材料时,表 3.1 中列出的材料中内摩擦系数较小的适合用作传压介质,内摩擦系数较大的适合用作密封材料,而那些内摩擦系数居中的材料则可以两用。这种灵活的材料选择策略有助于满足高压实验的特定需求,确保设备在操作过程中的稳定性和效率。

表 3.1　一些固态材料在 2.5 GPa 的内摩擦系数

材料	内摩擦系数	材料	内摩擦系数
Fe_2O_3 粉	0.71	SnO 粉	0.41

表 3.1(续)

材料	内摩擦系数	材料	内摩擦系数
ZnO 粉	0.58	Al_2O_3 粉	0.39
Cr_2O_3 粉	0.50	KCl 粉	0.12
叶蜡石粉	0.25	NaCl 粉	0.12
叶蜡石块	0.47	BN 粉	0.07
PbO_2 粉	0.46	石棉板	0.07
MnO_2 粉	0.46	石棉纤维	0.04
TiO_2 粉	0.45	MoS_2 粉	0.04
MoO_3 粉	0.42	AgCl 粉	0.03
BC 粉	0.40	In 粉	0.01

在高压实验中,最常用的密封材料包括叶蜡石、石墨、滑石、六方硼氮(BN)、氯化银(AgCl)、铟(In)等,其中叶蜡石因其卓越的密封性能而广泛应用。叶蜡石的主要优势是其优异的柔韧性和塑性,这使得它在被压缩时能有效填充密封空间,从而提高整个系统的密封效果。石墨是另一种优选的密封材料,特别是在需要耐高温的应用中。石墨的自润滑性质和高温下的稳定性使其能够在极端条件下保持结构的完整性,不与多数化学物质发生反应,从而保证了密封性能的可靠性和化学惰性。这些特性使石墨在高温高压环境中成为一种理想的密封材料选择,尤其适合于那些要求密封材料既要承受高压又要经受高温的应用场景。

密封材料的选择和传压介质、压砧材料等因素有关,需要综合考查各种材料力学性能的差别,使压力的产生效率最高,而又不致引起爆炸。例如,如果使用 MgO 作为传压介质,在压砧之间预先放置比 MgO 剪切强度高的叶蜡石作为密封材料,可有效地对传压介质内的高压进行密封,提高产生压力的效率。密封材料的选择不仅要考虑其与传压介质和压砧材料的相容性,还需综合考虑各种材料的力学性能差异,以确保压力效率最大化而不致引发安全风险。例如,如果选用 MgO 作为传压介质,可以在压砧之间放置具有比 MgO 更高剪切强度的叶蜡石,以有效地密封内部高压,提高压力生成的效率。密封材料的尺寸同样关键,尺寸过大可能会因摩擦增大而降低对样品的有效加力力;尺寸过小则可能无法有效密封传压介质中的高压,增加爆炸的风险。密封材料的最佳尺寸通常依赖于经验判断,尽管也可以通过数值计算进行优化,但在实际操作中,不同的研究组乃至不同的研究者往往根据自己的经验来确定这一参数。

图 3.26 展示了 Drickamar 装置中初始密封材料的厚度对力与砧面压力关系的显著影响,其中装置使用了烧结金刚石作为压砧的尖端材料。图中显示,密封材料越薄,施加在密封材料上的力消耗越小,从而使力的加压效率更高,相应的 P-F 曲线斜率也越陡峭。然而,密封材料的厚度并不能无限制地减小,因为存在一个实际的极限。当密封材料过薄时,压力在径向上的下降速度会变得非常快,这可能会超过压砧材料的屈服强度,从而导致压砧的损坏。另一方面,如果密封材料的厚度过大,力的加压效率则会降低,影响整个系统的性能。因此,在设计和操作中,必须充分权衡密封材料厚度和压砧材料的屈服强度,以确保系统的高效运作同时避免损坏压砧。这种权衡是高压实验设计中的一个关键考量,旨在找到最佳的密封材料厚度,以实现最优的压力传递和设备耐久性。

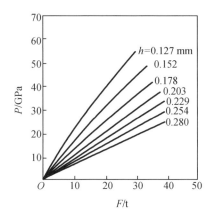

图 3.26　密封材料厚度对砧面压力与加载外力关系的影响

在多压砧装置中,叶蜡石通常被用作密封材料。对于正八面体装置,如图 3.20 所示,密封材料环绕在截角立方体正三角形砧面的周围,形成保护性的层。具体来看,这些密封材料由截面形状为等腰梯形的叶蜡石条构成,如图 3.27 所示。这种设计不仅确保了密封的完整性,也有助于均匀地分布压力,从而提高整个装置的效率和稳定性。此外,叶蜡石的使用优化了高压环境下的密封效果,确保高压实验能在适当的条件下进行。

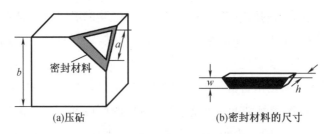

(a)压砧　　　　　　　(b)密封材料的尺寸

图 3.27　压砧和密封材料的尺寸

在多压砧装置中,压砧及其砧面的尺寸差异决定了密封材料的尺寸需求。通常,压砧的尺寸采用"b/a"的格式表示,其中"b"是压砧立方体的边长,而"a"是砧面正三角形的边长。例如,尺寸标记为"14/8"表示立方体压砧的边长为 14 mm,而正三角形砧面的边长为 8 mm,如图 3.27(a)所示。表 3.2 则列出了不同压砧及相应密封材料的具体尺寸数值。这些信息对于确保密封材料能够正确配合压砧并有效进行高压实验至关重要,因为适当的尺寸匹配是保证密封性能和装置整体功能的基础。这些尺寸的选择和配合不仅影响压力的均匀分布,也直接关系到实验的成功与否。

表 3.2　正八面体装置的压砧和密封材料尺寸

压砧		密封材料	
a/mm	b/mm	w/mm	h/mm
17	25	6.0	3.7
15	25	6.0	4.7
11	18	5.0	3
8	18	5.0	4.7
8	14	5.0	2.5

3.5　金刚石对顶砧装置

3.5.1　金刚石对顶砧压机的原理

DAC 高压装置的出现可以称为高压技术发展的一次革命,它是目前最常用的静态高压产生装置。DAC 压机实际上也是一种 Bridgman 装置,其使用世界上最硬的材料单晶金刚石作为压砧材料。

　　图 3.28 和图 3.29 为实验中使用的 DAC 高压装置简易图和实物图,其核心部分主要由金刚石压砧和密封材料组成。如图所示,高压主要是由两个相互平行的金刚石压砧相互挤压而产生。根据大质量支撑原理,由公式 $P = \dfrac{F}{S}$ 可知,要在样品腔中产生足够大的压强,要采用相对较小的砧面。同时,由于加入了封压垫片,实验中压力的损失减小,能够保持压力的恒定。

　　DAC 高压装置主要包含垫块、摇床、圆筒、活塞以及图 3.29 所示的金刚石压砧和封压垫片。在外力作用下,活塞和圆筒将发生相对移动,进而挤压金刚石压砧,以此在密封材料中心的孔内产生高压。其中摇床和垫块的作用是保持两个金刚石压砧的同轴和砧面平行。DAC 高压装置本质是通过碟簧的弹性改变来给高压腔中的样品施加压力。因为 DAC 高压是多个平行螺丝共同下旋,产生向下压力这一理念的实施,减小了压机体积,方便了 DAC 高压装置的操作,其中蕴含的精髓一直沿用至今。实验室所能实现的压力极限不断地刷新,170 GPa 的非静水压的记录和 60 GPa 的准静水压记录的突破,最具有历史性的意义。前者是由对顶砧倒角的引入实现的,后者则是由固化传压介质的引入实现的。随着静态高压实验技术地不断改进,现在已经可以实现近 1 TPa 的静态高压。

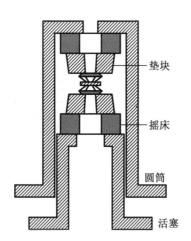

图 3.28　金刚石对顶砧压机的简易结构

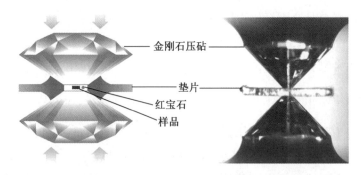

图 3.29　DAC 高压装置关键部件的简易图和金刚石压砧实物图

　　由于金刚石具有高硬度,良好的电绝缘性,对红外、可见、紫外和 X 射线透明性,对可见光的吸收率低等性质,DAC 高压装置(图 3.30(a))不仅可以产生相当高的静态压力,还可以开展原位同步辐射衍射,与电学、光学、磁学等测试手段相结合进行原位探测,常见原位表征手段如图 3.30(b)和(c)所示。结合 DAC 装置的高压原位表征技术的不断改进很大程度地促进了高压物理学的发展,高压科学技术已经迅速发展成为一个对物理、化学和材料科学具有巨大影响的一门学科。通过高压研究,人们可以揭示许多有趣的现象,并探索常压条件下无法实现的新材料和新特性。这项技术为我们提供了独特的窗口,让我们能够深入了解物质的行为和性质,从而推动了材料科学的发展,也拓展了对自然界的认识。

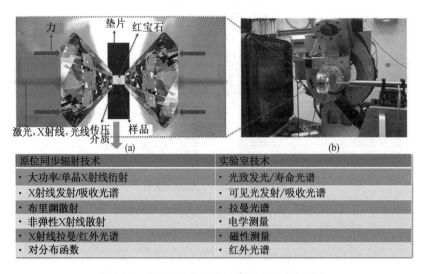

原位同步辐射技术	实验室技术
·大功率/单晶X射线衍射	·光致发光/寿命光谱
·X射线发射/吸收光谱	·可见光发射/吸收光谱
·布里渊散射	·拉曼光谱
·非弹性X射线散射	·电学测量
·X射线拉曼/红外光谱	·磁性测量
·对分布函数	·红外光谱

图 3.30　基于 DAC 装置的高压原位表征技术

3.5.2 金刚石对顶砧压机的类型

DAC 有多种结构类型,但均包括三个组成部分:金刚石对顶砧、垫片以及支撑导向装置。压机结构设计应该满足以下功能或部件:

(1)金刚石对顶砧能实现调平对中。没有对中或调平的对顶砧可能会导致压力分布不均,甚至损坏昂贵的金刚石压砧。

(2)支撑金刚石压砧的托块或摇床。托块或摇床不仅为金刚石压砧提供必要的支撑,还允许进行必要的调整,如角度和位置的微调,以促进对中和调平。

(3)可以施加实验压力的加压装置。

首先简单介绍压机内部托块或摇床装置。为了尽量避免金刚石高压环境下脆性破裂,实验上两颗压砧砧面要求高度平行且中心轴对称,这就需要通过调节内部的支撑底座予以实现,如图 3.31 所示,目前常见的支撑底座结构分为以下两种:(a)上下均为平底托块;(b)单侧平底托块,另一侧摇床底座。上下两端均为平底托块的结构对金刚石压砧砧面、底面以及托块和压机机体的平行度要求很高,工艺难度与成本也对应较高。且实验中细小的灰尘或杂质粉末的存在对于实验的调平对中均会造成较大影响,因此实验过程中要尽可能确保金刚石压机各部分的清洁;而对于一侧平底托块,另一侧摇床底座的压机而言,压机部件的平行度没有苛刻的要求,调平对中也相对容易,但实验前提是需要确保摇床球面与压机机体具有良好的吻合。

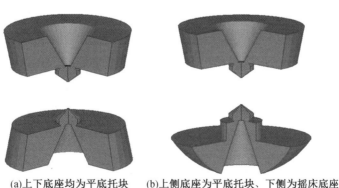

(a)上下底座均为平底托块　　(b)上侧底座为平底托块、下侧为摇床底座

图 3.31　支撑底座

其次,根据金刚石压砧粘放方式的不同,支撑底座又分为图 3.21 所示的两类几何构型:(a)平面式;(b)镶嵌式。平面式底座在金刚石压砧组装和拆卸过

程中比较方便,底座和压砧的做工精密度相对要求不高;而镶嵌式则是需要将 Boehler−Almax 压砧部分嵌入镶嵌式底座中,因此需要两者高度的契合性,这种嵌入式的底座如图 3.32(b) 所示,压砧冠部全部嵌入底座内,由于支撑力角度不同,压砧底面完全敞开,相比于图 3.32(a) 所示的平面式底座,镶嵌式底座的广角可以做到更大,进而可以采集到更多的光信号,有利于光学性质的测量。

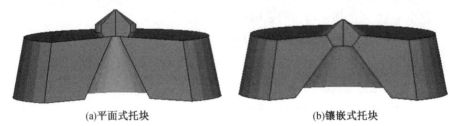

(a)平面式托块　　　　　　　　　　　(b)镶嵌式托块

图 3.32　支撑底座的几何构型

按照压机机体结构的不同可以将金刚石对顶砧压机分为两类:套筒式压机和导向柱式压机。如图 3.33 (a) 所示,套筒式压机通过活塞和圆筒之间进行轴向移动;导向柱式压机则通过导向柱实现压机机体的移动,如图 3.33 (b) 所示。

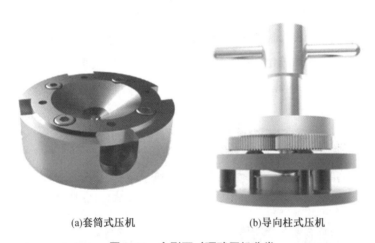

(a)套筒式压机　　　　　　　　　(b)导向柱式压机

图 3.33　金刚石对顶砧压机分类

压力施载的方式包括:加压柱式施压以及气模施压,区别在于加压柱式施压一般是利用加压螺丝挤压碟簧实现压力的施载,而气模施压则是利用气压对压机机体施加压力,最终实现样品的高压环境。如图 3.34 所示。

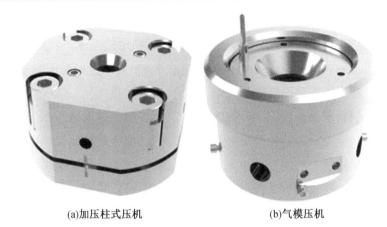

(a)加压柱式压机　　　　　　　　　(b)气模压机

图 3.34　加压柱式压机和气模压机

此外,根据压机机体不同的应用领域,压机又会有不同的设计,如:适用于磁场或低温的铍铜压机、配套装置使用的物性测量系统(physical properties measurement system,PPMS)压机、适用于光学探测的侧向广角的活塞-圆筒式压机以及带杠杆加压结构的压机等诸多几何构型。图 3.35 所示为我们实验中常用的两种压机。因为传统四柱型压机开放空间大,便于我们在实验中布置导线、热电偶等策略探针。加压时,旋拧加压螺丝推进金刚石砧面逐步压缩样品腔获得高压。从图中可以看出,传统四柱压机有四个加压螺丝,每个加压螺丝上套有数量相同的碟簧,实验过程中左右手成对交换旋转两组对角螺丝,使其下旋挤压碟簧,改变碟簧的形状,通过碟簧的弹性改变为样品施加压力。上述压机构型均应用于室温高压环境的实验测量,而诸如地球科学、工程热力学的研究均需要原位温度环境的同步测量,因此对压机构型进行特殊设计以实现高温环境显得尤为重要。

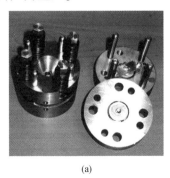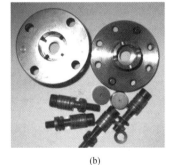

(a)　　　　　　　　　　　　　(b)

图 3.35　四柱型压机和活塞圆筒型压机

目前,基于 DAC 高压装置实现高温环境主要采用电阻加热法和激光加热法。电阻加热法在温度 1 300 K 以内都能达到很稳定的温度,且温度的测量通常用不同类型的热电偶,简单方便。当温度在 1 200 K 以上时采用激光加热法。激光加热过程中不需要压砧传热到样品,而是直接加热样品。目前激光加热法在高温高压领域已经发展成一项先进技术,其温度测量技术核心在于在特定的波长区间内对样品发出的光谱辐射强度进行测量,能否精确捕捉到黑体辐射的谱线成为精确测量温度的决定性因素。激光加热技术能够实现非常精确的温度控制和测量。通过调节激光的功率和照射时间,可以精确地控制样品的加热速率和最终温度。使用激光加热,样品的温度可以在极短时间内达到非常高的水平,常常可达几千摄氏度甚至更高,这对于研究物质在极端温度条件下的行为至关重要。激光加热法的一个关键优点是它实现了样品的局部加热,即只有被激光直接照射的区域温度显著升高,而压砧和压机的其他部分则因为没有直接接受激光而保持较低的温度。这减少了实验过程中因高温导致的潜在设备损害风险,并保证了实验的安全性。压砧和压机其他部件的温度较低,可以避免因高温导致的材料退化或损坏,延长设备的使用寿命,并减少实验过程中的安全风险。但是激光加热通常只能作用于样品的一个非常小的局部区域,这导致加热区域(即激光照射点)的温度显著高于样品其他部分的温度。因此,在样品腔内的径向和轴向上都会形成显著的温度梯度。这种温度梯度会对实验结果产生影响,尤其是在需要精确控制和测量样品整体或特定部分温度的实验中。为了减小温度梯度对实验的影响,研究人员开发了双面激光加热技术。通过同时从样品的两侧对其进行加热,可以在一定程度上提高加热区域的温度均匀性。然而,即便使用了双面激光加热,实验中准确测量温度仍然是一个挑战,特别是在高压环境下,温度测量的技术和方法受到更多限制。同时,激光加热对样品的物理特性有特定要求,特别是对其光学性质。理想情况下,样品应该是深色或具有吸收光能的能力,这样可以确保激光能量被有效吸收并转化为热能。如果样品是透明或反射光的,激光加热效果会大打折扣。为了解决这一问题,有时需要在样品腔中加入吸光物质来提高激光加热的效率,但这又可能对实验结果产生不好的影响。此外,当温度特别低,从而使得热辐射非常微弱,难以准确测量时,通常选用电路加热法。这种加热方式具有较好的稳定性和均匀性,温度测量简单,并且温度值可以稳定几个小时,温度很好控制。由于金刚石在 1 200 ℃时开始碳化,电阻式加热一般不能超过这个温度。在这种温度下垫片和压机机体的其他部分也开始形变,故对加热元件的要求也比较高。由于金刚石和加热炉不能直接接触,有大量的热量被辐射掉。通常这种加热法的温度局限在 900 K 以内。电阻式加热虽然是一种很好地获得稳定高温的实验方法,但是,电阻式加热也给实验带来了技术上的难题:样品受热的同时,压机机体温度也随之上升,整个压机都会发生热形变。这会导致金刚石压腔中样品所受的压力随样品温度的升高而丢失。这是实验中采用电阻式加热的一个弊端。电阻式加热分两种:内加热法和外加热法。内加热法是将发热材料放置在金刚石压腔内部;而外加热法则是将发热元件(电阻丝制成的炉子、石墨片和陶瓷片等)放在压腔外部,如金刚石附近或者压机外部。将整个 DAC 放在高温炉里也可以给样品加热,这种方式也属于外加热法,表 3.3 是对不同加热的一个总结。

表 3.3　DAC 中不同电阻加热丝的对比

作者	年份	温度/℃	压力/GPa	加热	类型	示例
Boehler 等	1986	<1 000	<15	铁丝	I	Fe (a-ε. a-γ) W
Schifer	1987	400~700	5~13	高温炉（铼）	E	O_2
Bassett 和 Shen	1993	-190~1 200	约 2.5	铜丝	E	H_2O，红锌矿，白云母
Fei 和 Mao	1994	约 700	<86	铜丝，惰性气体流动	E	FeO
Dubrovinsky 等	1998	约 1 200	<68	石墨加热器	E	Fe, Al_2O_3
Balzaretti 等	1999	约 1 100	<4	垫片加热（铼）	E/I	α-Si_3N_4，γ-Al_2O_3
Zha 和 Bassett	2003	约 2 700	<10(50)	内部加热（铼）	I	SiO_2
Dubrovinsky 等	2003	约 1 000	<92	定制加热系统	E	$Fe_{0.95}Ni_{0.05}$, TiO_2
Pasternak 等	2008	约 1 000	20	小型炉子	E	Ge
Weir 等	2009	约 1 700	45	内部电阻	I	Au, Sn
Zu 等	2013	1 027	50	石墨环	E	H_2O, Au
Zhang 等	2017	950	105	双小型加热器	E	CO_2, N_2

如图 3.36 所示为 S. Pasternak 等设计的高温 DAC 实验装置,采用气模加压方式,套筒式压机,系统中包括气体储存、调压阀和连接管道,确保可以精确地控制压力。为了达到高温条件,利用样品腔附近的电热炉盘进行温度施载。并将 DAC 装置放置在真空系统内,隔绝氧气进而抑制高温导致的压砧氧化,最终实现高温高压环境下物性的测量。此外,该装置配备了用于监测实验条件的压力和温度传感器,这些传感器对于确保实验数据的准确性和重现性至关重要。

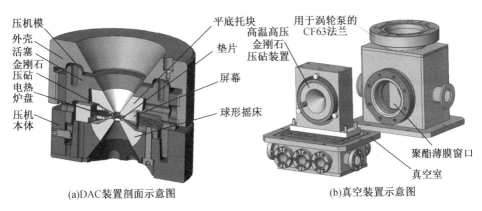

(a)DAC装置剖面示意图   (b)真空装置示意图

图 3.36 高温 DAC 实验装置

综上所述,上述压机设计不可避免对实验装置造成温升,由于高温环境造成压机热膨胀及装置局部部件的热致形变,均会导致实验仪器的损伤。因此有必要对高温环境的实验装置进行特殊的设计。为此本课题组选择了外加热法,利用电阻丝制成的高温炉为加热元件,设计了适用于高温高压下物理量原位测量的金刚石对顶砧内冷式压机,如图 3.37 所示。

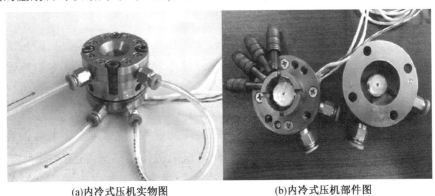

(a)内冷式压机实物图   (b)内冷式压机部件图

图 3.37 内冷式压机

金刚石对顶砧内冷式压机结构如图 3.38 所示,由压机上模和压机下模构成的压机,其中压机上模为圆筒形状,压机下模由圆筒状活塞和圆筒状活塞托构成,上模圆筒内壁与下模活塞外壁能紧密扣合;在压机上模和压机下模扣合后的内部空间放置一对金刚石压砧,压机与金刚石压砧之间放置摇床;两颗金刚石压砧之间放置垫片和热电偶,其特征在于,垫片上固定有螺旋电热丝,螺旋电热丝围绕在金刚石压砧压痕四周,压机与摇床之间放置云母片,压机由合金钢部分和铍铜部分组成,压机上模有一层铍铜装置在圆筒底面内侧夹在合金钢中间,压机下模的圆筒状活塞和圆筒状活塞托上半部分为铍铜,圆筒状活塞托下半部分为合金钢,铍铜和合金钢间紧密配合并用螺丝固定成整体,在压机上模和压机下模内分别有由加工凹槽构成的循环水腔,循环水腔两端分别通过气动快速接头串接外置的冷水机、水泵,构成一个循环水冷却系统。

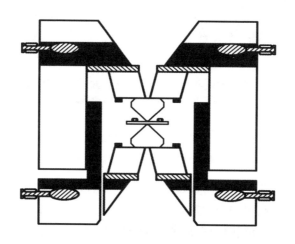

图 3.38　金刚石对顶砧内冷式压机结构图

该压机的机体采用套筒式设计,由合金钢和铍铜,一对金刚石压砧与压机之间放置的摇床,压机与摇床之间放置的云母片,两颗金刚石压砧之间放置的垫片,垫片上缠绕好的螺旋电热丝、热电偶,连接压机内循环水腔与水管的气动快速接头,以及外置的冷水机和水泵组成。加压柱挤压碟簧施加压力,利用螺旋电热丝进行加热,由于压机机体上下模内均构造水冷通道,循环水对压机可以实现降温,确保样品处于高温环境的同时压机机体保持室温,避免由于压机温升所造成的压机损伤或碟簧软化导致的压力丢失。因此内冷式压机的设计达到了为样品提供高温环境、同时维持压机在常温状态而不存在压力丢失的目的,构建了一种在高温高压的极端条件下原位测量多种物理量的实验装置和实验方法。

在设计后,本课题组对该新型内冷式压机内部压力分布进行了研究,并与普通四柱型压机进行了对比。对普通四柱型压机在高温高压下工作状态的研究实验结果发现,普通压机机体升温后出现了压腔内部压力显著下降的现象,高压区域的压力下降比例高达 36.1%,特别是低压区域,其下降的程度要比高压区域更加严重。在机体温度保持室温的情况下,这种压力损失明显下降,甚至消失。可见,在有温度参与的 DAC 高压实验中,对机体温度控制需要给予足够的重视。选择的测压公式计算压力时的误差仅为 14.9%。当 DAC 压机机体温度达 365.1 K 时,压腔中的压力已经下降了 12.9%,而当 DAC 压机机体的温度达 371.15 K 时,压力下降的更为严重(为 16.1%),因此压机机体的冷却必须给予高度的重视。基于此,课题组对高温高压恒温水冷压机的工作状态进行了详细研究,并将其性能与普通压机进行了对比。水冷压机通过循环水冷系统在压腔周围形成一个恒温环境,从而有效抑制了由于加热导致的压腔材料热膨胀,实现了压力的稳定控制。实验结果表明,与普通压机相比,水冷压机在高温高压实验条件下表现出更优越的性能。在长时间运行过程中,水冷压机能够显著减小压力波动,实现了更为稳定的压力控制,其中最好情况下压力浮动仅为 2.2%,这对于需要精确压力条件的实验至关重要。

在探索物质在高温高压条件下的性质时,拉曼光谱实验是一种重要的表征手段,因为它能够提供关于样品分子和晶格振动模式的直接信息。然而,在传统的高温高压实验设备中,如普通压机,热效应可能导致压腔中的压力不稳定,进而影响拉曼光谱的质量和可信度。为了克服这一问题,本研究团队对比研究了使用普通压机和新型内冷式循环水压机对 $BaMoO_4$ 样品进行的高温高压拉曼实验。实验中,以 $BaMoO_4$ 样品为研究对象,首先在普通压机上进行高温高压拉曼实验,然后在内冷式循环水压机上重复实验。通过比较两种情况下得到的拉曼光谱,实验结果显示在水冷压机上进行的实验得到了质量更高的拉曼光谱。相比之下,使用普通压机时,由于压机碟簧受热形变导致的压力丢失,影响了实验的稳定性和拉曼峰峰位随温度变化的可信度。水冷压机上的拉曼峰峰位随温度的变化规律清晰、正确,展示了样品在高温高压下的行为。内冷式水冷压机的设计有效避免了高温环境下压力的丢失问题,但是在实际实验过程中仍存在部分不尽人意之处。首先,内冷式金刚石对顶砧压机采用套筒式设计,这对电极及热电偶的布置技术提出了严峻的挑战;其次,由于压机制冷效果显著,消耗了绝大部分热量,对应电热丝需要利用更大的电流功率,进而降低了电热丝的使用寿命,即便如此升温空间仍然受限;为了解决升温技术的难题,需要在托块与压机之间放置云母片,这又增加了调平对中的难度;电热丝缠绕在托块上表面或者垫片上,传递到样品上的有效热量少,更多的热量以空气导热、热对流、热辐射的形式传递到装置其他部件上,造成了压机装置的高温受损。

因此,受上述内冷式 DAC 装置构型的启发,本课题组设计了适用于热测量的高温高压金刚石对顶砧装置。如图 3.39 所示,新型高温高压 DAC 压机为四柱式导向设计,提供了更宽广的实验布置空间,显著降低实验操作难度;压砧底座采用托块搭配摇床的设计,便于两颗压砧调平对中,解决了云母片工艺缺陷所导致的实验技术难题;摇床底座的引入,为云母片的布置提供了可能;托块底部采用凹槽式设计,用于放置加热陶瓷模具,增大电热丝与托块的接触面积,将电热丝的热量更有效地利用,抑制了电热丝以空气导热、热对流、热辐射的形式产生的热量耗散。外置水冷的设计避免了高温导致的压力丢失以及机体温升受损,最终将这个实验装置放置在配套设计的真空系统中,隔绝空气导热和热对流。

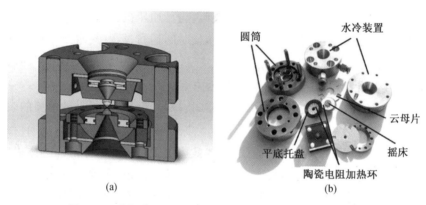

(a)   (b)

图 3.39　高温高压 DAC 压机装置示意图以及各部件实物图

电热丝使用寿命低的主要原因是传统电热丝的缠绕方式高温下会发生形变,导致局部电热丝短路,以及由于托块和高温修补剂热膨胀系数不同所导致的电热丝脱落。为了提高电热丝的使用寿命,我们设计了陶瓷材质的模具,将电热丝缠绕在模具上,避免电热丝的局部短路及电热丝不利于固定的弊端,提高了电热丝的使用寿命。如图 3.40 所示,两种不同几何构型的陶瓷模具分别为平底陶瓷模具和梯形陶瓷模具,可根据不同实验需求使用。平底陶瓷模具,缠绕相对更长的电热丝,样品可以达到更高温度;梯形陶瓷模具,电热丝嵌入式结合梯台的设计,隔绝了电热丝与空气的接触,减小了热对流、热辐射形式的热耗散,降低了电热丝热耗散对压机的升温。每种几何构型的陶瓷模具根据托块和摇床的设计加工了两种不同的尺寸,确保恰好固定在托块和摇床上,可以进行双侧加温,这种加热方式的优点包括:双侧加热,样品可以达到更好的温度;双侧控温,在样品上产生理想的温度差,为热输运性质测量提供可能。

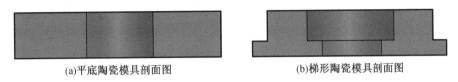

(a)平底陶瓷模具剖面图　　　　　　　　(b)梯形陶瓷模具剖面图

图 3.40　陶瓷模具

同时,为了避免热对流及空气导热对实验测量的影响,我们设计了配套的真空装置,如图 3.41 所示,为了满足金刚石对顶砧输运性质的测量需求,真空装置内部集成了 16 根金属铜柱电极,可充分满足加温、测温及电信号的施载与采集;水冷平台集成在真空装置内,确保真空环境下压机处于室温;通过机械泵对真空装置做抽真空处理,真空表实时读取真空装置内部的压力环境;有机玻璃材质的真空罩便于观察真空装置内部实验环境,为光学测量提供可能。真空系统可以有效抑制金刚石压砧及 DAC 装置的氧化,扩展实验的温度范围,同时真空环境隔绝了空气导热及热对流造成的热量耗散,提高热量的有效利用,降低由空气导热及热对流造成的测温误差。

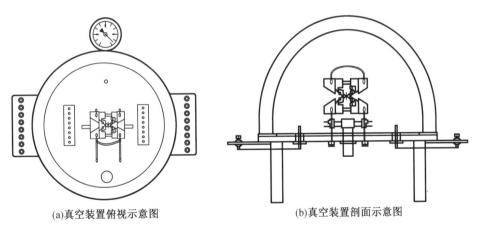

(a)真空装置俯视示意图　　　　　　　　(b)真空装置剖面示意图

图 3.41　真空装置示意图

结合图 3.42 说明上文提及的高温高压金刚石对顶砧压机组装过程。

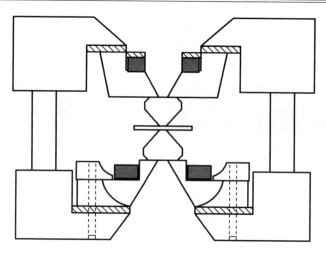

图 3.42　高温高压压机装置剖面示意图

第一步:首先去除金刚石压砧表面的污渍,通常将金刚石压砧放入酒精和丙酮的混合液中超声 20 min,取出后用去离子水冲洗。

第二步:利用公装压机,将清洗好的两颗金刚石压砧分别固定在托块及摇床上,通过调整金刚石压砧位置,确保金刚石压砧砧面中心和托块、摇床中心孔重合,旋动公装压机加压螺丝,使金刚石压砧与托块及摇床紧密接合。

第三步:将高温修补剂 A 和 B 按质量比 1:1 混合均匀,涂抹在金刚石压砧和托块、摇床的连接处,室温放置 24 h,100 ℃ 条件下固化 2 ~ 3 h,150 ℃ 条件下固化 2 ~ 3 h,随后缓慢降至室温。

第四步:将加工好的云母片分别放置在压机上模和下模指定位置,摇床底座固定在压机下模内,将制备好的托块和摇床依次放置好,分别利用调平螺丝和摇床盖固定。通过调节调平螺丝和对中螺丝,确保两颗金刚石压砧砧面平行且中心轴对称。

第五步:选取金属铼或 T301 钢作为垫片材料,利用金刚石压砧将垫片预压至厚度 50 μm 左右,利用激光打孔装置在垫片压痕圆心处打孔充当样品腔,样品腔的直径应小于金刚石压砧砧面压痕直径。

第六步:根据实验情况,在金刚石压砧砧面布置电极,将线径 100 μm 的 K 型热电偶测温点固定在金刚石压砧侧棱指定位置,在制备好的垫片样品腔内填充样品,施加实验期望压力。

结合图 3.43 说明电热丝的缠绕方式及陶瓷模具的安装。

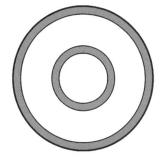

(a)平底陶瓷模具俯视示意图　　　　　(b)梯型陶瓷模具俯视示意图

图 3.43　陶瓷模具示意图

第一步:根据实验需求,确定选取平底陶瓷模具或者梯形陶瓷模具。

第二步:将电热丝按照模具构型进行缠绕,缠绕过程中注意确保电热丝均嵌入模具凹槽内部,防止露出部分在实验过程中与托块或摇床接触造成局部短路。

第三步:利用铜导线与模具外电热丝接头紧密缠绕接合。

第四步:如图 3.42 所示,将制备好的陶瓷模具放置在托块与摇床指定位置,利用高温修补剂固定,随后将加工好的云母片通过高温修补剂覆盖在模具上,降低模具的热耗散。

结合图 3.44 说明水冷平台和真空装置的组装过程。

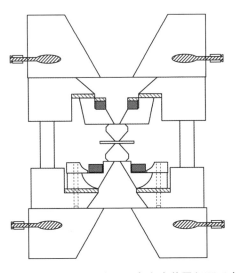

图 3.44　压机机体及配套水冷装置剖面示意图

第一步：将组装好的高温高压金刚石对顶砧压机放置在水冷平台上模和下模之间，将压机加压螺丝和导向柱嵌入水冷平台上模凹槽内。

第二步：通过旋转固定滑轨上螺母，对水冷平台施加一定的压力，进而确保压机与水冷平台紧密接合。

第三步：将水冷平台上的气动快速接头与真空装置内的水管连接，真空装置外的水管与水冷机连接。

第四步：如图 3.41 所示，将电热丝、热电偶以及电极引出的导线依次连接到真空装置内的铜柱电极上。真空装置外的铜柱电极依次与对应的直流稳压电源、多功能数据采集系统、阻抗谱系统、霍尔系统或者其他输运性质测量系统连接。

第五步：将有机玻璃真空罩放置在真空基台上，利用机械泵对真空系统进行抽真空处理，通过真空计实时读取真空装置内部的真空度。

第六步：连接完毕的金刚石对顶砧高温高压输运性质测量系统可以在真空环境下，对样品进行高温高压原位电输运或热输运性质的测量，同时确保压机机体处于室温。

3.5.3 金刚石对顶砧压机的组装

金刚石对顶砧压机的组装是实验中的一个关键步骤，其组装质量直接影响实验中金刚石能够产生的最高压力极限值和实验的安全性。组装过程中，首先是确保金刚石压砧和底座表面干净无杂物，任何尘埃或油脂都可能影响胶水的黏合效果及压力的极限值和实验的安全性。将金刚石放入硝酸和硫酸的 1∶1 混合溶液中煮 30 min，目的是去除金刚石表面的一些比较顽固的残留物。由于硝酸易挥发，先往烧杯里加入硝酸后再加硫酸。在清洗结束冷却至没有挥发性酸气后，将金刚石放入酒精和丙酮 1∶1 的混合溶液里，擦拭干净。进行圆底压机中裸金刚石的固定时，只需要将铜帽放置在自己压机摇床对应位置即可对裸金刚石进行固定，不需要公共压机辅助固定。将金刚石压砧放置在其底座上，轻轻压实以确保在固化过程中没有间隙产生。然后使用 AB 胶固定金刚石压砧，固定时要保证金刚石压砧和它附着的底座之间没有间隙。若进行低温下物性测量时，固定金刚石和电极需要使用耐低温胶，AB 胶不能承受低温。接着，要把两个金刚石压砧的砧面对中和调平。调节原理是通过观察两砧面是否完全重合来确定是否对中；通过金刚石对顶砧两砧面的等倾干涉条纹来确定是否平整。理想的状态是先确保两压砧的对称轴重合。通过调节摇床位置,使两砧面基本对中。注意在调节过程中两砧面可无限接近,但不要接触在一起,防止调节过程中损坏金刚石和磨坏电极。随后,要把两压砧的顶面调平,调平的标准可以借助光学显微镜,初步调平是在光学显微镜下观察压砧顶面,调整压砧的位置直到在显微镜中看到的图像显示非偏白光,即没有明显的干涉条纹。轻轻将两金刚石压砧的砧面接触上,观察干涉条纹形状后,先分离两砧面再进行调节。一般地,调节过程中我们先估计出干涉条纹的大致弯曲方向,通过松持弯曲方向相反方向的螺丝和紧固条纹弯曲方向上对应的螺丝来实现砧面平整。精细调整是指通过微调装置,细致调整压砧的高度和角度,直至达到完全的平行状态。需要强调的是,调平的过程中一定要保证两颗金刚石压砧不能直接接触和产生摩擦。图 3.45 为不同组装情况下在光学显微镜中观测到的非偏光白光图像。

　　图 3.45(a)的第一张图表示金刚石压砧的砧面未对中的情况,在显微镜中会看到如图 3.45(b)第一个图所示的图像,图 3.45(c)第一个图是在显微镜中看到的牛顿环,其中条纹的数量和密度越大,表示砧面的水平状况越差;中排表示砧面已经对中,但仍需进一步调整以实现完全平整;而下排图像则显示砧面已完全对中且几乎完全调平,显示出理想的状态。图 3.46 为实验人员提供了关于砧面对中与平整状态的直观视觉图像,它是调整过程中的重要参考。

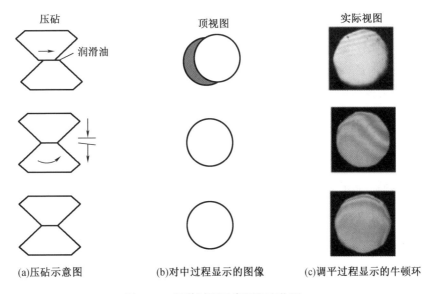

(a)压砧示意图　　　(b)对中过程显示的图像　　　(c)调平过程显示的牛顿环

图 3.45　组装过程示意图和实物图

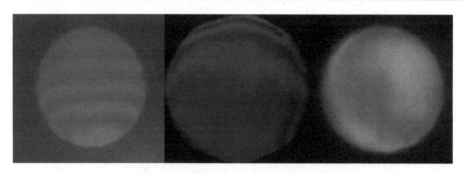

图 3.46　金刚石压砧调平的调节标准

3.5.4　金刚石对顶砧压机密封垫片的选择

密封垫片在高压实验中发挥着两个关键作用。首先,它们通过在垫片中心预置一个小孔,允许将甲醇-乙醇混合物、硅油或其他液体传压介质引入样品腔内。这些流体在压砧的作用下能均匀地将压力传递至样品,极大地减少了压力梯度,从而确保了实验数据的精确性和重复性。此外,在液体向固态转变过程中,良好的静水压环境能够持续更长时间,使得在更高压力下的实验操作更为稳定。其次,密封垫片在金刚石对顶砧压机系统中还承担着机械支撑的角色。在高压实验过程中,金刚石压砧不仅承受垂直向下的压力,其侧面还受到来自样品和密封垫片的侧向力。在缺乏适当支撑的情况下,这些侧向力可能导致金刚石出现损坏或裂纹。密封垫片在受压时会向外扩展,在压砧周围形成环形山状的突起,有效为金刚石提供侧向支撑,减少因压力分布不均而引起的应力集中,进而降低了金刚石破裂的风险。这两种作用的结合,让密封垫片成为高压实验中不可或缺的组件。它们不仅保证了实验的科学性和精确性,还显著提升了实验装置的稳定性和可靠性。因此,在进行高压实验的设计和准备工作中,选择和使用密封垫片应受到充分的重视,以确保它们能够满足实验中对压力均匀性和装置稳定性的需求。

早期的金刚石对顶砧装置中并未使用密封垫片,而是直接把样品放在两个压砧之间。当施加压力时,样品会由于外部压力而向外挤压,直到摩擦力阻止其进一步移动为止。这种方式下,样品自身充当了密封层,导致样品中心的压力极高,而周围的压力呈现较大的梯度。在压力增至大约 30 GPa 时,这种压力梯度使得金刚石压砧极易发生破裂。

随后,引入了密封垫片技术,显著改善了样品腔内的压力分布。这些密封垫片通常是带有直径 $100 \sim 300$ μm 小孔的金属垫片,置于两个压砧之间。垫片中的压力梯度与材料的抗剪切强度成正比,与密封垫片的厚度成反比。由于高抗剪切强度和高压缩率这两个条件本质上存在矛盾,因此在实际应用中需要在两者之间找到一个平衡点。

对于不同实验要求,金刚石压机采用不同物质来作为密封材料。金刚石压机的密封材料一般是金属,特殊的实验如介电性质测量,需要采用绝缘性能好的材料。常用的金属垫片材料包括 T301 钢和铼(Re)等,这些材料在高压环境下表现出较好的性能。T301 钢是最常用的密封材料。在需要大的高压腔体时,需要采用硬度高的金属铼作为密封材料。Re 也可用在高温实验中。

在进行电学测量时,通常会在金属密封材料表面涂覆一层 Al_2O_3 或 MgO 绝缘层,这样做可以方便引入电极,确保测量的准确性和安全性。此外,在金属密封材料表面涂上一层金刚石粉可以有效增加表面的剪切强度,这一改进在不改变其他参数的情况下,可以使高压腔的容积增加 2 到 3 倍,从而容纳更多的样品。对于化学反应活性高的样品,如过氧化氢,选择密封材料时需要特别注意,以避免材料对样品产生不利影响。进行高压原位结构分析时,如采用 X 射线衍射或中子衍射技术,对密封材料的选择也有特定要求。侧向 X 射线衍射实验通常需要使用对 X 射线透明、具有低背底的密封材料,例如高强度的金属铍或者带有金属铍插层的高强度石墨,这些材料能够减少 X 射线的散射和吸收。对于需要进行中子衍射的高压实验,选择原子序数较高的密封材料时,可能需要将这些材料制成金属玻璃,以降低中子散射的背景。例如,$Ti_{52}Zr_{48}$ 合金因其对中子的散射几乎为零,非常适合用作高压中子衍射实验的密封材料。

蓝宝石因其脆性较高和剪切强度较低的特性,对密封材料的选择具有特殊要求。使用过硬的密封材料可能会导致蓝宝石压砧的损坏。由于蓝宝石压砧通常具有较大的尺寸,可以容纳更多的样品,因此需要使用较厚的密封材料来保证良好的封闭性和均匀的压力分布。为了综合考虑这两方面的要求,蓝宝石压机通常采用复合密封材料的设计。例如,可以在铜片中间使用硬钢夹层。这种结构设计既确保了压砧不受过大的剪切力,又保持了密封材料的适当厚度,避免了密封材料过薄可能带来的问题。此外,其他宝石如金刚石等虽然强度较高,但在设计密封材料时,类似于蓝宝石的考虑也是适用的,以确保压砧的完整性和实验的成功。

3.6 传压介质

利用压砧直接挤压被研究的材料可以产生高压,但这种压力通常是不均匀的,主要表现在两个方面:首先,压砧中心的压力通常较高,而边缘的压力较低,导致整个样品处于显著的压力梯度之下;其次,压力不是各向同性的,非静水压成分较大,这对大块样品尤为明显,直接与压砧砧面的接触可能导致样品受压不均匀,甚至出现碎裂。为了研究材料在高压下的本征性质,并确保实验结果的可重复性,应尽可能使样品处于静水压条件下。实现这一目标的一种方法是将样品置于传压介质内,通过传压介质均匀地将压砧的力传递给样品。如果传压介质为气体或液体,样品可以感受到真正的静水压,这种方法尤其适用于金刚石压机中。在足够高的压力下,所有物质最终都会变为固态,但气态和液态介质在变为固态之前可以提供较好的静水压效果。此外,这些传压介质也可以被密封在聚四氟乙烯容器内,用于大体积的压力装置中。对于固态传压介质,通常选用柔性较好的软固体材料,这类介质多用于大体积装置中,以保证高压下材料的均匀受压和实验的有效性。

在相对较低的压力环境中,通常使用的流体传压介质在压力增加时会逐渐固化,导致样品处于非静水压状态。这种状态下压力分布的不均匀性会直接影响 X 射线衍射实验中的衍射峰位置、形状及其半高宽,从而对分析和理解晶体结构及其物理性质造成误差。此外,非静水压条件还可能影响材料的相变行为、晶格动力学以及弹性和光学性质,进一步增加实验的复杂性和解释上的难度。因此,确保样品腔内实现静水压状态对于解决高压实验中的基础性问题至关重要,它对提高实验结果的准确性和可靠性具有关键作用。

在现代高压实验中,为了确保样品腔内的静水压性,常常向样品腔内填充传压介质。这些介质的主要作用是将施加于压砧的轴向压力均匀转变为对样品的静水压力。在需要通过光谱或光学方法进行观察的实验中,传压介质的透明度尤为关键。因此,理想的传压介质应具备化学惰性、零渗透性、良好的热稳定性、热绝缘性、高电磁辐射透过率、低压缩率、高固化压强、低黏性、良好的流动性、易于操作和密封以及成本低廉等特性。就传递静水压力的能力而言,气态介质通常表现最佳,液态介质次之,而固态介质的性能相对较差。选择适当的传压介质并正确应用对确保高压实验的准确性和可靠性至关重要。

3.6.1　气态传压介质

使用气态传压介质可以在较大的空间产生较低的压力,主要应用在化工领域。为了防止与容器的化学反应,通常用惰性气体,常用的包含氦气(He)和氩气(Ar),有时也用氮气(N_2)。这些惰性气体在液化后能够成为获取高静水压性的理想传压介质。用气体作为传压介质时能得到各向同性压力,而且非常稳定。特别是氦气,由于其原子尺寸小,能够在样品腔中提供非常均匀的压力分布。氦气的非反应性质使其不会与大多数实验材料发生化学反应,非常适合用于需要高纯度实验环境的应用。另一方面,氩气由于价格相对低廉且容易获得,也广泛被用作传压介质,尽管在极端高温高压的条件下,其稳定性可能不及氦气。

但是,由于气体黏性很低,很难密封,且气体的压缩率非常大,储存能量高,有爆炸的危险,因此前面提到的大体积高压装置,都不用气体作为传压介质。对于金刚石压机和宝石压机,其产生的压力较高,密封没有问题;其高压腔体比较小,储能有限,即使发生爆炸也不会对实验人员造成伤害,可以采用气态传压介质。气体也不局限于惰性气体和氮气。随着压力的增加,气态传压介质发生气体-液体-固体的相变,高压腔内产生非静水压。图 3.47 为几种气体的固化曲线。但是,即使气体固化,传压介质的静水压条件压力也都比较高。

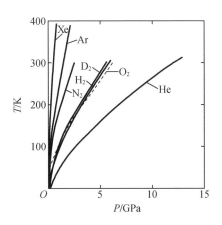

图 3.47　几种气体的固化曲线

表 3.4 中列出了几种常见气体传压介质在室温下的固化压力和保持静水压条件的最高压力。可以看出,He 的固化压力最高,为 11.8 GPa。He 和 H_2 传压介质保持静水压条件的压力最高,在 60 GPa 以上,而 Ar 介质稍差,可到 9 GPa。当气体固化后,剪切模量不再是零,介质中的应力分布也不再是各向同性,差应力不为零,压力越高,静水压条件越差。

表 3.4 一些气体传压介质及相关的压力范围

传压介质	室温固化压力/GPa	静水压条件的压力/GPa	介质的加注方式
He	11.8	>60	低温或高压
Ne	4.7	16	低温或高压
Ar	1.2	9	低温或高压
Xe	—	30	低于 165 K
H_2	5.7	> 60	低温或高压
D_2	5.3±0.2	—	低温或高压
N_2	2.4	13	低温
O_2	5.9	—	低温

图 3.48 中给出了单轴力作用下 Ar 的差应力与压力之间的关系。图中 Ar 的差应力是代表平行和垂直于外力方向的主应力的差。在低压区,Ar 呈气态或液态,差应力为零。当压力超过 9 GPa 时,Ar 发生固化,介质中出现差应力。随着压力的增加,差应力也逐渐增大,当应力为 55 GPa 时,差应力高达 2.7 GPa。

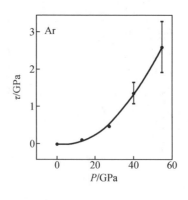

图 3.48 单轴力作用下 Ar 的差应力与压力之间的关系

向高压腔体内加注气态传压介质涉及一定的技术难题。一种常见的方法是将气体先液化后再进行加注。例如,液氮易于获取,氮气经常被用来液化为液氮后再进行加注。在半导体研究中常用的氩气(Ar)加注也采用类似方法,需要用液氮来冷却氩气使其液化,因为氩气的液化温度高于液氮。对于其他液化温度更低的气体,如氦气,可以通过液氦冷却达到液化状态后进行加注。这种液态加注方法具有设备简单、气体浪费少的优点,但对于需要液氦冷却的气体来说,成本较高。

另一种方法是通过高压泵将气体直接压缩至高压后充入高压腔体内。具体操作是,将装有样品的金刚石压机放置在耐压 0.5 GPa 的高压容器内,并在压砧与密封金属片之间留有一定的缝隙。然后通过高压泵将内部压力增至 0.2 GPa,并利用齿轮传动装置现场将压砧压紧金属片以实现密封。这种方法适用于各种类型的气体,其密封压力根据不同气体的特性进行适当调整。这种高压气体加注方法可以在高压腔中加注大量传压介质,从而达到更高的压力或在同等压力下处理更大尺寸的样品。由于高压气体的密度高于其液态形式,例如在 5 GPa 的压力下,氢气的密度是液态氢(密度为 0.07 g/cm³)的 1.5 倍,氦气的密度是液氦(密度为 0.125 g/cm³)的 2.3 倍。图 3.49 展示了几种气体的体积-压力曲线。

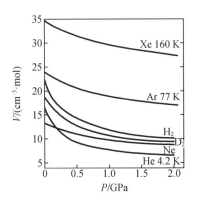

图 3.49　几种气体的体积-压力的关系

3.6.2　液态传压介质

常见的液态传压介质可以分为两大类:常温液体介质和低温液体介质。常温液体介质包括如甲醇-乙醇混合液、硅油和汽油等,这些介质在常温下展示出良好的流动性和压力传递能力。特别是甲醇-乙醇混合液(体积比 4∶1),它在高达 10 GPa 的压力下能够维持良好的静水压性能。然而,在更高的压力下,甲醇-乙醇混合液可能会从液态过渡到固态,从而引发非静水压效应。低温液体介质,如液氩、液氮和液氙,因其在极低温度下仍保持流动性,因此特别适用于需要低温条件的实验。实验研究已经表明,甲醇、乙醇和水的混合液能够将静水压范围扩展至约 14.5 GPa。进一步研究还发现,通过测量立方晶系晶体的晶面间距的压缩比例以及红宝石荧光谱 R_1 和 R_2 峰之间的距离随压力的变化,可以评估传压介质的静水压极限。据此,硅油和液氩的静水压极限分别被确定为大约 25 GPa 和 45 GPa。

在室温下,使用液体传压介质在 1 GPa 压力范围内通常非常方便。然而,当压力进一步增加时,液体的黏度也会随之增大,最终可能导致液体固化,从而产生非静水压成分。液体的黏度可以通过黏滞系数来量化描述,这一系数反映了液体内部相对运动的两个流层之间的内摩擦力的大小。黏滞系数的增加意味着液体内部流动的阻力增大,这对于传递压力特别是保持压力的均匀性极为不利。如图 3.48 所示,黏滞系数的变化可以明确显示液体状态从流动到接近固化的过程。随着黏滞系数的增加,液体的流动性减弱,最终影响到传压介质的效能,特别是在高压条件下,非静水压成分的影响可能变得更加显著。因此,在进行高压实验时,尤其是当压力超过液体固化阈值时,需要考虑液体传压介质的物理状态变化,以及可能对实验结果带来的影响。如图 3.50 所示,液体内相对运动的两流层间内摩擦力的大小可以表示为

$$\Delta f = \eta \frac{\mathrm{d}v}{\mathrm{d}z} \Delta S \tag{3.6.1}$$

式(3.6.1)中,ΔS 为两流层间接触面积;$\mathrm{d}v/\mathrm{d}z$ 为速率梯度,即在垂直于速度方向上,单位距离内流速的改变,它描写了流体由一层过渡到另一层时速度变化的快慢程度;η 为黏滞系数或内摩擦系数。在国际单位制(SI)中,η 的单位是帕·秒(Pa·s),1 Pa·s = 1 kg·cm^{-1}·s^{-1},CGS 单位制中 η 的单位是泊(Poise),1 Poise = 1 dyn·s·cm^{-2} = 1 g·cm^{-1}·s^{-1}。

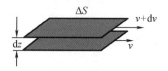

图 3.50 不同流速面间的作用力

高压高温下应用液态传压介质,需要特别注意。随着温度的增加,有些液体,如有机物,出现化学性质不稳定,如分解变质等。另一方面,高温下液体传压介质的黏性下降,使静水压性能变好。曾经有人用 Si 油作为传压介质实现了 1 GPa、500 ℃ 的工作条件。

水是 1 GPa 以下最经济的传压介质。甲醇在 3 GPa 以下黏性仍然很低,具有良好的传压性能。异丙醇加压到 3 GPa 时黏性超过 10^5 Poise,但仍比固体传压好,例如黏度到 10^6 Poise,每厘米有数个大气压的压力梯度时,在 1 s 以内可以达到平衡。异戊烷的凝固点为 2 GPa。

液体内加入一些其他成分后可提高固化压力。1∶1 戊烷和异戊烷的混合物凝固点为 6.5 GPa。4∶1 甲醇和乙醇的混合液在 10.4 GPa 下仍然为液体,压力继续提高时固化,但仍可近似保持静水压,直至 20 GPa。16∶3∶1 的甲醇、乙醇和水混合液的固化压力为 14.5 GPa,准静水压可保持到 20 GPa。

图 3.51 中给出了几种液体的黏度随着压力的变化曲线。比较起来,4∶1 甲醇和乙醇的混合液的黏度随压力变化平缓,是良好的传压介质。

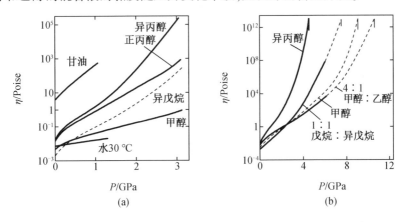

图 3.51　几种液体的黏度-压力曲线((b)图中的竖线代表固化点)

图 3.52 列出了一些液体的压缩曲线。室温、1 GPa 压力下大多数液体的体积变化为 14% ~ 28%,5 GPa 压力下为 20% ~ 40%。可以看出,2.5 ~ 5 GPa 压力范围内,液体的压缩率接近于固体。

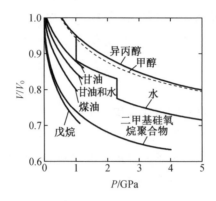

图 3.52　室温下几种液体体积随压力变化曲线

3.6.3　固态传压介质

在室温条件下,当压力超过 3 GPa 时,大多数液体将转变为固体,因此可以考虑使用固态物质作为传压介质。虽然使用高黏性液体作为传压介质时,其黏度较高,但在充足的时间内,黏性液体可以达到压力平衡,实现压力均匀分布。然而,固态传压介质通常存在剪切强度,这使得实现理想的静水压条件较为困难。但是,如果使用剪切强度很小的固态传压介质,并采用产生较小剪切应力的压缩方法,例如多压砧装置,可以产生非常接近静水压的效果。在选择固态传压介质时,常用的材料有叶蜡石、滑石、氯化钠和环氧树脂等。这些材料在高压环境下表现出色,特别是氯化钠,由于其在高压下具有较高的压力稳定性和低的压缩率而被广泛应用。选择这些介质时,关键在于考虑它们在高压下的行为以及对实验结果的可能影响。

理想的传压介质应具备以下特性:

(1) 低内摩擦系数,以保持压力的均匀性,其中内摩擦系数定义为材料的剪切强度与其所受压力之比。

(2) 低体压缩率,以有效增加压力并保持压力传递的效率。

(3) 高压高温下的化学和热稳定性,避免在实验过程中损坏样品或压砧,并保持压力的稳定。

(4) 高熔点,并且在压力增加时熔点也相应提高。

(5) 低电导率,便于进行加热及电学性质的测量,在需要时帮助样品保持较高的温度。

此外,某些特定的实验,如高压原位 X 射线衍射,还要求传压介质对 X 射线具有透明性;而进行光学性质测试时,则需要介质对相关频段的光具有透明性。这些特定要求进一步指导了传压介质的选择和应用,以确保高压实验的准确性和可靠性。

最广泛使用的固态传压介质是叶蜡石,叶蜡石是含水铝硅酸盐矿物,化学式为 $Al_2Si_4O_{10}(OH)_2$,或 $H_2Al_2(SiO_3)_4$、$Al_2O_3 \cdot 4SiO_2 \cdot H_2O$,具有层状结构,莫氏硬度为 1 ～ 3。通常呈现乳白色、灰色、黄色或淡粉色,含铁多时呈红色,密度为 2.8 ～ 2.9 g/cm^3。叶蜡石的熔点很高,常压下熔点为 1 700 ℃、5 GPa 高压下熔点为 2 700 ℃。叶蜡石在 500 ～ 700 ℃脱水,其内摩擦系数适中,在 0.25 ～ 0.47 之间。在 600 ℃、10 GPa 以上叶蜡石分解为超石英、$Al_5Si_5O_{17}(OH)$ 和一未知的含水铝硅酸盐相。在高于 20 GPa 的压力,叶蜡石分解为超石英和刚玉,并伴有大的体积收缩。通常条件下,叶蜡石的电阻率很高,为 $10^6 \sim 10^7 \ \Omega \cdot cm$,且随着压力和温度的上升而下降。在金刚石合成的条件下,如 5.5 GPa,1 500 ℃,电阻率下降到约 100 $\Omega \cdot cm$,但仍可起到很好的电绝缘作用,但在做某些灵敏的测量时,如热电动势的测量,将会引起较大的误差。叶蜡石的热导率很低,且随温度和压力的改变不大。叶蜡石弹性很小,容易发生流动,图 3.53 是叶蜡石在不同温度下的压缩曲线。

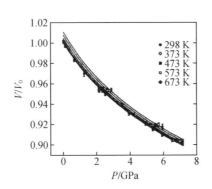

图 3.53　叶蜡石在不同温度下的压缩曲线

由于叶蜡石的分解造成压力的下降,使测得的压力值产生误差,采用 MgO 传压介质可避免这个问题。MgO 介质的主要缺点是热导率比较高,很难将样品加热到 1 000 ℃以上。使用 MgO 介质时,通常在加热器外部加上一层低热导率的隔热层套管,如 ZrO_2 或 $LaCrO_3$,以降低热损失并提高样品温度。如果利用 CaO 掺杂的 ZrO_2 作为传压介质,就不需要热绝缘层。图 3.54 为 MgO 在不同温度下的压缩曲线。

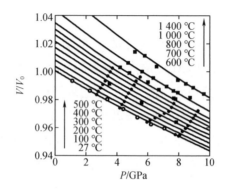

图 3.54 MgO 在不同温度下的压缩曲线

常用的固态传压介质还有石墨、滑石、六方氮化硼、铟、碱金属与卤族元素的化合物等,图 3.55 是一些传压介质的压缩曲线。

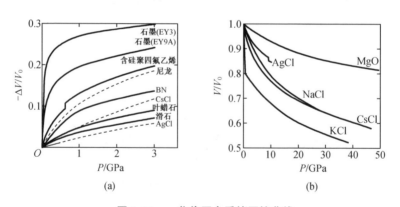

图 3.55 一些传压介质的压缩曲线

剪切强度是固态传压介质的一项重要参数,它描述了介质产生静水压能力的大小。剪切强度越小,产生静水压的程度就越高。材料的剪切强度并不是常效,一般随着压力的增加而增大,图 3.56 中描述了几种固态传压介质的剪切强度随压力的变化关系。

剪切强度直接和材料的内摩擦系数相关,随着压力的升高,内摩擦系数也同样增加,表 3.1 列出了一些传压介质在 5 GPa 下的内摩擦系数。内摩擦系数越小,产生的静水压条件越好,越适合作为传压介质。

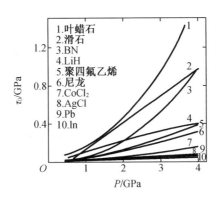

图 3.56　几种固态传压介质的剪切强度随压力的变化关系

由于不同固态传压介质内摩擦系数的差别,加压的效率也不一样,即产生同样的压力需要加载的外力随介质而变。Bi 元素在 2.5 GPa 压力处电阻发生突变,如图 3.57(a)所示,可用来检测各种介质对加压效率的影响。以 Bi 的电阻突变点作为参考点,King 利用正四面体高压装置对多种传压介质进行了加压研究,图 3.57(b)是相应的研究结果。利用 AgCl 作为传压介质时,达到 2.5 GPa 需要的力最小,并且其压缩率也最小,反映出 AgCl 有小的内摩擦系数,适于用作传压介质。不同传压介质之间存在很大的差别,如采用聚四氟乙烯作为传压介质时,达到 2.5 GPa 压力需要的力要比 AgCl 大 15 t 左右。

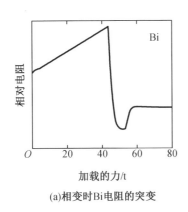

(a)相变时 Bi 电阻的突变

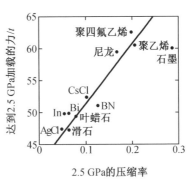

(b)几种材料达到 2.5GPa 的压缩率与需要加载的力

图 3.57　不同传压介质中测试 Bi 相变点的结果

从图 3.57 中可见,AgCl 具有较低的内摩擦系数和压缩率,因此在产生压力方面非常高效,是理想的传压介质。然而,AgCl 容易与金属发生反应,并且在高于 600 ℃ 的温度下会分解,这限制了其在高温应用中的使用。因此,AgCl 主要作为常温下的传压介质。另一方面,叶蜡石也表现出优良的性能,成为当前广泛使用的传压介质之一。

在使用固态传压介质时,需要特别考虑压力分布的均匀性,这不仅与介质的内摩擦系数相关,还受到压力产生方式的影响。多压砧装置通过在几个方向上同时施加力,能够较好地实现压力的均匀分布。而对顶砧加压装置,如Bridgman 压机、金刚石压机和宝石压机,由于力的加载不均匀,通常只有在使用气体或液体传压介质时才能达到静水压条件。在使用固态传压介质时,必须考虑由于非静水压造成的影响,特别是在高压环境下,非静水压成分会显著增大,这可能对实验结果和材料行为的解释带来复杂性。因此,在选择和应用传压介质时,确保介质的适应性和实验设定的兼容性至关重要。

参 考 文 献

[1] EREMETS M I. High Pressure Experimental Methods [M]. New York: Oxford University Press, 1996.

[2] 吉林大学固体物理教研室高压合成组. 人造金刚石[M]. 北京:科学出版社, 1975.

[3] ITO E. Theory and practice-multianvil cells and high-pressure experimental methods[M]. Amsterdam: Elsevier, 2007.

[4] BUNDY F. Ultra-high pressure apparatus[J]. Physics Reports, 1988, 167 (3): 133-176.

[5] ZHAI S M, ITO E. Recent advances of high-pressure generation in a multianvil apparatus using sintered diamond anvils [J]. Geoscience Frontiers, 2011, 2(1): 101-106.

[6] MASAKI K, SAWAMOTO H, OHTANI E, et al. High pressure generation by MASS 3I8-90 type apparatus[J]. Review of Scientific Instruments, 1975, 46(1): 84-88.

[7] DUNSTAN D J, SPAIN I L. Technology of diamond anvil high-pressure cells: I. Principles, design and construction [J]. Journal of Physics E: Scientific Instruments, 1989, 22(11): 913-923.

[8]　XU J A, MAO H K, BELL P M. High－pressure ruby and diamond fluorescence: Observations at 0.21 to 0.55 terapascal[J]. Science, 1986, 232(4756): 1404-1406.

[9]　XU J A, YEN J, WANG Y, et al. Ultrahigh pressures in gem anvil cells[J]. High Pressure Research, 1996, 15(2): 127-134.

[10]　EREMENTS M I. High Pressure Experimental Methods [M]. New York: Oxford University Press, 1996.

[11]　XU J A, HUANG E. Graphite－diamond transition in gem anvil cells[J]. Review of Scientific Instruments, 1994, 65(1): 204-207.

[12]　XU J A, YEH H W, YEN J, et al. Raman study of D2O at high pressures in a cubic zirconia anvil cell[J]. Journal of Raman Spectroscopy, 1996, 27 (11): 823-827.

[13]　XU J, MAO H. Moissanite: A window for high－pressure experiments[J]. Science, 2000, 290(5492): 783-785.

[14]　XU J A, MAO H K, HEMLEY R J, et al. The moissanite anvil cell: A new tool for high－pressure research[J]. Journal of Physics: Condensed Matter, 2002, 14(44): 11543-11548.

[15]　XU J A, MAO H K, HEMLEY R J, et al. Large volume high－pressure cell with supported moissanite anvils [J]. Review of Scientific Instruments, 2004, 75(4): 1034-1038.

[16]　XU J A, MAO H K, HEMLEY R J. The gem anvil cell: High－pressure behaviour of diamond and related materials [J]. Journal of Physics: Condensed Matter, 2002, 14(44): 11549-11552.

[17]　BUNDY F. Ultra－high pressure apparatus[J]. Physics Reports, 1988, 167 (3): 133-176.

[18]　IRIFUNE T, KURIO A, SAKAMOTO S, et al. Correction: Ultrahard polycrystalline diamond from graphite[J]. Nature, 2003, 421(806): 599- 600.

[19]　TIAN Y J, XU B, YU D L, et al. Ultrahard nanotwinned cubic boron nitride[J]. Nature, 2013, 493: 385-388.

[20]　OGANOV A R, ONO S. Theoretical and experimental evidence for a post-

perovskite phase of MgSiO₃ in Earth's D″ layer[J]. Nature, 2004, 430: 445-448.

[21] DUBROVINSKY L, DUBROVINSKAIA N, PRAKAPENKA V B, et al. Implementation of micro-ball nanodiamond anvils for high-pressure studies above 6 Mbar[J]. Nature Communications, 2012, 3: 1163.

[22] TANGE Y, IRIFUNE T, FUNAKOSHI K I. Pressure generation to 80 GPa using multianvil apparatus with sintered diamond anvils[J]. High Pressure Research, 2008, 28(3): 245-254.

[23] 刘志国, 千正男. 高压技术[M]. 哈尔滨: 哈尔滨工业大学出版社, 2012.

[24] KUNIMOTO T, IRIFUNE T. Pressure generation to 125 GPa using a 6-8-2 type multianvil apparatus with nano-polycrystalline diamond anvils[J]. Journal of Physics: Conference Series, 2010, 215: 012190.

[25] SUNG C M. A century of progress in the development of very high pressure apparatus for scientific research and diamond synthesis[J]. High Temperatures-High Pressures, 1997, 29(3): 253-293.

[26] 贺端威, 王海阔, 谭宁, 等. 一种顶锤-预密封边高压装置: CN201010142804.7[P]. 2024-04-22.

[27] 王海阔, 贺端威. 一种新型大腔体高压装置: CN201110091480.3[P]. 2024-04-22.

[28] 贺端威, 许超, 王海阔, 利用铰链式六面顶压机制备高性能聚晶金刚石的方法: ZL201310214859.8[P]. 2024-04-22.

[29] 王文丹, 贺端威, 八面体压腔静高压装置的二级压砧与二级增压单元: CN201310356218.6[P]. 2024-04-22.

[30] Ito E. Theory and practice: multianvil cells and high-pressure experimental methods[M]. Amsterdam: Elsevier, 2007.

[31] BUNDY F P. Pressure-temperature phase diagram of elemental carbon[J]. Physica A: Statistical Mechanics and Its Applications, 1989, 156(1): 169-178.

[32] 吉林大学固体物理教研室高压合成组. 人造金刚石[M]. 北京: 科学出版社, 1975.

[33] 伊恩·斯佩恩, 杰克波韦. 高压技术(第一卷)设备设计、材料及其特性 [M]. 陈国理, 等译. 北京: 化学工业出版社, 1987.

[34] SUMIYA H, HARANO K, IRIFUNE T. Ultrahard diamond indenter prepared from nanopolycrystalline diamond[J]. The Review of Scientific Instruments, 2008, 79(5): 056102.

[35] LIEBERMANN R C. Multi-anvil, high pressure apparatus: A half-century of development and progress[J]. High Pressure Research, 2011, 31(4): 493-532.

[36] LE GUILLOU C, BRUNET F, IRIFUNE T, et al. Nanodiamond nucleation below 2273 K at 15 GPa from carbons with different structural organizations [J]. Carbon, 2007, 45(3): 636-648.

[37] SUMIYA H, IRIFUNE T. Indentation hardness of nano-polycrystalline diamond prepared from graphite by direct conversion[J]. Diamond and Related Materials, 2004, 13(10): 1771-1776.

[38] LV S J, HONG S M, YUAN C S, et al. Selenium and tellurium: Elemental catalysts for conversion of graphite to diamond under high pressure and temperature[J]. Applied Physics Letters, 2009, 95(24): 242105.

[39] SAKAI T, YAGI T, OHFUJI H, et al. High-pressure generation using double stage micro-paired diamond anvils shaped by focused ion beam [J]. Review of Scientific Instruments, 2015, 86(3): 033905.

[40] SAMUDRALA G K, MOORE S L, VELISAVLJEVIC N, et al. Nanocrystalline diamond micro-anvil grown on single crystal diamond as a generator of ultra-high pressures [J]. AIP Advances, 2016, 6 (9): 095027.

[41] POSTORINO P, MALAVASI L. Chemistry at high pressure: Tuning functional materials properties[J]. MRS Bulletin, 2017, 42(10): 718-723.

[42] MAO H K, HEMLEY R J. Ultrahigh-pressure transitions in solid hydrogen [J]. Reviews of Modern Physics, 1994, 66(2): 671-692.

[43] SZAFRAŃSKI M, KATRUSIAK A. Photovoltaic hybrid perovskites under pressure[J]. The Journal of Physical Chemistry Letters, 2017, 8(11): 2496-2506.

[44] POSTORINO P, MALAVASI L. Pressure – induced effects in organic – inorganic hybrid perovskites[J]. The Journal of Physical Chemistry Letters, 2017, 8(12): 2613-2622.

[45] DROZDOV A P, KONG P P, MINKOV V S, et al. Superconductivity at 250 K in lanthanum hydride under high pressures[J]. Nature, 2019, 569 (7757): 528-531.

[46] XIA Y Y, YANG B, JIN F, et al. Hydrogen confined in a single wall carbon nanotube becomes a metallic and superconductive nanowire under high pressure[J]. Nano Letters, 2019, 19(4): 2537-2542.

[47] MA Z W, LI F F, QI G Y, et al. Structural stability and optical properties of two – dimensional perovskite – like $CsPb_2Br_5$ microplates in response to pressure[J]. Nanoscale, 2019, 11(3): 820-825.

[48] FU R J, CHEN Y P, YONG X, et al. Pressure – induced structural transition and band gap evolution of double perovskite $Cs_2AgBiBr_6$ nanocrystals[J]. Nanoscale, 2019, 11(36): 17004-17009.

[49] DROZDOV A P, EREMETS M I, TROYAN I A, et al. Conventional superconductivity at 203 kelvin at high pressures in the sulfur hydride system [J]. Nature, 2015, 525(7567): 73-76.

[50] WANG Y G, LÜ X J, YANG W G, et al. Pressure – induced phase transformation, reversible amorphization, and anomalous visible light response in organolead bromide perovskite[J]. Journal of the American Chemical Society, 2015, 137(34): 11144-11149.

[51] JAFFE A, LIN Y, MAO W L, et al. Pressure–induced metallization of the halide perovskite(CH_3NH_3) PbI_3 [J]. Journal of the American Chemical Society, 2017, 139(12): 4330-4333.

[52] LIU J, PREZHDO O V. Chlorine doping reduces electron – hole recombination in lead iodide perovskites: Time – domain ab initio analysis [J]. The Journal of Physical Chemistry Letters, 2015, 6(22): 4463-4469.

[53] NIJAMUDHEEN A, AKIMOV A V. Criticality of symmetry in rational design of chalcogenide perovskites[J]. The Journal of Physical Chemistry Letters, 2018, 9(1): 248-257.

[54]　LÜ X J, YANG W G, JIA Q X, et al. Pressure-induced dramatic changes in organic-inorganic halide perovskites[J]. Chemical Science, 2017, 8 (10): 6764-6776.

[55]　JAFFE A, LIN Y, KARUNADASA H I. Halide perovskites under pressure: Accessing new properties through lattice compression [J]. ACS Energy Letters, 2017, 2(7): 1549-1555.

[56]　PASTERNAK S, AQUILANTI G, PASCARELLI S, et al. A diamond anvil cell with resistive heating for high pressure and high temperature X-ray diffraction and absorption studies[J]. The Review of Scientific Instruments, 2008, 79(8): 085103.

[57]　JENEI Z, CYNN H, VISBECK K, et al. High-temperature experiments using a resistively heated high-pressure membrane diamond anvil cell[J]. The Review of Scientific Instruments, 2013, 84(9): 095114.

[58]　BRIDGMAN P W. Freezing parameters and compressions of twenty-one substances to 50, 000 kg/cm^2[J]. Proceedings of the American Academy of Arts and Sciences, 1942, 74(12): 399.

[59]　BRIDGMAN P W. Further rough compressions to 40 000 kg/cm^2, especially certain liquids [J]. Proceedings of the American Academy of Arts and Sciences, 1949, 77(4): 129.

[60]　KALLIOMÄKI M S, MEISALO V P J. Structure determination of the high-pressure phases RbNO$_3$ V, CsNO$_3$ III, and CsNO$_3$ IV [J]. Acta Crystallographica Section B Structural Crystallography and Crystal Chemistry, 1979, 35(12): 2829-2835.

[61]　MCCLAY K R. Deformation and Recrystallization of Pyrite [J]. Mineralogical Magazine, 1983, 47(345): 527-538.

[62]　BRIDGMAN P W. The nature of physical theory [M]. New York: Dover Publications, 1936.

[63]　LAWSON A W, RILEY N A. An X-ray camera for obtaining powder pictures at high pressures[J]. The Review of Scientific Instruments, 1949, 20(11): 763-765.

[64]　WEIR C E, LIPPINCOTT E R, VAN VALKENBURG A, et al. Infrared studies in the 1-to 15-micron region to 30 000 atmospheres[J]. Journal of Research of the National Bureau of Standards Section A, Physics and

Chemistry, 1959, 63A(1): 55-62.

[65] BELL P M, MAO H K, WEEKS R A. Optical spectra and electron paramagnetic resonance of lunar and synthetic glasses: A study of the effects of controlled atmosphere, composition, and temperature [J]. Lunar and Planetary Science Conference Proceedings, 1976, 3: 2543-2559.

[66] 刘福来, 沈其韩, 耿元生, 等. 熔体参与变质反应的高温高压实验研究 [J]. 科学通报, 1997, 42(17): 1846-1850.

[67] CHRISTOFILOS D, ARVANITIDIS J, KOUROUKLIS G A, et al. Identification of inner and outer shells of double-wall carbon nanotubes using high-pressure Raman spectroscopy[J]. Physical Review B, 2007, 76 (11): 113402.

[68] SAHA S, MUTHU D V S, PASCANUT C, et al. High-pressure Raman and X-ray study of the spin-frustrated pyrochlore $Gd_2Ti_2O_7$ [J]. Physical Review B, 2006, 74(6): 064109.

[69] 王慧媛, 郑海飞. 高温高压实验及原位测量技术[J]. 地学前缘, 2009, 16(1): 17-26.

[70] FAN D W, ZHOU W G, WEI S Y, et al. A simple external resistance heating diamond anvil cell and its application for synchrotron radiation X-ray diffraction [J]. The Review of Scientific Instruments, 2010, 81 (5): 053903.

[71] MIYAGI L, KANITPANYACHAROEN W, RAJU S V, et al. Combined resistive and laser heating technique for in situ radial X-ray diffraction in the diamond anvil cell at high pressure and temperature [J]. The Review of scientific instruments, 2013, 84(2): 025118.

[72] BASSETT W A. The birth and development of laser heating in diamond anvil cells [J]. Review of Scientific Instruments, 2001, 72(2): 1270.

[73] LIERMANN H P, MERKEL S, MIYAGI L, et al. Experimental method for in situ determination of material textures at simultaneous high pressure and high temperature by means of radial diffraction in the diamond anvil cell [J]. The Review of Scientific Instruments, 2009, 80(10): 104501.

[74] DATCHI F, DEWAELE A, LOUBEYRE P, et al. Optical pressure sensors for high-pressure-high-temperature studies in a diamond anvil cell[J]. High Pressure Research, 2007, 27(4): 447-463.

[75] 刘康怀. 高温高压实验研究与金的成矿成晕机理探讨[J]. 大地构造与

成矿学, 1997, 21(3): 213-220.

[76] 张宝华. 地幔矿物电导率的高温高压实验研究 [D]. 合肥: 中国科学技术大学, 2009.

[77] BASSETT W A, SHEN A H, BUCKNUM M, et al. A new diamond anvil cell for hydrothermal studies to 2.5 GPa and from -190 to 1200 ℃ [J]. Review of Scientific Instruments, 1993, 64(8): 2340-2345.

[78] MENG Y, SHEN G, MAO H K. Double-sided laser heating system at HPCAT for in situ X-ray diffraction at high pressures and high temperatures [J]. Journal of Physics Condensed Matter, 2006, 18(25): S1097-S1103.

[79] SHEN G, RIVERS M L, WANG Y, et al. Laser heated diamond cell system at the Advanced Photon Source for in situ x-ray measurements at high pressure and temperature [J]. Review of Scientific Instruments, 2001, 72 (2): 1273.

[80] DEEMYAD S, STERER E, BARTHEL C, et al. Pulsed laser heating and temperature determination in a diamond anvil cell [J]. Review of Scientific Instruments, 2005, 76(12): 125104.

[81] FROST D J, POE B T, TRNNES R G, et al. A new large-volume multianvil system [J]. Physics of the Earth and Planetary Interiors, 2004, (143-144): 507-514.

[82] JAYARAMAN A. Diamond anvil cell and high-pressure physical investigations [J]. Reviews of Modern Physics, 1983, (55): 65-107.

[83] HOLZAPFEL W B, ISAACS N S. High-pressure Techniques in Chemistry and Physics: A Practical Approach [M]. New York: Oxford University Press, 1997.

[84] 箕村茂. 超高圧 [M]. 東京: 共立出版株式会社, 1988.

[85] 日本材料学会高圧力部門委員会. 高圧実験技術とその応用 [M]. 東京: 丸善株式会社, 1969.

[86] MAO H K. Theory and practice: diamond-anvil cells and probes for high p-t mineral physics studies treatises on geophysics [M]. PRICE G D, SCHUBERT G, ed. Amsterdam: Elsevier B. V., 2007.

[87] PAWLEY A R, CLARK S M, CHINNERY N J. Equation of state measurements of chlorite, pyrophyllite, and talc [J]. American Mineralogist, 2002, 87: 1172-1182.

[88] KING J H. Choice of materials for use in compressible-gasket high-pressure

apparatus[J]. Journal of Scientific Instruments ,1965（42）:374-380.

[89] UTSUMI W, WEIDNER D J, LIEBERMANN R C. Volume measurement of MgO at highpressures and high temperatures [M]. Washington DC: American Geophysical Union, 1998.

[90] HAL H T. High pressure apparatus. Bundy F P, Hibbard W R, Strong H M ed. Progress in very high pressure research [M]. New York: John Wiley & Sons, 1961.

第4章 压力和温度的测量

4.1 压力的标定

目前,进行静高压实验主要依赖于三种设备:高压釜、大压机和金刚石对顶砧(DAC)。在高压釜和大压机的应用中,可以直接使用压力计量的方法来测定实验中的压力值,这种方法相对直接且可靠。然而,在使用金刚石对顶砧的情况下,由于其样品腔的尺寸极小,常规的压力测量方法难以实施。因此,有效进行金刚石压腔的压力标定对于获取可靠的实验数据至关重要。这一步骤是确保实验结果准确性的关键环节。

红宝石标压技术是由 H. K. Mao 和 P. M. Bell 在 1972 年提出的一种利用红宝石中的 Cr^{3+} 离子发出的荧光特性来测量压力的方法。利用红宝石的荧光光谱中的 R_1 和 R_2 荧光线在压力作用下的红移现象,通过测量这些荧光线的波长变化,可以计算出施加的压力。这种技术因其精度高、操作简便且设备要求不高而受到高评价,成为高压研究中的标准工具之一。该方法特别适用于 DAC 等小型压腔中的压力测量,是高压物理实验中不可或缺的工具。

红宝石的主要成分为 Cr^{3+} 离子掺杂的氧化铝(Al_2O_3),在 Al_2O_3 晶场和自旋-轨道耦合的影响下,Cr^{3+} 离子的能级发生分裂,其能级结构如图 4.1 所示,图中能级的能量用波数(cm^{-1})表示。在足够高能量的光照射下,电子首先跃迁到 U 带和 Y 带,然后通过无辐射跃迁弛豫到 $^2T_1$ 和 ^2E 亚稳态能级,最后跃迁回到基态发出 R 荧光线。R_1 和 R_2 线是由 ^2E 能级跃迁产生的,它们在光谱上非常接近,对应的波长在常压、25 ℃分别为 694.2 nm 和 692.8 nm。这两条能级对应的荧光线在压力作用下会发生红移,压力不太高时红移量与压力成正比,可用来测量压力。由于晶体环境的微小变化能显著影响这些能级的电子结构,R_1 和 R_2 荧光线在外界压力的作用下会发生红移。这种红移随压力的增加而增大,并且在不太高的压力范围内,红移量与施加的压力成正比。因此,这种红移现象可以被用作测量压力的一种手段,特别是在那些要求非侵入式且精确度要求高的测量场合,如材料科学、地球科学研究和工业应用中,这一性质极具价值。通过测量 R 荧光线的波长变化,可以精确计算出相应的压力变化,从而提供一种有效的光谱学压力监测方法。

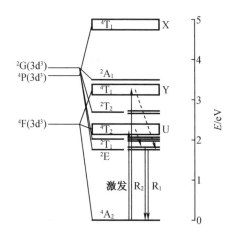

图 4.1　红宝石的电子能级结构

图 4.2 展示了红宝石的 R_1 和 R_2 荧光线在不同压力下的变化。图 4.2 中的实线表示在 1 个大气压(10^5 Pa)下的荧光光谱,而虚线则表示在高压下的谱线。随着压力的增加,观察到荧光线的红移现象,即谱线向更长的波长移动。这一现象直观地证明了 R_1 和 R_2 荧光线波长与施加压力之间的正相关关系。

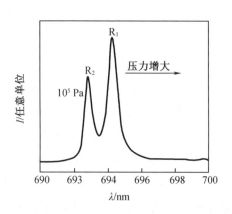

图 4.2　红宝石的 R_1 和 R_2 荧光线在不同压力下的变化

尽管信息技术迅猛发展,但由于电子-电子相互作用的复杂性,以及 Cr^{3+} 离子在 Al_2O_3 晶体矩阵中受晶体场和自旋-轨道耦合的显著影响,加之求解过程中的近似可能导致预测精度不足,我们目前仍无法通过第一性原理精确预测红宝石荧光线在压力作用下的移动规律。因此,红宝石压标的校准必须依靠其他已知的压力标定方法。在 1.2 GPa 以下,红宝石荧光线的位移可以通过锰铜电阻压力计进行精确校正。对于不超过 1.5 GPa 的压力范围,通过将红宝石荧光线的红移与 D. L. Decker 提出的 NaCl 压标进行比较,发现差异通常在 3% 以内,这种一致性可延续至约 29.1 GPa。这些校准方法保证了高压实验中红宝石压标的准确性和可靠性,为深入探索材料在极端条件下的物理性质提供了重要支持。

美国国家标准局的 G. J. Piermarini 等将红宝石与 NaCl 粉末混合,封装在甲醇与乙醇(体积比为 4:1)的混合液中,并使用 DAC 进行加压。在此过程中,他们通过测量红宝石的 R_1 荧光线波长,并同时采用 X 射线衍射法测定 NaCl 的晶格常数。利用 D. L. Decker 提出的 NaCl 压标来准确确定压力,从而建立了 R_1 荧光线的红移量($\Delta\lambda$)与压力(P)的关系,如图 4.3 所示。结果显示,在达到 19.5 GPa 的范围内,$\Delta\lambda$ 与 P 的关系近乎成正比,可以通过以下等式表示:

$$P = (2.746 \pm 0.014)\Delta\lambda \qquad (4.1.1)$$

如果 P 的单位为 GPa,$\Delta\lambda$ 的单位为 nm,对应的系数为 $dP/d\lambda = 2.746$ GPa/nm 或 $d\lambda/dP = 0.364$ nm/GPa。

红宝石压标与 NaCl 压标在功能上是相当的,但 NaCl 压标的应用受限于 30 GPa 以下的压力范围。相比之下,红宝石压标的使用范围更广,可扩展至上百 GPa 的高压环境,使其在高压科学研究中具有更广泛的应用价值。

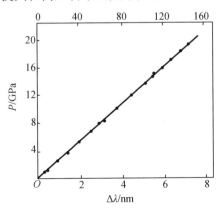

图 4.3　红宝石的 R_1 线红移与压力的关系

在较高压力下,红宝石荧光线 R_1 的红移量与压力的关系会略微偏离线性。1972 年,Forman 等首次提出利用红宝石荧光线 R_1 峰随压力的红移来测量 DAC 中的压力。继此之后,J. D. Barnett 等对这种红移与压力之间的关系进行了标定,并提供了相应的计算公式。红宝石压力计的概念首次由 H. K. Mao 等于 1976 年提出。他们选用 MgO 和 Fe 的体积变化作为压力标定的标准,从而确立了 100 GPa 范围内红宝石荧光线 R_1 的频移与压力之间的对应关系。继此之后,于 1978 年,毛河光和 P. M. Bell 等研究人员利用 Cu、Mo、Pd、Ag 和 Au 金属作为内部压标材料,通过分析这些材料的冲击等温压缩线并结合 X 射线衍射技术,成功地标定了非静水压环境下 100 GPa 内红宝石荧光峰 R_1 峰位随压力变化的精确关系:

$$P = \frac{A}{B}\left[\left(\frac{\lambda}{\lambda_0}\right)^B - 1\right] \tag{4.1.2}$$

式中,$A = 1\,904$ GPa,$B = 5$,$\lambda_0 = 694.24$ nm。

此后,红宝石压标被不断修正,并取得了大量的研究成果。

在 1986 年,H. K. Mao 等进一步对红宝石的荧光线 R_1 随压力的频移曲线进行了修正,以更准确地反映在 0 至 80 GPa 范围内的准静水压环境下的行为。图 4.4 详细展示了在静水压和非静水压条件下,压力与红宝石荧光线 R_1 红移量之间的关系。基于这些修正后的数据,得出了非静水压条件下的定压方程 (4.1.3),进一步精确了红宝石压力计在不同实验条件下的应用。

$$P = (A/B)\{[1 + (\Delta\lambda/\lambda_0)]B - 1\} \tag{4.1.3}$$

式中,$A = 19.04$ Mbar,$B = 7.665$,$\Delta\lambda$ 表示波长的红移量,单位为 nm。

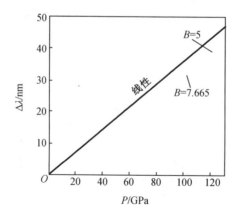

图 4.4 红宝石荧光线的 R_1 的波长与压力的关系

在 2000 年，查长生等通过分析高压条件下 MgO 的结构和弹性数据，对红宝石压力计进行了修正。他们更新了静水压条件下的压力标定系数，确定 B 值为 7.715，据此制定了相应的测压公式：

$$P = 246.8 \left[(\Delta\lambda/694.21 + 1)^{7.715} - 1 \right] \tag{4.1.4}$$

图 4.5 展示了几种红宝石测压公式的比较结果，其中纵轴显示的是红宝石 R_1 荧光线的相对位移。A. Dewaele 等研究人员利用 DAC 并结合同步辐射技术，对 Al、Cu、Ta、W、Pt 和 Au 这六种元素的状态方程进行了测量。基于这些测量结果，他们对红宝石压标进行了精确的校正，并更新了测压系数 B 值为 9.5，这一修正增强了红宝石测压结果的准确性。

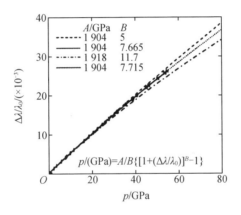

图 4.5　几种红宝石压标的比较

红宝石的荧光线通常通过绿色或蓝色激光激发，并使用光栅光谱仪来探测这些荧光信号。鉴于产生高压的腔体尺寸较小，激光需要在照射红宝石片前进行精确聚焦，这一过程可以通过显微镜光学系统来实现。在具体的光谱测量实验中，我们使用了如图 4.6 所示的 WDS-5 型组合式多功能光栅光谱仪，该设备能够在不同压力条件下准确捕获红宝石 R_1 线的波长变化，其最小分辨率达到 0.05 nm。此外，图 4.7 呈现了红宝石测压系统的光路配置，包括光源、聚焦系统、光谱仪以及探测器等关键组件。该系统通过聚焦激光照射红宝石，激发荧光，并利用光谱仪捕获荧光光谱。探测器记录下不同压力条件下荧光波长的变化，再通过对比这些变化并应用预先校准的数学公式，精确计算出实际的压力值。

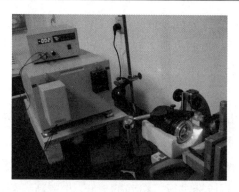

图 4.6　WDS-5 型组合式多功能光栅光谱仪实物图

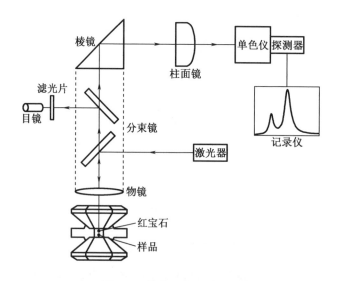

图 4.7　激光红宝石测压系统

红宝石压标的一个优点是测压速度快。在 DAC 中,低压下只需几十毫秒即可得到高质量的荧光光谱,高压下测量时间增加到几分钟。通过 R_1 线峰位可以很快算出压力,而对于 X 射线衍射来说,从测量到解谱、定压,需要几个小时的时间。红宝石压标的另一个优点是已利用冲击波数据校正到很高压力,高压下精度比较高。红宝石压标的缺点是高压腔必须有光学透明的窗口,对于金刚石压机来说,压砧即可作为窗口,但对于大体积设备,压砧多为 WC 等材料,红宝石压标很不方便。红宝石的测压荧光线为双线,非静水压条件下产生重叠,不如单线测压准确。在 1 GPa 压力以下,红宝石测压的精度很差,半导体荧光压标比红宝石压标灵敏 20 倍,如低温下 GaAs 的荧光能量的压力系数为 $dE/$

dP = 0.104 eV/GPa。红宝石的荧光线有温度效应,线宽随温度而改变。在静水压下红宝石的 R 线是比较窄的,当温度低于 50 K 时半宽度小于 0.01 nm,室温时为 0.6 nm,370 ℃时大于 1.5 nm。线宽大时 R_1 和 R_2 线重叠成一条宽谱线,造成确定峰位的困难,从而带来很大的误差。温度为 80 ～ 300 K 时红宝石压标的测压误差小于 3%,320 ～ 550 K 时误差则达到 4% ～ 6%。图 4.8(a)中所示为红宝石荧光光谱随温度的变化。在低温下 R_1 线的强度要远远大于 R_2 线,随着温度的升高,R_2 线强度逐渐提高。R_1 和 R_2 两荧光峰位置随温度的变化趋势相同,升温时向红端移动,如图 4.8(b)所示,其中插图为红宝石荧光峰宽随温度的变化,温度越高,峰宽越大。室温下红宝石荧光线波长的温度系数为 $\mathrm{d}\lambda/\mathrm{d}T = 0.006\ 8$ nm/K。低温下,红宝石 R_1 线的压力系数与室温相同,因此红宝石压标可在低温下使用。高温条件下,红宝石压标不能使用,需要其他压标来代替。从图 4.2 中可以看出高压下,红宝石荧光线的强度显著下降,这是红宝石压标的另一个缺点。在 100 GPa 左右,R_1 和 R_2 线强度下降很大,与 R_3' 线强度相当甚至更弱,如图 4.9 所示。

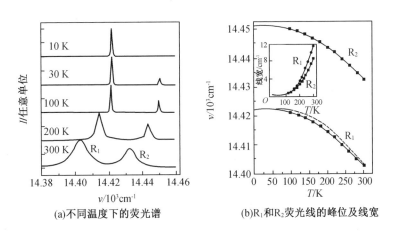

(a)不同温度下的荧光谱　　　　　(b)R_1 和 R_2 荧光线的峰位及线宽

图 4.8　红宝石荧光随温度的变化

红宝石压标在接近准静水压条件下进行时,能够达到最高的测量精度。在这种条件下,红宝石的荧光线 R_1 和 R_2 两个峰可以被清晰地区分开,使得压标的精度大约在 0.03 GPa。通过使用软件对这些峰位进行精确拟合,测量精度可以进一步提高,达到 0.01 GPa。在低温条件下,红宝石荧光线变得更窄,从而提升了压标的精度,可达到 0.005 GPa。理论上,红宝石压标的最高精度可达到 R 线自然线宽的 $\sqrt{2}$ 倍,这表明在理想条件下,其精度可以极大提升,为高精度压力测量提供了可靠的方法。

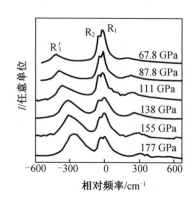

图 4.9　高压下介质 H_2 中红宝石的荧光光谱

在非静水压条件下，红宝石中的 R_1 和 R_2 峰会变宽，有时甚至无法区分开。当使用固态或液态传压介质固化后也存在这一现象。由于红宝石内部的应力分布不均匀，不同位置的应力差异导致了测量精度的降低。例如，图 4.10 展示了在 CCl_4 传压介质中红宝石的荧光光谱。在常压和 2.2 GPa 下，CCl_4 处于液态，红宝石感受到的是静水压，此时 R_1 和 R_2 线峰宽很小，使得测压精度较高。然而，当压力升高至 4 GPa，CCl_4 固化，介质内产生非静水压力分量，导致荧光峰变宽，测压精度因此下降。压力继续增高时，非静水压变得更加严重，致使 R_1 和 R_2 线重叠，变得难以分辨。此外，红宝石内部的应力不仅会导致荧光线的变宽，还可能引起荧光线的显著移动。由于红宝石不同位置的应力可能不同，这会导致在不同测量点得到的压力读数存在差异。为了尽可能避免这种情况，应在使用红宝石进行压力测量之前对其进行退火处理，以消除内部的应力，从而保证测压结果的准确性和可靠性。

标定压力的方法众多，其中高压同步辐射 X 射线衍射实验常用的一种方法是压力内标法。这种方法依赖于已知状态方程的标压物质来标定压力，具有操作简单和结果精确的优点。然而，这种方法的一个潜在缺点是，所用压标物的衍射峰和荧光峰可能会与实验样品的信号产生干扰。为了尽量减少这种干扰，选择内标物时应优先考虑那些与样品晶体结构的晶面间距明显不同的标准晶体。目前，在高压实验中常用的内标压物质包括 Pt、Au 和 NaCl 等，这些物质因其明确的状态方程和信号特性而被广泛应用于压力标定。

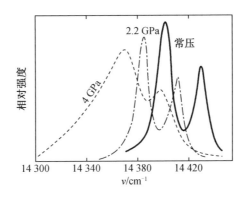

图 4.10　CCl$_4$ 传压介质中红宝石的荧光光谱

4.2　温度的测量

常压状态下,进行温度测量的方法多种多样,包括使用液体温度计、双金属片温度计、热敏电阻温度计以及热电偶温度计等。这些不同类型的温度计各有其独特的工作原理和应用领域,能够满足不同场合下的温度测量需求。但在高压环境中进行温度测量需要特别考虑温度计的耐压能力和尺寸,以适应高压腔体内的压力和体积限制。虽然热敏电阻因其小巧的尺寸可以方便地安装在高压腔体内部,但由于高压环境中存在的压力梯度,热敏电阻的温度测量往往伴随较大误差,因此其使用较为有限。在这种环境下,更常用的方法是热电偶测温。热电偶由于其稳定性和广泛的温度测量范围,特别适用于高压条件下的温度测定。其优点是体积小、强度高、可靠性好,并且可以承受相对较高的压力,且对环境变化的响应快速、准确。此外,某些热电偶的热电动势在压力下的校正比较小。由于热电偶测温基于电信号,信息引出和测量都比较方便,而且容易数字化处理。图 4.11 为热电偶测温示意图。热电偶由两种材料构成,连接的地方焊在一起。由于两种材料 Fermi 能的差别,当焊点与测量端存在温差时,就会在回路中检测到电压信号。

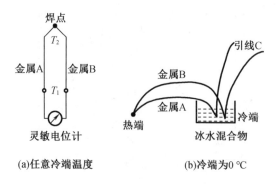

图 4.11　热电偶测温示意图

图 4.11(a)所示电路中电位计两端的电压为

$$U = \oint S\mathrm{d}T \qquad (4.2.1)$$

式中,S 为回路中金属线的塞贝克(Seebeck)系数;T 为绝对温度,积分沿整个回路进行。

构成热电偶的两种材料具有不同的 Seebeck 系数,式(4.2.1)可改写为

$$U = \int_{T_1}^{T_2} S_A \mathrm{d}T + \int_{T_1}^{T_2} S_B \mathrm{d}T = \int_{T_1}^{T_2} (S_A - S_B) \mathrm{d}T \qquad (4.2.2)$$

可见,热电偶能产生的热电动势和两种材料 Seebeck 系数之差成正比。如果连接电位计的两条引线使用同种材料,且保证两个连接点的温度相同,那么引线对热电偶的热电动势就不会产生影响。

由式(4.2.2)可知,在温度 T_1 已知的情况下,热电偶即可用来测量温度 T_2。如图 4.11(b)所示,热电偶的焊点接触待测物质,而另外一端放在温度已知的物质中,例如冰水混合物,根据事先测出的校准数据即可根据热电动势得到待测温度。产生热电动势的前提是存在温差,即热电偶上要存在温度梯度。将式(4.2.1)中的积分换成对电路回路的积分:

$$U = \oint S \frac{\mathrm{d}T}{\mathrm{d}x} \mathrm{d}x \qquad (4.2.3)$$

式中,x 为热电偶回路的空间坐标。

材料的 Seebeck 系数是压力和温度的函数,在压力作用下需要做修正。但是如果温度梯度产生于常压区域,那么由式(4.2.3)给出的热电动势就和常压下一致,不需要做修正。例如,外加热的金刚石压机,热电偶置于高压腔体的外部,测得的温度和常压相同。对于大腔体装置,多采用内加热方式,热电偶放置

在高压腔体的内部,同时受到高温高压的作用。压力从腔体中央的最大值逐渐下降到密封材料处的常压。温度梯度一部分分布在高压区域,另一部分分布在常压区域,测得的温度需要做压力校正。

图 4.12 为 S 型热电偶(Pt-Pt10%Rh)电动势的压力修正曲线,其中冷端的温度为 20 ℃。一般情况下,高压装置的冷端高于 20 ℃,须做冷端修正。随着压力的升高,热电动势的修正值变大。校正值和温度的关系是非线性的,因此低温下的压力修正值不能简单地外推到高温区。

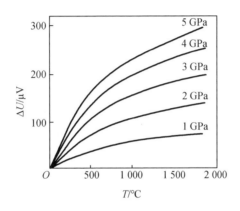

图 4.12　S 型热电偶电动势的压力修正曲线

一般情况下,高压腔体内同时存在压力梯度和温度梯度,热电动势的高压修正很复杂,测量也很困难,只好估计它的影响。人们通常假定在压力梯度区的温度是均匀的,以此来进行修正。每次实验的条件不可能完全一致,不同实验室给出的结果也不尽相同。总的看来,热电偶的压力修正值相差不大,例如在 1 000 ℃、5 GPa 时,S 型热电偶的各种测量结果之间的差别为 2%~4%。热电偶的热电动势不仅与热端温度、冷端温度和压力有关,还会受到非均匀应变、电旁路、化学污染、热端位移等因素的影响。在高压腔体内,压力并不是均匀分布的,热电偶因此发生塑性形变,引起热电动势的变化,但对 S 型和 K 型 (Ni10%Cr-NiAlSi)热电偶的影响不大,占总压力修正值的百分之几。

高温高压下材料的电阻会发生变化,需要选择合适的传压介质,以避免电旁路。叶蜡石的电阻在高温下急剧下降,绝缘性能变坏。而 MgO、六方 BN 和 Al_2O_3 等材料在高温高压下的电阻仍然远远高于热电偶的电阻,电旁路可以忽略。例如,在 3 GPa 的压力下 300 ℃时 Al_2O_3 的电阻为 $10^7 \Omega$ 数量级(高压腔体的尺寸范围),当温度升高到 2 000 ℃时,电阻下降到 0.1～1 kΩ,远高于热电偶典型的电阻(0.1 Ω)。高温下使用叶蜡石作为传压介质时,需要使用如上材料制成的高电阻绝缘管。

如果热电偶在高温下被污染,其热电动势将会发生漂移。S 型热电偶的抗污能力较强,1 400 ℃在六方 BN 和 NaCl 传压介质中放置几个小时仍然保持稳定的热电动势,1 700 ℃在 Al_2O_3 中放置 1 个小时几乎无化学污染。抗污染能力更强的是 B 型双铂铑热电偶(Pt30%Rh-Pt6%Rh),其热电动势的压力修正值很小,基本不必进行修正。图 4.13 为 S 型和 B 型热电偶的温度与加热功率关系曲线,由图可见,未经修正的 B 型热电偶的温度-功率曲线与修正过的 S 型热电偶曲线几乎一致。温度为 2 100 ℃时,C 型热电偶(W5%Re-W26%Re)在 Al_2O_3 中放置 30 min,化学污染可忽略不计。

高压腔体内存在温度梯度,有时会非常大,因此热电偶的焊点即热端应尽量接近样品。高压作用下,由于传压介质的流动,热端可能会发生移动,给测温带来相当大的误差。例如,经过 15 GPa 的压力作用,正八面体装置中 C 型热电偶的热端位移可达 500 μm,测温误差达 200 ℃。传压介质的流动还会使热电偶线受到拉伸和剪切力,发生塑性变形也会对测温产生影响。

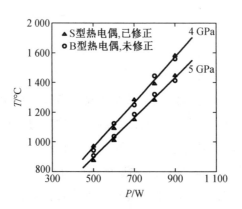

图 4.13 S 型和 B 型热电偶的温度-加热功率校正曲线

用热电偶测温时从高压室引出测量线时需要注意,有些热电偶线的强度很低,如 Pt 加压时容易切断,造成断路。切断主要出现在密封材料区,特别是密封区与高压室交界处。使用并列的导电加强丝可提高测温的成功率。如果热电偶线在某处切断,由于加强丝的存在仍可接通电路。由于这一小段加强丝上的压力和温度基本相同,不会引入太多的附加电动势。

值得注意的是,使用不同类型热电偶时,测温的结果会有差别。在 5 GPa 的压力下温度从室温升高到 1 500 ℃,C 型和 S 型热电偶示出的温度差从+5 ℃ 降低到-15 ℃;而在 15 GPa 的压力下,从室温到 1 800 ℃,这个温度差从+25 ℃ 降低到-35 ℃。测温时还需要考虑热电偶本身的导热问题,这可能使高压腔体 散失太多热量,导致升温速率过慢以及压砧过热。一般采用直径尽量小的热电 偶丝来减小导热效应。工业生产中,如人工合成金刚石,不可能每次都加上热 电偶。为此需要对加热功率和高压室温度之间的关系进行定标,做出如图 4.13 所示的曲线。然后通过设定加热功率来大致控制高压下的温度。如果使用的 是标准组件,整个电回路中电阻和散热情况基本恒定,那么电功率和温度关系 的重复性较好,而且是接近线性的。在高压低温条件下进行温度测量,需要使 用 T 型热电偶(Cu-Cu43%Ni)。金刚石压机的高压腔体非常小,约为 10^2 μm 数 量级,在内加热工作方式下,若无法将热电偶引入其中,可利用黑体辐射定律来 进行测温。通过测量高压腔体内样品的热辐射谱与普朗克(Planck)黑体辐射 公式(4.2.2)进行拟合,可以确定样品的温度。

$$I_\lambda(T) = \varepsilon_\lambda \frac{2\pi hc^5}{\lambda^5} \frac{1}{e^{hc/k_B\lambda T} - 1} \tag{4.2.4}$$

式中,$I_\lambda(T)$ 为温度 T 时波长为 λ 的光谱出射强度;ε_λ 为发射率;$h = 6.626 \times 10^{-34} J \cdot S$,为 Planck 常数;$c = 3 \times 10^8 m/s$,为光速;$h = 6.626 \times 10^{-34} J \cdot S$,为 Boltzmann 常数。

测温系统的光谱响应通过钨灯进行校准,以确保高精度的温度测量。在高 压腔体中,两侧的温度分别进行测量,并通过调节激光的分束比例以平衡这两 侧的温度。这种基于辐射的测温方法属于直接测温方法,而使用热电偶的测温 则被分类为间接测温方法。在 1 500 K 以下,辐射测温方法的误差相对较大;然 而,在 1 500 K 以上,辐射测温相比于热电偶测温具有明显的优势。热电偶的电 动势易受到应力、化学污染等因素的影响,并且需要直接安装在高压腔体内,而 辐射测温则可以实现无损测量,不会干扰样品所处的环境。利用辐射测温方 法,可以测量极小的高压样品,例如直径为 15 μm、厚度为 10 μm 的样品,样品 上的温度为 3 000±20 K。然而,所研究样品并非绝对黑体,所以辐射测温方法 的误差主要来源于样品发射率 ε_λ。样品发射率依赖于样品特性,并且与压力、 光谱波长的关系也没有系统的研究结果。对于透明样品而言,由于其样品发射 率极低,这一问题尤为显著,可能导致测温精度受到较大影响。

　　另一个光学测温方法是利用光的非弹性散射,即 Raman 散射。如图 4.14 所示,具有特定频率为 ν_0 的入射光与物质相互作用,将物质激发至虚能级,如果回到初始能级,将发射与入射光频率相同的光,这是 Rayleigh 散射;如果初始时刻物质处于基态,与入射光作用后回到激发态,发出频率为 $\nu_0-\Delta\nu$ 的光,称为 Stokes 散射,其中 $\Delta\nu$ 为以频率表示的基态和激发态的能级差;如果初始时刻物质处于激发态,而与入射光作用后回到基态,将发出频率为 $\nu_0+\Delta\nu$ 的光,称为反 Stokes 散射。在散射光中,这三种频率的光同时存在,其中 Rayleigh 散射的强度最高。由于处于激发态的分子数通常小于处于基态的分子数,因此 Stokes 散射的强度通常高于反 Stokes 散射,如图 4.15 所示。

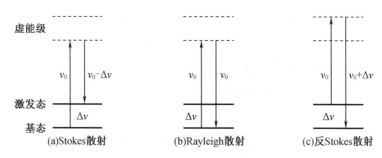

图 4.14　Raman 散射过程示意图

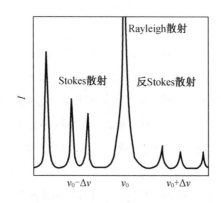

图 4.15　典型的 Raman 光谱

　　Stokes 散射和反 Stokes 散射的强度比是由各自对应的能态的布居数决定的。具体而言,Stokes 散射的强度正比于基态的布居数,而反 Stokes 散射的强度则正比于激发态的布居数。因此,这两种散射的强度比与样品的温度密切相关。这个比例关系可以被用来准确测定样品的温度,因为温度越高,激发态的布居数相对于基态的布居数就越高,导致反 Stokes 散射相对于 Stokes 散射的强度增加。这种依赖于温度变化的特性使得 Stokes 和反 Stokes 散射成为测定温度的有效方法。根据 Boltzmann 分布可得

$$I_A/I_S = (\nu_A/\nu_S)^4 e^{-\Delta\nu/k_B T} \tag{4.2.5}$$

式中,I_A 和 I_S 分别为反 Stokes 和 Stokes 散射峰的强度;ν_A 和 ν_S 分别为反 Stokes 和 Stokes 散射峰的频率;$\Delta\nu$ 为 Raman 位移。

通过测量 Stokes 和反 Stokes 散射峰的强度和频率,可以直接得到样品的绝对温度 T。这种测温方法的显著优点是它不依赖于激发光的频率,因此具有广泛的应用范围。例如,J. F. Lin 等研究人员在金刚石压机中对 ^{57}Fe 样品进行激光加热,并通过测量 ^{57}Fe 的核共振非弹性 γ 射线散射的 Stokes 和反 Stokes 峰,成功地在 73 GPa 的压力下测定了高达 1 700 K 的温度。这种方法为高压高温环境下的精确温度测定提供了一个有效的工具。

4.3　高温下压力的测量

前述的压力定标方法主要是针对室温条件进行的。然而,在高压环境中,当压机加热至高温时,热应力会对腔内压力产生显著影响。例如,内加热会导致压腔内部的热膨胀大于外部,从而引起压力上升。高温状态下,材料的屈服强度会降低,这对传压介质和密封材料的性能影响尤为明显。在高压的作用下,这些材料会发生流动并最终达到一个新的平衡状态。温度的升高进一步促进了材料的流动性,从而导致压力降低。此外,高温还会改变压砧与密封材料之间的摩擦阻力,这会引起外加载荷在密封材料和样品之间的重新分配,从而改变样品处的实际压力。因此,常温下所得到的压力-载荷定标曲线在高温条件下可能不再适用,需要进行重新定标以确保精度和可靠性。

物质的状态方程描述了压力 P、体积 V 和温度 T 三个变量之间的关系。因此,通过使用具有已知状态方程的材料来测量其在高温下的体积变化,可以方便地进行压力测定。例如,NaCl 压标、MgO 压标、Au 压标等都可以直接用于高温环境中的压力测量。这些材料的状态方程能够提供必要的数据,帮助科学家准确地计算出在不同温度条件下的压力值。

对于已知相图的物质,可以通过观察两相之间的相界来定标高温下的压

力。例如,可以使用石墨到金刚石的转变或石英到柯石英的多晶型转变对应的压力-温度(P-T)关系进行压力测量。此外,利用金属熔点随压力变化的方法也是一种有效的压力测定手段。特别是对于 Au、Ag 和 Cu 这些金属,其熔化曲线已经被广泛研究,这些材料的熔点可以在高达 1 000 °C 的温度和 5 GPa 的压力下进行精确测量。

Au、Ag 和 Cu 的熔点与压力之间的关系可通过一个多项式来描述,表示为

$$T_m = T_0 + b_1 P + b_2 P^2 + b_3 P^3 + \cdots \tag{4.3.1}$$

式中,T_m 为熔点;b_1、b_2、b_3 和 T 均为常数;P 的单位为 GPa;T 单位为℃。

表 4.1 列出了 Au、Ag 和 Cu 的拟合参数。

表 4.1 Au、Ag 和 Cu 的拟合参数

元素	T_0/°C	b_1	b_2	b_3
Au	1 062.1	54.356	1.075 3	−0.249 27
Ag	958.97	58.568	−1.1056	
Cu	1 082.81	34.179	9.3462	−0.168 12

不同类型的热电偶在高压环境中的热电动势修正值会有所不同,这些差值随压力变化,可以利用此特性同时测量压力和温度。这种测量技术要求所使用的热电偶在高温高压条件下必须保持稳定,且两个热电偶的热电动势差值要足够大,同时两个焊点的位置需要尽可能接近以确保准确测量。例如,有研究采用了 Fe-Pt10% Rh 和 Pt-Pt10% Rh 两种热电偶组合,成功地测量了直至 1 400 °C 和 5.5 GPa 的金刚石合成区的压力和温度。如图 4.16 所示,其中 a、b 或 b、c 之间的输出用于温度测量,而 a 和 c 之间的输出则用于压力测量。然而,尽管这种方法在理论上可行,但由于操作复杂性高和测量精度较低,在实际应用中很少采用。

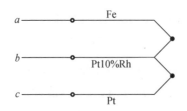

图 4.16 双热电偶法测温测压的连线

如果高压腔配备了透明窗口,光学方法可以便捷且迅速地用于压力测定。在常温条件下,红宝石压标是金刚石压机和宝石压机等设备中常用的压力测量工具。然而,在高温环境下,红宝石的荧光峰往往变得难以区分,且荧光特性受温度的影响较大,这会导致测压误差增加。因此,红宝石压标通常仅适用于400 ℃以下的压力测量,超过此温度,其测量的可靠性和准确性会受到限制。

在高温环境下进行压力测定时,选择的压标物质需要具备几个关键特性:足够高的荧光强度、清晰的单一荧光峰、较大的压力系数,以及较低的荧光背景噪声。与3d电子相比,4f电子位于原子的内壳层,受到的晶体场影响较小,因此由4f电子跃迁产生的荧光峰通常更窄,更适合高精度的压力测量。在高温条件下,含有4f电子的稀土离子是理想的压标候选物。如含Sm和含Eu的钇铝石榴石(Sm:YAG和Eu:YAG)就显示了出色的测压性能。这些材料不仅保持了荧光峰的稳定和窄宽,而且其荧光峰的位置对压力的敏感性高,使它们成为高温下理想的压力标定物质。

图4.17和图4.18展示了红宝石与Eu:YAG在温度变化下的荧光峰表现对比。随着温度升高,红宝石的荧光峰表现为红移,而Eu:YAG则表现为蓝移,两者的变化均呈线性。Eu:YAG的温度系数相对于红宝石来说较小,常压下的变化率约为-5.4×10^{-4} nm/℃。当压力增加时,两者的荧光峰都呈线性趋势向红端移动,但Eu:YAG的压力系数在室温下约为0.197 nm/GPa,低于红宝石。然而,值得注意的是,Eu:YAG在700 ℃或7 GPa以上的条件下,荧光峰的宽化现象变得严重,这会导致测压误差增大。因此,Eu:YAG适用于在700 ℃和7 GPa以下的温度和压力范围内进行压力测量。

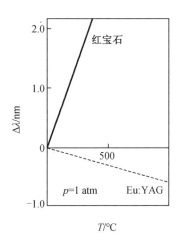

图4.17 不同温度下红宝石和Eu:YAG的荧光峰位

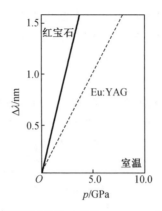

图 4.18 不同压力下红宝石和 Eu:YAG 的荧光峰位

B、E、J、K、N、C、R、S 和 T 型热电偶是常用的热电偶类型,每种型号的组成材料及其适用的温度范围均有所不同。表 4.2 详细列出了这些热电偶的相关信息,包括各自的组成材料、适用温度范围以及其他重要特性。这些信息对于选择合适的热电偶以应对特定的测量需求至关重要。

表 4.2 各种热电偶的材料和性能

型号	组成材料	适用温度/°C	特性
B	Pt30% Rh (+) — Pt6% Rh (−)	200 ~ 1700	非还原气氛使用,高温性能优于 S 型热电偶
E	Ni10% Cr (+) — Cu43% Ni (−)	0 ~ 870	非还原气氛使用,热电动势高
J	Fe (+) — Cu43% Ni (−)	−190 ~ 760	灵敏度高,稳定性好
K	Ni10% Cr (+) — NiMnAlSi (−)	0 ~ 1 260	非还原气氛使用,热电动势高,稳定性好,抗氧化性能强
N	Ni14.2% Cr1.4% Si (+) — Ni4.4% SiO.1% Mg (−)	0 ~ 1 260	非还原气氛使用,综合性能优于 K 型热电偶
C	W5% Re (+) — W26% Re (−)	0 ~ 2 800	惰性气体或还原气氛使用,加热后变脆
R	Pt13% Rh (+) — Pt (−)	0 ~ 1 500	非还原气氛使用,性能与 S 型热电偶相似

表 4.2(续)

型号	组成材料	适用温度/°C	特性
S	Pt10% Rh（+）— Pt（−）	0 ~ 1 500	非还原气氛使用,测温准确
T	Cu（+）— Cu43% Ni（−）	−200 ~ 350	不能用于高温,线性好,测温准确,稳定性好

　　图 4.19~图 4.23 展示了表 4.2 中列出的各种热电偶常压下的热电动势随温度变化的关系。通过这些图表,可以全面了解和优化热电偶的性能,从而确保其在各种应用场合中的准确性和可靠性。

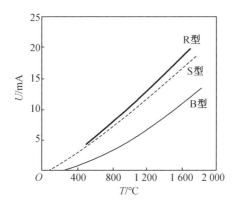

图 4.19　Pt 及 Pt−Rh 合金组成热电偶的热电动势随温度的变化

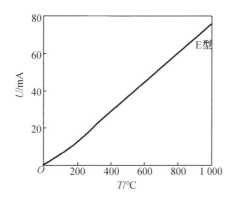

图 4.20　E 型热电偶的热电动势随温度的变化

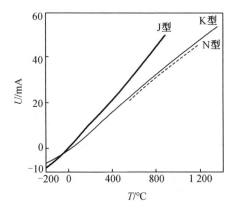

图 4.21 J 型、K 型和 N 型热电偶的热电动势随温度的变化

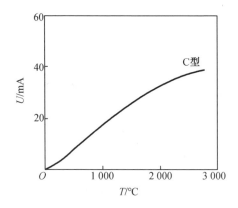

图 4.22 C 型热电偶的热电动势随温度的变化

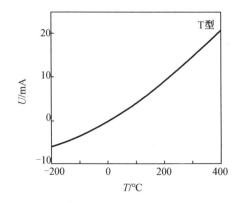

图 4.23 T 型热电偶的热电动势随温度的变化

为了测温准确,热电偶不能受到污染,且不能存在应力,因此在使用之前需要对热电偶进行清洗和退火处理,以消除加工和存储过程中引入的应力和污染。以S型热电偶为例,使用前需要进行适当的处理,以确保其热电偶测量温度的准确性和可靠性。首先,需要对热电偶表面进行清洁,即化学处理。先用适当的酸溶液进行酸洗,以去除氧化物和其他污染物,然后用四硼酸钠溶液进一步清洗,最后用清水彻底冲洗干净。其次,需要去除热电偶线中的应力,即进行热处理。在1 250 ℃至1 450 ℃的环境中加热1 h,然后在1 100±20 ℃的环境中加热1~2 h。通过这些步骤,热电偶可以在使用前得到充分的清洁和应力去除,从而提高测量准确性和可靠性。

热电偶通常采用火花放电的方法进行焊接。焊接后的热电偶要求焊点呈球状,具有金属光泽,无污染、无裂纹和夹杂物,其直径应为电偶线直径的两倍左右。此外,热电偶的两条线必须接合牢固,以确保测量的可靠性。为了确保热电偶在极端环境下测量温度的稳定性和准确性,通常会使用多孔陶瓷管来保护热电偶,并起到电绝缘的作用,如图4.24(a)所示。在使用四孔陶瓷管时,可以将两个热电偶线交叉连接,这样可以省去焊接的步骤,如图4.24(b)所示。这种方法不仅简化了操作过程,还能提高连接的牢固性和可靠性。通过这些步骤,可以确保热电偶在使用中的测量准确性和耐久性。

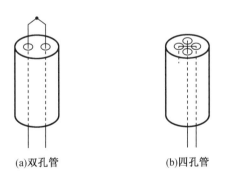

(a)双孔管　　　　　(b)四孔管

图4.24　热电偶与多孔陶瓷管的装配

参 考 文 献

［1］ PIERMARINI G J,BLOCK S,BARNETT J D,et al. Calibration of the pressure dependence of the R, ruby fluorescence line to 195 kbar ［J］. Journal of Applied Physics,1975(46):2774-2780.

［2］ SYASSEN K. Ruby under pressure ［J］. High Pressure Research,2008(28): 75-126.

［3］ MAO H K,BELL P M,SHANER J W,et al. Specific volume measurements of Cu,Mo,Pd and Ag and calibration of the ruby R,fluorescence pressure gauge form 0. 06 to 1 Mbar ［J］. Journal of Applied Physics, 1978 (49): 3276-3283.

［4］ DEWAELE A,LOUBEYRE P,MEZOUAR M. Equations of state of six metals above 94 GPa ［J］. Physical Review B,2004(70):094112.

［5］ ZHA C S,MAO H K,HEMLEY R J. Elasticity of MgO and a primary pressure scale to 55 GPa ［J］. Proceedings of National Academy of Sciences, 2000 (97):13495-13499

［6］ EREMETS M I. High Pressure Experimental Methods ［M］. New York:Oxford University Press,1996.

［7］ 王华馥,吴自勤. 固体物理实验方法 ［M］. 北京:高等教育出版社,1990.

［8］ 吉林大学固体物理教研室高压合成组. 人造金刚石 ［M］. 北京:科学出版社,1975.

［9］ ARASHI H,ISHIGAME M. Diamond anvil pressure cell and pressure sensor for high－temperature use ［J］. Japanese Journal of Applied Physics, 1982 (21):1647-1649.

［10］ FEI Y,MAO H K. In-situ determination of the NiAs phase of FeO at high pressure and temperature ［J］. Science,1994(266):1678-1680.

［11］ ZHA C S,BASSETT W A. Internal resistive heating in diamond anvil cell for in situ X－ray diffraction and Raman scattering ［J］. Journal of Chemical Physics,2003,74(3):1255.

[12] EREMETS M I,GREGORYANZ E,STRUZHKIN V V,et al. Electrical conductivity of xenon at megabar pressures [J]. Physical Review Letters, 2000(85):2797-2800.

[13] EREMETS M I,STRUZHKIN V V,HEMLEY R J,et al. Superconductivity in boron [J]. Science,2001(293):272-274.

[14] LI J,HADIDIACOS C,MAO H K,et al. Behavior of thermocouples under high pressure in a multi-anvil apparatus [J]. High Pressure Research,2003 (23):389-401.

[15] LIN J F,STURHAHN W,ZHAO J Y,et al. Absolute temperature measurement in a laser-heated diamond anvil cell [J]. Geophysical Research Letters,2004(31): L14611.

[16] P·A·金齐. 热电偶测温[M]. 陈道龙,译. 北京:原子能出版社,1980.

[17] DECKER D L. Equation of state of NaCl and its use as a pressure gauge in high-pressure research [J]. Journal of Applied Physics,1965(36):157-161.

[18] DECKER D L. High-pressure equation of state for NaCl,KCl and CsCl [J]. Journal of Applied Physics,1971(42):3239-3244.

[19] BROWN J M. The NaCl pressure standard [J]. Journal of Applied Physics, 1971(86):5801-5808.

[20] MATSUI M,PARKER S C,LESLIE M. The MD simulation of the equation of state of MgO:Applications as a pressure standard at high temperature and high pressure [J]. American Mineralogist,2000(85):312-331.

第5章　基于高温高压 DAC 的原位热导率测量方案

5.1　基于 DAC 热导率测量的实验壁垒

高压极端条件可以创造常压难以形成的新结构,赋予材料新的功能特性,为材料的发现提供了机遇,在凝聚态物理学、材料学、超导物理学和地球物理学等领域中都具有重要意义。高压实验技术是进行高压极端条件下材料物性研究必不可少的手段,所有高压下产生的奇异科学规律和物理化学性质,都需要借助高压原位探测技术来呈现和捕捉。高压极端条件下物质热导率的压力依存性及其导热机理对于许多实际应用非常重要,例如,了解地球深部动力学、地球的热历史、热管理、高性能半导体功能材料的合成及高温超导机理的研究。金刚石对顶砧(DAC)是唯一能达到甚至超过地心压力(360 GPa)的静高压产生装置。目前,围绕 DAC 进行的高压原位结构、光学、电学、磁学等原位表征方法已成为高压科学中日臻完善的研究手段。然而,作为物质的重要属性之一的"热输运性质",其研究方法在 DAC 上还不完善,许多科学与技术问题需要解决,主要表现为"实验技术难、方法创新难、数据获得难"。

热输运性质是物质本身的固有属性,其主要包含物质的热导率、热扩散系数以及热容,三者之间最重要的是表征导热性能的热导率。在高压科学领域有过重大贡献的 Bridgman 教授曾说:"在所有高压原位测量方法中,热导率测量是最困难的"。该认知至今为高压学界认可,如若在 DAC 上实现高温高压原位热导率的精准测量,其他热学问题将迎刃而解,因此应着重实现 DAC 上高温高压热导率原位测量的技术突破。

目前,依托 DAC 装置的瞬态激光闪烁法是直接测量高压热扩散系数的主要方法之一,该方法特别适用于 1 400 K 以上高温环境的测量。其核心思想是利用脉冲激光对样品进行瞬时加热,同时利用光学手段测量随时间变化的样品温度数据,通过非平衡态热传导方程得出样品热扩散系数同压力的变化之间的关系。激光闪烁法的优点是利用非接触的方式实现热扩散系数的原位测量,其测试周期短、对样品的边界条件要求相对较低,然而该方法也仍存在着明显的技术壁垒和局限性。

(1)瞬态激光闪烁法只能测量高压热扩散系数,并不适用于直接测量热导率。一个完整的热输运过程,应该由物质的热导率、比热容和热扩散系数三个热物性参数共同描述。瞬态激光闪烁法中,只有已知激光的热流,才能已知热导率,从而获得完整的物质热输运过程。然而,要在实验过程中获得准确的激光热流依旧十分困难,因此基于该方法测量热输运物理量还尚不完备。

(2)瞬态激光闪烁法存在界面热传导非平衡态过程和系统非热流平衡态。利用激光脉冲加热夹在样品之间的 Pt 薄片或是样品表面所镀的金属使样品升温加热过程中,吸收片温度瞬间升高,会导致吸收片和样品的界面处存在一个无法定量描述的非平衡态热传导过程。此外在光激发时,被探测系统处于非热流平衡态,其所得到的系统热参数只能反映在相应状态下的物理性质,却不能测量准静态下的热物性。

DAC 中稳态加热方式相比于激光加热方式可以获得稳定的温度环境,模拟的温压环境更贴近实际问题。耶鲁大学的 Z. X. Du 等人为 DAC 研制了一种环形石墨加热器,此种加热器不但发热量高,而且由于具有较好的柔性,其可与金刚石压砧直接接触,提高传热效率,样品加热温度可达 1 300 K。冈山大学行星物质研究所的 H. Ozawa 等研发了一种以硼掺杂金刚石为电阻加热的 DAC,加热温度达到 2 500 K 时,其温度稳定时间>1 h,且径向温度分布均匀,极限条件下最大加热温度大于 3 500 K。劳伦斯伯克利国家实验室的 J. Yan 等为 BX90 DAC 研制了环形加热器,其内部装有钨丝线圈,并耦合 Ar + 2% H₂ 气体以防止实验过程中氧化,其加热温度可达 1 700 K,结合 X 射线衍射可以实现原位研究。东京工业大学的 Y. Okuda 等为外加热 DAC 研制了一种 SiC 筒式加热器,其加热温度可达 1 500 K,压力可达 90 GPa,该装置的测温不确定度约为 5%,与光学系统、复杂的垫片组件相结合,在高压高温条件下实现传输特性的测量方面有较大潜在应用价值。综上所述,在 DAC 上实现高压原位热扩散系数的测量还是相对容易的。如果获得了热导率的数据,利用三者之间的数学关系计算热容,就能获得完整描述高温高压极端条件下热输运过程的全部热力学参量,然而现有的实验技术还不能实现高温高压热导率的原位测量。因此,要在揭示超高温高压下物质的热输运性质上有所突破,除了实现 DAC 上热导率原位测量科学方法上的创新,别无他途。

5.2 高温高压 DAC 热导率测量方法设计

稳态热流场下基于 DAC 装置的稳态测量方法,能解决现有方法无法对准静态过程开展研究和获得的热学量不完备的问题。如果将 DAC 上实现热导率测量寄托在解决热量标定难题上,目前尚无出路。要实现突破,改变思路才是解决问题的关键。热量遵循从高温区向低温区流动的物理规律,温差是热量流动的驱动力。DAC 内热量流动同样遵循此规律,在稳恒热流条件下,由于 DAC 内的温场和热流都不随时间变化,热流维持温场,温场驱动热流,两者互成因果关系。所以,热流分析问题在稳态环境中可以通过温场分布来计算。因此本节我们打算采用温场计算的新思路,避开热流标定的障碍,实现热导率测量。

DAC 高压装置具有轴对称的特点,样品和垫片都按照轴对称方式组装,这为温度场分析提供了便利条件。此外,样品、垫片以及压砧属于连续介质材料,可以通过应用连续介质方程和合适的数值求解方法,有效地计算并分析高压实验中的温度分布。有限元分析方法是连续介质内力场、电磁场以及温度场分析的有力工具,能够给出这些物理量在连续介质内的分布,在科学和工程等领域有广泛的应用。

DAC 内的温度场也是在压砧、垫片和样品这些连续介质上分布的,因此可以利用有限元进行分析计算。将研究的物理对象 DAC 压机关键部件分割成有限数量的小单元,构建成一个网格。每个单元内部的物理性质被视为均匀的。通过限定模型的热边界条件,包括环境温度、热流入或流出的边界以及任何内部热源(如由于电阻加热产生的热量),输入各部件对应的热导率、密度和比热容等相关物性参数,应用能量守恒的热平衡方程对整个网格进行求解,以得到各节点的温度分布。通过分析模拟得到的温度分布,可以对实验设计进行优化或评估材料性能。如果已知实验中的温度分布,可以通过调整模拟中的材料的热导率参数,使模拟结果与实验数据相吻合,从而准确地反推材料的热导率。通过有限元模拟与实验数据的结合,反推得到材料的热导率等重要热物理参数,这种思路对于研究不易直接测量的高温高压条件下的材料性能研究具有重要意义。

因此我们建立了如图 5.1 所示的实验模型,这个模型有四个温度测量点,需要通过实验测量获得。当样品、垫片、金刚石压砧中有任何两个组件热导率已知,就可以通过以 $t_n(n=1,2,3,4)$ 测量值约束的有限元计算结果来确定剩余组件的热导率和温度分布。显然,当金刚石压砧、垫片的热导率已知后,样品的热导率就可以计算出来。使用这个方法,样品中的热流无须直接测量,实验中需要测量的仅仅是压砧、样品和垫片的尺度以及四个给定位置的温度数值。将这些实验测量值输入有限元软件中,就可以计算出样品的热导率。

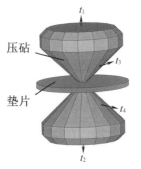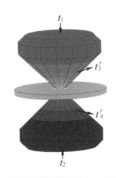

(a)实验装置及热电偶布置示意图　　(b)有限元模拟温场分布云图

图 5.1　实验模型

具体实验过程如下,当已知压砧、垫片热导率的情况下,实验装置的温度分布仅由样品热导率决定。实验部分:我们测量如图 5.1 所示的上下两颗压砧底面中心以及侧棱 1/2 处温度,依次记为 $t_n(n=1,2,3,4)$;理论模拟部分:有限元模型根据实际实验尺寸构建,压砧和垫片已知热导率对应输入。将实验测量温度 t_1、t_2 作为热边界条件代入有限元模型,t'_3、t'_4 为有理论模拟温度,由于在约束边界条件的情况下,实验装置温度分布仅由样品热导率决定,因此我们通过模拟改变样品热导率,直至模拟温度 t'_3、t'_4 均与实验测量温度 t_3、t_4 吻合,此时有限元模拟所对应的热导率输入值,即为被测样品热导率的实际值。

本方案的热导率测量思路是以 DAC 高温高压下实验测量得到的温度数据作为约束条件,依据实验条件构建温场分析模型,利用有限元分析方法计算DAC 内核心区域的温场分布,给出与实验测量点位置相同的温度计算数据,通过与实际测量温度数据的对比,确定样品热导率。该方案可以有效避免热流标定所导致的技术障碍,采用实验温度测量与有限元分析计算相结合的思路最终实现样品热导率的测量,为稳恒热流条件下 DAC 装置内的热导率测量提供了可能。为了确保实验方案的有效实施,我们同样需要稳态法热导率测量必要的温度梯度并尽量降低诸多因素所造成的热损耗和热干扰,为此,一套更适合实验方案的实验装置有待被设计并搭建。

实验方案涉及 4 个测温点同步的温度读取,需要多通道数据测量,本节选取 Keithley 2700 多功能数字测量仪。常规采购 Keithley 2700 仅可实现单通道温度读取,需要添加 7709 扩展板卡,下面主要介绍扩展板卡的连接及使用。

如图 5.2 所示,扩展板卡外接端为 50 芯 D 针(母头),构造 6×8 矩阵,最多可实现 8 通道同步数据测量(图右上角矩阵 Columns 端 1~8 通道),每个通道对应各自的正负输入端,即 Col X Hi 及 Col X Lo(X 依次为 1~8),6×8 矩阵及 50 芯对应关系如图 5.2(b)所示。

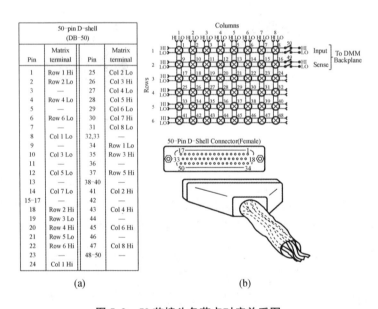

图 5.2　50 芯接头各节点对应关系图

依据上述判断,即可确定热电偶低温段正负极(正极红线、负极黄线)与 50 芯 D 针(公头)连接线的对应关系,8 个通道正(负)端对应 50 芯连接线颜色依次为:紫(黄黑)、绿黑(粉绿)、白(深蓝黑)、紫黑(浅蓝绿)、灰黑(浅蓝)、白黑(白蓝)、黑灰(粉黑)、浅蓝黑(浅蓝蓝)。(热电偶及连接线批次不同或许颜色会有差异,可根据上述方法自行判断选取)

仪表及热电偶连接完毕,Keithley 2700 一键切换输入信号,将控制面板调至 7709 输入(后面板),利用 USB488 连接仪表及电脑,读取温度。

操作软件 KickStart 实现多点温度的同步测量,具体操作流程如下:

第一步:创建一个新的测试,可通过图 5.3 左上角新建按钮实现。

图 5.3　创建一个新的测试

第二步:仪器配置,添加 Keithley 2700,如图 5.4 所示。

图 5.4　仪器配置

第三步:测试应用选项中选中 Date Logger,如图 5.5 所示。

图 5.5　测试应用选项

第四步：如图 5.6 所示，工作菜单中单击 Channel Configuration，通过 Add Group 添加工作名称，在 Function 中选择温度读取 Temperature（软件可同步测量电压、电流、电阻及温度），最后选择对应的通道，最多可以添加 8 个通道同时测温。

图 5.6　工作菜单

第五步：在 ScanList Configuration 菜单栏将停止方式（Stop Test）修改为手动按键（Stop Test Button），可以自行调节扫描间隔时间（Number of scans），如图 5.7 所示。

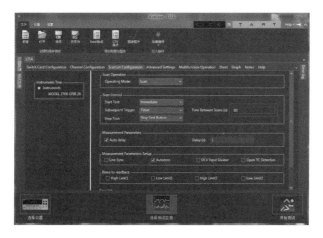

图 5.7　ScanList Configuration 菜单栏

第六步：开始测试，在 Sheet 菜单栏中可以读取每个通道温度随时间的变化关系，如图 5.8 所示。

图 5.8　开始测试

第七步：停止与保存，单击上方菜单栏 Excel 即可实现数据保存。

参 考 文 献

［1］ CHAPMAN D S. Thermal gradients in the continental crust［J］. Geological Society, London, Special Publications, 1986, 24(1):63-70.

［2］ MARTON F C, SHANKLAND T J, RUBIE D C, et al. Effects of variable thermal conductivity on the mineralogy of subducting slabs and implications for mechanisms of deep earthquakes［J］. Physics of the Earth and Planetary Interiors, 2005, 149(1/2):53-64.

［3］ STACEY F D, LOPER D E. A revised estimate of the conductivity of iron alloy at high pressure and implications for the core energy balance［J］. Physics of the Earth and Planetary Interiors, 2007, 161(1/2):13-18.

［4］ YANAGAWA T K B, NAKADA M, YUEN D A. Influence of lattice thermal conductivity on thermal convection with strongly temperature-dependent viscosity［J］. Earth, Planets and Space, 2005, 57(1):15-28.

［5］ VEKSLER I V, HOU T. Experimental study on the effects of H_2O upon crystallization in the Lower and Critical Zones of the Bushveld Complex with an emphasis on chromitite formation［J］. Contributions to Mineralogy and Petrology, 2020, 175(9):85.

［6］ STACEY F D, LOPER D E. A revised estimate of the conductivity of iron alloy at high pressure and implications for the core energy balance［J］. Physics of the Earth and Planetary Interiors, 2007, 161(1/2):13-18.

［7］ HSIEH W P, ISHII T, CHAO K H, et al. Spin transition of iron in δ-(Al, Fe) OOH induces thermal anomalies in earth's lower mantle［J］. Geophysical Research Letters, 2020, 47(4):e2020GL087036.

［8］ HSIEH W P, GONCHAROV A F, LABROSSE S, et al. Low thermal conductivity of iron-silicon alloys at Earth's core conditions with implications for the geodynamo［J］. Nature Communications, 2020, 11:3332.

［9］ MENG X H, PANDEY T, JEONG J, et al. Thermal conductivity enhancement in MoS_2 under extreme strain［J］. Physical Review Letters, 2019, 122 (15):155901.

[10]　CAHILL D G,BRAUN P V,CHEN G,et al. Nanoscale thermal transport. II. 2003 – 2012[J]. Applied Physics Reviews,2014,1(1):011305.

[11]　GIRI A, HOPKINS P E. A review of experimental and computational advances in thermal boundary conductance and nanoscale thermal transport across solid interfaces [J]. Advanced Functional Materials, 2020, 30 (8):1903857.

[12]　SNYDER G J,TOBERER E S. Complex thermoelectric materials[J]. Nature Materials,2008,7(2):105−114.

[13]　YUAN K P,ZHANG X L,TANG D W,et al. Anomalous pressure effect on the thermal conductivity of ZnO, GaN, and AlN from first − principles calculations[J]. Physical Review B,2018,98(14):144303.

[14]　SUN Z H,YUAN K P,ZHANG X L,et al. Pressure tuning of the thermal conductivity of gallium arsenide from first − principles calculations [J]. Physical Chemistry Chemical Physics,2018,20(48):30331−30339.

[15]　LI W M,ZHAO J F,CAO L P,et al. Superconductivity in a unique type of copper oxide[J]. Proceedings of the National Academy of Sciences of the United States of America,2019,116(25):12156−12160.

[16]　SNIDER E, DASENBROCK – GAMMON N, MCBRIDE R, et al. Publisher correction:Room − temperature superconductivity in a carbonaceous sulfur hydride[J]. Nature,2020,588(7837):E18.

[17]　SOMAYAZULU M, AHART M, MISHRA A K, et al. Evidence for superconductivity above 260K in lanthanum superhydride at megabar pressures[J]. Physical Review Letters,2019,122(2):027001.

[18]　MEDVEDEV S, MCQUEEN T M, TROYAN I A, et al. Electronic and magnetic phase diagram of $\beta - Fe_{1.01}Se$ with superconductivity at 36. 7 K underpressure[J]. Nature Materials,2009,8(8):630−633.

[19]　JI C, LI B, LIU W J, et al. Ultrahigh − pressure isostructural electronic transitions in hydrogen[J]. Nature,2019,573(7775):558−562.

[20]　HOWIE R T,MAGDĂU I B,GONCHAROV A F,et al. Phonon localization by mass disorder in dense hydrogen − deuterium binary alloy [J]. Physical Review Letters,2014,113(17):175501.

[21]　HOWIE R T, DALLADAY – SIMPSON P, GREGORYANZ E. Raman

spectroscopy of hot hydrogen above 200 GPa[J]. Nature Materials,2015,14 (5):495-499.

[22] DALLADAY-SIMPSON P,HOWIE R T,GREGORYANZ E. Evidence for a new phase of dense hydrogen above 325 gigapascals[J]. Nature,2016,529 (7584):63-67.

[23] CELLIERS P M,MILLOT M,BRYGOO S,et al. Insulator-metal transition in dense fluid deuterium[J]. Science,2018,361(6403):677-682.

[24] LI Q,MA Y M,OGANOV A R,et al. Superhard monoclinic polymorph of carbon[J]. Physical Review Letters,2009,102(17):175506.

[25] PANGILINAN G I, LADOUCEUR H D, RUSSELL T P. All – optical technique for measuring thermal properties of materials at static high pressure [J]. Review of Scientific Instruments,2000,71(10):3846-3852.

[26] GONCHAROV A F, BECK P,STRUZHKIN V V,et al. Thermal conductivity of lower-mantle minerals[J]. Physics of the Earth and Planetary Interiors, 2009,174(1/2/3/4):24-32.

[27] GONCHAROV A F,STRUZHKIN V V,MONTOYA J A,et al. Effect of composition,structure, and spin state on the thermal conductivity of the Earth's lower mantle [J]. Physics of the Earth and Planetary Interiors, 2010,180(3/4):148-153.

[28] HSIEH W P, GONCHAROV A F, LABROSSE S, et al. Low thermal conductivity of iron – silicon alloys at Earth's core conditions with implications for the geodynamo[J]. Nature Communications,2020,11:3332.

[29] GONCHAROV A F, WONG M, ALLEN DALTON D, et al. Thermal conductivity of argon at high pressures and high temperatures[J]. Journal of Applied Physics,2012,111(11):6681.

[30] DU Z X,MIYAGI L,AMULELE G,et al. Efficient graphite ring heater suitable for diamond – anvil cells to 1 300 K [J]. Review of Scientific Instruments,2013,84(2):024502.

[31] OZAWA H,TATENO S,XIE L J,et al. Boron-doped diamond as a new heating element for internal-resistive heated diamond-anvil cell[J]. High Pressure Research,2018,38(2):120-135.

[32] YAN J,DORAN A,MACDOWELL A A,et al. A tungsten external heater for

BX90 diamond anvil cells with a range up to 1 700 K [J]. Review of Scientific Instruments,2021,92(1):013903.

[33]　OKUDA Y, KIMURA S, OHTA K, et al. A cylindrical SiC heater for an externally heated diamond anvil cell to 1 500 K [J]. Review of Scientific Instruments,2021,92(1):015119.

[34]　YUE D H,JI T T,QIN T R, et al. Accurate temperature measurement by temperature field analysis in diamond anvil cell for thermal transport study of matter under high pressures[J]. Applied Physics Letters,2018,112(8):1.

[35]　JIA C H,GAO Y,JI T T,et al. Effect of radiation-induced heat transfer on the temperature measurements in externally heated diamond anvil cells[J]. Japanese Journal of Applied Physics,2021,60(10):106501.

[36]　JIA C H,JIANG D W,CAO M,et al. Effect of deformation of diamond anvil and sample in diamond anvil cell on the thermal conductivity measurement [J]. Chinese Physics B,2021,30(12):124702.

[37]　JIA C H,CAO M,JI T T, et al. Investigating the thermal conductivity of materials by analyzing the temperature distribution in diamond anvils cell under high pressure[J]. Chinese Physics B,2022,31(4):040701.

[38]　MAO H K, BELL P M,SHANER J W, et al. Specific volume measurements of Cu,Mo,Pd,and Ag and calibration of the ruby R1 fluorescence pressure gauge from 0. 06 to 1 Mbar[J]. Journal of Applied Physics,1978,49(6):3276-3283.

[39]　MAO H K,XU J,BELL P M. Calibration of the ruby pressure gauge to 800 kbar under quasi-hydrostatic conditions [J]. Journal of Geophysical Research:Solid Earth,1986,91(B5):4673-4676.

[40]　RAGAN D D,GUSTAVSEN R,SCHIFERL D. Calibration of the ruby R_1 and R_2 fluorescence shifts as a function of temperature from 0 to 600 K[J]. Journal of Applied Physics,1992,72(12):5539-5544.

[41]　YEN J, NICOL M. Temperature dependence of the ruby luminescence method for measuring high pressures[J]. Journal of Applied Physics,1992, 72(12):5535-5538.

第6章　高温高压下金刚石的
热力学性质

6.1　研究背景和意义

金刚石具有独特的物理特性,它自身的高硬度、宽透过率、高热导率、低热膨胀系数等优异性能,使其在高温高压、光学材料、尖端工业等领域有极高的应用价值。由于金刚石极高的硬度,金刚石对顶砧被广泛应用于高压科学实验研究,是产生压力和进行原位物性测量不可缺少的关键材料。在以金刚石为核心的 DAC 上实现高温高压原位热输运性质的测量,对深入了解地球深部矿物质的性质以及地球演化过程有重要意义。由于高压原位矿物热输运属性的原位测量离不开对金刚石热属性本身的表征,金刚石的热膨胀系数、热容等热学属性以及其随温度、压力的演化规律极其重要,有必要对其进行系统地研究。

人们对金刚石的成因、几何结构、电子结构和物理特性已进行了大量研究,现大部分的工作主要集中于金刚石在高性能电子器件、微机电系统(mico electro mechanical system, MEMS)以及半导体等领域的应用研究。理论上利用以统计力学为基础的方法和以晶格动力学为基础的方法对金刚石高温性质的研究有相关的报道。实验上利用 X 射线衍射、同步辐射、红外光谱等手段对金刚石高温性质也有相应的研究。J. L. Warren 等利用非弹性中子散射测量了常压室温下金刚石的声子谱。S. Stoupin 和 Y. V. Shvyd'ko 利用 X 射线衍射法测量了 IIa 型和 Ia 型金刚石晶体在 10 K 至 295 K 的温度范围内的热膨胀系数,发现不同类型的金刚石晶体中无负热膨胀现象,并且不同类型的金刚石晶体热膨胀系数并无实质性差异。P. Jacobson 等利用多频爱因斯坦模型对现有文献的金刚石热膨胀数据进行分析,得到了可以相对准确描述 10 ~ 1 000 K 温度区间热膨胀系数的半经验表达式。S. S. Rekhviashvili 等利用量子统计方法计算了常压高温下金刚石的热容,通过晶格非简谐振动解释了热容的温度依赖性。B. Parsons 通过光谱测量研究了常压下金刚石的格林爱森系数,利用简谐恢复力和非简谐力解释了金刚石低温热力学行为。E. S. Zouboulis 等利用布里渊散射实验测量了常压下 300~1 600 K 温度区间内金刚石的弹性模量,实验数据显示温度升高到 1 600 K,其弹性模量仅降低约 8%,这表明即使在高温下,金刚石仍能保持其自身硬度。Z. J. Fu 等首次基于理论计算研究了高压下金刚石的弹性常数,得到了 0~500 GPa 内金刚石的弹性模量和体积模量随压力的变化关系。M. N. Valdez 等在准简谐近似下利用 Wu-Wentzvitch 方法计算了高温高压下金刚石的体积模量等弹性性质,结果表明金刚石各向异性系数随压力的增加而增加,各向异性系数增加到 40% 后,其不再受温度的调控。在这些研究中,Jacobson 等的工作引起了我们的兴趣,他们提出的多频爱因斯坦模型很好地描述了金刚石在一定温度下热膨胀系数的变化。但是随着温度的升高,多频爱因斯坦模型的拟合精度逐渐降低。随着温度的升高,模型高阶项的项数决定了拟合晶格热容的精度。同时该模型在高温下高估了金刚石的声子频率,低估了金刚石的晶格常数,这将导致高温下金刚石的热膨胀系数低于实验结果。

先前的文献都各自给出了金刚石在部分温度区域的热力学性质,而金刚石在压力作用下的热力学性质的变化规律还没有系统的报道过,有关高压下金刚石的诸多热力学性质还有待进一步研究。由于金刚石本身具有极高的硬度,在高压下测量金刚石的热力学性质是一项艰巨的任务,在实验技术方面仍然具有挑战性。鉴于此,本章利用基于 DFT 的第一性原理方法,计算了不同压力下金刚石的声子谱。在准简谐近似下研究了 2 000 K 和 100 GPa 温压范围内金刚石的热力学性质,并利用德拜模型和爱因斯坦模型分析了高压下金刚石的热力学性质的微观机制。

6.2　计算金刚石热力学性质的方法

6.2.1　理论方法

在第 2 章中,介绍了密度泛函理论和准简谐近似(QHA)等各方面基本知识。在准简谐近似下计算体系的热力学性质时,都是根据声子态密度来进行计算。准简谐近似,晶体原子间相互作用的非简谐效应体现在格波频率与晶体晶格常数的相关性上,而在特定的晶格常数下,格波频率与温度无关。在不同的晶格常数下,求得声子谱。由于热电子对自由能的贡献可以忽略不计,所以在我们的计算过程中不考虑其影响。因此,在 QHA 下我们可以得到金刚石高温下体系的亥姆霍兹自由能 $F(V,T)$ 表达式为

$$F(V,T) = U(V) + \frac{1}{2}\sum_{q,m} hw_{q,m}(V) + k_B T \sum_{q,m} \ln\{1 - \exp[-\frac{\hbar w_{q,m}(V)}{k_B T}]\}$$

(6.2.1)

式中,w 是振动频率,q 是波数矢量,$w_{q,m}$ 是第 m 个振动模式,V 是体积,T 是温度,k_B 是波尔兹曼常数。等式(6.2.1)第一项是在 $T=0$ K 时的静态能(通过第一性原理计算得到),该项只有体积相关,与温度无关。第二项是零点振动能,第三项是声子振动能,与体积和温度都有关。

平衡状态的熵 S 表达式为

$$S = -(\frac{\partial F}{\partial T})_V = \sum_q - k_B T \ln(1 - e^{-w_q/k_B T}) + \frac{w_q}{T}\frac{1}{e^{w_q/k_B T-1}}$$

(6.2.2)

吉布斯自由能 $G(T,P)$ 表达式为

$$G(T,P) = F(V,T) + PV$$

(6.2.3)

等式(6.2.3)说明,为了得到系统在一定的温度 T 和压强 P 下的自由能,首先要计算第一布里渊区的声子振动频率。然后通过改变体积,得到一系列体系的亥姆霍兹自由能。将亥姆霍兹自由能的结果拟合到解析的拟合状态方程,进而可得到自由能与温度的关系,导出平衡状态的体积 $V(P,T)$。常用的状态方程有 3 阶 Birch-Murnaghan 状态方程、4 阶 Birch-Murnaghan 状态方程、Vinet 状态方程等。本章采用 3 阶 Birch-Murnaghan 方程拟合在准简谐近似下计算金刚石的亥姆霍兹自由能与体积的关系。借助数值插值技术,可以获得在固定温度/压力下随压力/温度变化的吉布斯自由能。然后,就可以通过平衡体积得到一些热力学性质。

热膨胀系数 α 可以表示为

$$\alpha = -\frac{1}{V}(\frac{\partial V}{\partial T})_P$$

(6.2.4)

α 正是非谐效应的体现。

等容热容 C_V、等压热容 C_P、等温弹性模量 B_T 和格林爱森参数 γ_{th} 分别用如

下形式表示:

$$C_V = -\left(\frac{\partial U}{\partial T}\right)_V = \sum_j C_{V,j} = \sum_j k_B \left(\frac{w_j}{k_B T}\right)^2 \frac{e^{-w_j/k_B T}}{(e^{-w_j/k_B T} - 1)^2} + \frac{w_j}{T} \quad (6.2.5)$$

$$B_T = -V\left(\frac{\partial P}{\partial V}\right)_T = V\left(\frac{\partial^2 F}{\partial V^2}\right)_T \quad (6.2.6)$$

$$C_P = C_V\left(1 + \frac{\alpha^2 K_T V}{C_V}\right), K_T = -\frac{1}{V}\left(\frac{\partial V}{\partial P}\right)_T \quad (6.2.7)$$

$$\gamma_{th} = V\alpha K_T / C_V \quad (6.2.8)$$

6.2.2　计算细节

本章基于 DFT 的第一性原理,所有计算都在开源软件包 Quantum Espresso 中执行。交换关联泛函 GGA、LDA 的选择对金刚石的声子谱线的影响显著。对于不同的 k 点,LDA 泛函和 GGA 泛函描述的金刚石声子频率各有优劣,但总体而言 GGA 泛函描述的金刚石声子频率更为准确。超软赝势和 PAW 赝势的选择对金刚石的声子谱线的影响微弱。我们选用超软赝势来描述电子-离子相互作用,交换关联势采用 GGA 下的 Perdew-Burke-Ernzerhof(PBE)方法来描述电子之间的相互作用。为了得到准确的计算结果,我们对 k 点和截断能的取值都做了精确的收敛测试。相关计算的平面波截断能设定为 50 Ry,电荷密度和电势动能截断设定为 450 Ry,能量收敛精度设定为 10^{-8} eV。对于初始的原胞,在倒空间的第一布里渊区上使用 4×4×4 的 k 点网格,以 Monkhorst-Pack 形式进行积分。

我们采用线性响应方法(linear response method,LRM)对不同压力下的金刚石结构进行声子计算来获得晶格振动频率。在 Quantum Espresso 中利用变胞优化好的不同压力下的金刚石结构进行晶格振动频率计算,具体的计算步骤如下:

第一步:pw. x 程序进行电子密度自洽计算。

第二步:ph. x 程序对较小的 k 网格点进行动力学矩阵元计算。

第三步:q2r. x 程序将 k 空间的动力学矩阵变换成实空间的力常数矩阵。

第四步:加密 k 点。

第五步:matdyn. x 计算声子谱以及声子态密度。

利用 Phasego 软件包对能量-体积(E, V)数据和声子振动频率进行处理得到准简谐近似下体系的亥姆霍兹自由能。经常使用的状态方程有 3 阶或 4 阶

Birch–Murnaghan 状态方程、Vinet 状态方程、Natural strain 状态方程、多项式状态方程和对数状态方程等。当确定了不同体积和温度下的亥姆霍兹自由能时，我们通过拟合 3 阶 Birch–Murnaghan 状态方程得到平衡状态体积 $V(P,T)$。在准简谐近似下，通过平衡状态体积得到了 2 000 K、100 GPa 温压范围内金刚石在高温高压下的热力学性质。

6.3　结果与讨论

6.3.1　高压下金刚石的声子特性

依据几何优化和内坐标弛豫后的晶胞参数，我们利用 Quantum Espresso 软件在 0~100 GPa 压力范围内沿第一布里渊区高对称方向 Γ–K–X–Γ–L–X–M–L 对金刚石的声子色散曲线和相应的振动态密度(VDOS)进行了计算。图 6.1 绘出了在 0 GPa，50 GPa，100 GPa 压力下金刚石的声子色散曲线。图 6.2 汇总了在 0 GPa，50 GPa，100 GPa 压力下金刚石的声子色散曲线和相应的 VDOS。从图 6.2 中可以看出，在 0 GPa，50 GPa，100 GPa 压力下金刚石声子谱没有出现虚频，负频率区域的 VDOS 为零。这个计算结果表明金刚石在 0~100 GPa 范围内结构是稳定的。从图 6.1 中可以看出，我们的结果与 J. L. Warren 等用非弹性中子实验获得的实验结果基本吻合，说明了在高压下得到的金刚石声子特性的准确性。同时从图 6.1 也可以看出，金刚石的声子频率随着压力的增大而增大。压力的增加导致金刚石的原子间距减小和原子之间的力常数增大是金刚石的声子频率增加(蓝移现象)的主因。

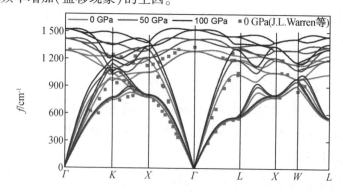

图 6.1　在 0 GPa，50 GPa，100 GPa 压力下金刚石的声子色散曲线

注:正方形点表示的是常压下金刚石的中子散射实验结果。

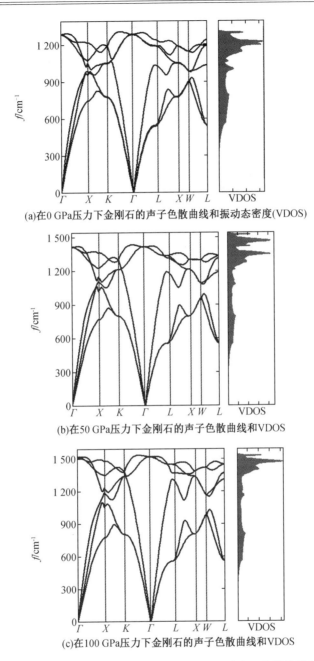

(a)在0 GPa压力下金刚石的声子色散曲线和振动态密度(VDOS)

(b)在50 GPa压力下金刚石的声子色散曲线和VDOS

(c)在100 GPa压力下金刚石的声子色散曲线和VDOS

图 6.2　在 0 GPa,50 GPa,100 GPa 压力下金刚石的声子色散曲线和 VDOS

　　表 6.1 汇总了我们计算得到的常压下金刚石的晶格常数和在高对称点上的声子频率,并将其与前人报道的理论计算结果和实验数据进行了比较,再次证明我们的计算方法是合理准确的。

表 6.1　压力为 0 GPa、温度为 300 K 条件下,金刚石的晶格常数(Bohr) 和在高对称点 Γ,X 和 L 上的声子频率(cm^{-1})

	a_0	Γ_0	X_{TA}	X_{TO}	X_{LO}	L_{TA}	L_{LA}	L_{TO}	L_{LO}
GGA	6.741	1 290	784	1058	1 193	548	1 041	1 194	1 247
GGA[a]	6.743	1 289	783	1 057	1 192	548	1 040	1 193	1 246
LDA[b]	6.670	1 324	800	1 094	1 228	561	1 080	1 231	1 275
Exp[c]	6.740	1 332	807	1 072	1 184	550	1 029	1 206	1 234

注:a:Ref. [10];b:Ref. [25];c:Ref. [26]。

6.3.2　高温高压下金刚石的热力学性质

我们基于 DFT 采用 GGA-PBE 交换关联泛函计算了高压下金刚石的声子色散曲线,在准简谐近似下研究了 100 GPa 和 2 000 K 温压范围内金刚石的热力学性质,包括热膨胀系数、等容热容、等压热容、格林爱森系数以及体模量,如图 6.3~6.7 所示。

图 6.3(a)列出了早前文献中报道的金刚石热膨胀系数的实验数据和在 0~400 K 温度范围内我们的计算结果。图 6.3(b)给出了常压下我们的计算数据和拟合结果的对比图。图 6.3(a)中低温区域不同实验结果发散性的主要原因之一是实验中测量的金刚石中杂质含量具有差异性,这种不确定性直接影响了在低温区域金刚石热膨胀系数的测量。金刚石的低浓度杂质导致在低温区域热膨胀系数异常,这是因为氮杂质的存在改变了体积模量,使得热膨胀系数发生一定的变化。为了量化不同温压对金刚石热膨胀系数的影响,我们采用德拜模型和爱因斯坦模型对计算结果进行了拟合,并在德拜模型和爱因斯坦模型近似下对高压下金刚石热膨胀系数的计算结果进行了分析。

根据晶格理论,热膨胀系数可以表示为

$$\alpha(T) = X_i E(hv_i/kT) + \delta T^3, E(x) = x^2 e^x / (e^x - 1)^2 \tag{6.3.1}$$

其中,v_i 是振动频率,$\theta_E = hv/k$ 为爱因斯坦温度,X_i 为爱因斯坦权重因子,δ 为德拜声子项系数,$E(x)$ 为爱因斯坦函数。

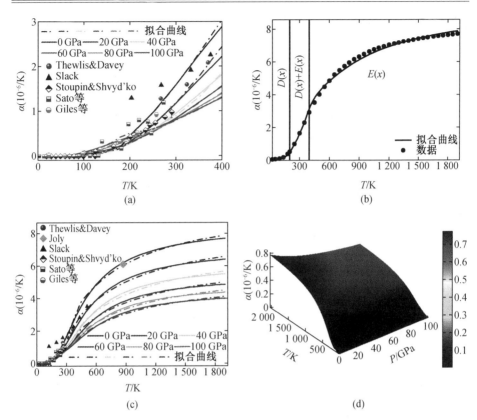

(a)在 10~400 K 温度范围内 $\alpha(T)$ 随温度的变化关系图,实线是本章研究中的计算结果,虚线是计算结果相应的拟合曲线,不同的点表示的是 0 GPa 压力下不同的实验结果;(b)常压下本章研究中金刚石的 $\alpha(T)$ 计算结果和相应的拟合数据;(c)不同压力下在 10~2 000 K 温度范围内 $\alpha(T)$ 随温度的变化关系图,实线是本章研究中的计算结果,虚线是计算结果相应的拟合曲线,不同的点表示的是常压下不同文献的结果;(d)在 10~2 000 K 和 0~100 GPa 温压范围内 $\alpha(T)$ 随温度和压力的变化关系图。

图 6.3　金刚石的热膨胀系数 $\alpha(T)$

根据晶体理论揭示高压下金刚石热力学性质的微观机制时,我们发现在低温时,德拜模型可以很好地描述金刚石的 $\alpha(T)$ 的变化,随着温度的升高,德拜模型描述 $\alpha(T)$ 的精度在逐渐下降,而高温下爱因斯坦模型可以准确描述高温下的 $\alpha(T)$。所以在 0~2 000 K 温度区间我们将金刚石的 $\alpha(T)$ 分为三个温度区域,分别利用德拜模型、德拜和爱因斯坦模型的组合以及爱因斯坦模型来描述高温高压下热学性质的变化规律。图 6.3(b)所示热膨胀系数曲线是分段拟合得到的,发现在 10~2 000 K 温度区间理论计算数据几乎完全落在拟合线上,其拟合精度在 95.2 % 和 99.9 % 之间。在常压下 0~200 K 温度区间,采用的是德拜模型,200~400 K 区间采用的是德拜和爱因斯坦模型的组合,400~2 000 K 区间采用的是爱因斯坦模型。可以看出,拟合数据可以很好地与计算结果相吻合。在 0~200 K 时,德拜模型占据主导地位;在 200 K 之后,爱因斯坦模型对热膨胀系数的贡献增加;温度升高到 400 K 后,原子振动频率的增大导致德拜模型的贡献趋近于零,爱因斯坦模型占据主导。图 6.3(a)所示拟合曲线与文献报道的数据相比,拟合精度在 82.2 %和 97.5 %之间。

图 6.3(c)绘出了在 0 GPa,20 GPa,40 GPa,60 GPa,80 GPa 和 100 GPa 压力下的金刚石热膨胀系数 $\alpha(T)$ 随温度变化的曲线。图 6.3(d)给出了金刚石的热膨胀系数 α 随温度和压力的变化关系。图 6.3 (c)的计算结果表明,在常压下温度低于 300 K 时,我们计算的热膨胀系数和 C. Giles 等、J. Thewlis 等和 S. Stoupin 等利用反向散射 X 射线衍射方法获得的实验结果较为吻合;在常压下 300~500 K 温度区间,我们计算的热膨胀系数与 G. A. Slack 等和 J. Joly 等利用 X 射线技术获得的实验结果基本吻合。与分析常压下金刚石的热膨胀系数类似,不同压力下金刚石热膨胀系数利用式(6.3.1)对计算结果进行拟合,表 6.2 和表 6.3 为不同压力下具体的拟合参数。由表 6.2 和表 6.3 中列出的不同压力下金刚石的热膨胀系数拟合结果可以看出,从 60 GPa 开始,金刚石热膨胀系数中德拜项和爱因斯坦项共存的温度区间由之前的 200~400 K 变为 250~400 K。

由图 6.3(c)和图 6.3(d)可见,金刚石的热膨胀系数 $\alpha(T)$ 在低温区随温度的增加而迅速增加。当温度升高到一定程度时,$\alpha(T)$ 随温度的变化开始变缓。低温区域热膨胀系数的快速变化的主因是该温度区域除了德拜模型对热膨胀系数的贡献外,爱因斯坦模型的贡献出现,德拜声子和爱因斯坦振动项随温度升高而快速增加。随着温度继续升高,德拜模型贡献快速下降,爱因斯坦模型占据主导,热膨胀系数的变化也快速趋缓。图 6.3(c)和图 6.3(d)同时也描述了热膨胀系数 $\alpha(T)$ 随压力的变化规律。压力增加会使金刚石的体积变小,加强了原子间键的强度,导致晶格振动变弱,引起的容积膨胀程度下降,使 α 随压力的增加而减小。图 6.3(d)明确显示,从常压到 100 GPa,金刚石的 $\alpha(T)$ 随温度增加的上升趋势变缓。这个结果说明,较高的压力会抑制金刚石的热膨胀效应,增加温度与减小压力对于金刚石 $\alpha(T)$ 的作用相同。

图 6.4 给出了不同压力下金刚石的等容热容 C_V 随温度和压力的变化关系。图 6.4(a)的计算结果表明,在常压下室温至 500 K 的温度范围内,我们的

计算结果与 N. Mounet 等基于 DFPT 计算的金刚石等容热容 $C_V(T)$ 的结果较为吻合。在常压高温下,我们的计算结果与 F. Marsusi 等利用 LDA 泛函计算的金刚石等容热容 C_V 的结果具有一致的变化趋势。

表 6.2　在 0 GPa,20 GPa 和 40 GPa 压力下拟合热膨胀系数的参数值

	拟合参数	0 GPa	20 GPa	40 GPa
10~200 K	δ	3.486E−08	2.886E−08	2.686E−08
200~400 K	δ	3.39E−09	3.42E−09	6.399E−09
	$X(K)$	18.98	14.29	8.023
	$\theta_E(K)$	362.8	361.6	335.2
400~2 000 K	$X(K)$	9.872	8.36	7.352
	$\theta_E(K)$	213.3	228.2	246.4

表 6.3　在 60 GPa,80 GPa 和 100 GPa 压力下拟合热膨胀系数的参数值

	拟合参数	60 GPa	80 GPa	100 GPa
10~200 K	δ	3.3E−08	5.9E−08	7.35E−08
250~400 K	δ	8.837E−09	1.046E−08	1.05E−08
	$X(K)$	4.098	1.98	1.256
	$\theta_E(K)$	275	193.9	130.2
400~2 000 K	$X(K)$	6.494	5.872	5.371
	$\theta_E(K)$	247	251.2	252.3

与分析热膨胀系数类似,金刚石等容热容 $C_V(T)$ 可以用德拜项和爱因斯坦项表示为

$$C_V(T) = 3Nk(\theta_E/T)^2(e^{\theta_E/T})/(e^{\theta_E/T}-1)^2 + \delta T^3 \qquad (6.3.2)$$

通过拟合发现,只要选取合适的 θ_E 和 δ 值,在较大温度范围内拟合结果与计算结果有较高的吻合度。我们选择拟合的模型与热膨胀系数拟合选择的拟合模型相一致,拟合结果如图 6.4(a)所示。

图 6.5 给出了金刚石的等压热容 C_P 随温度和压力的变化关系。图 6.5(a)的计算结果表明,常压下在室温至 500 K 的温度范围内,我们的计算结果与 A. C. Victor 报道的实验结果的趋势相吻合。

从图 6.4 和图 6.5 可以看出,当温度小于 450 K 时等容热容 $C_V(T)$ 与定压热容 $C_P(T)$ 遵从相同的变化规律,在数值上也非常接近,可以相互取代。我们也发现金刚石的 C_V 与 C_P 随着压力的增加缓慢减小,说明压力对金刚石的热容的影响较弱。金刚石的体积随着压力的增大而减小,压力的作用加强了原子间键的强度,使得原子偏离平衡位置的振动幅度下降。伴随着体积熵变小,金刚石的 C_V 与 C_P 随着压力的增加呈现缓慢减小的趋势。从图 6.5(a) 中可以发现,$C_P(T)$ 在高温下随着温度的增加仍然在缓慢增加,高温导致的非简谐效应是主因。在图 6.4(b) 和 6.5(b) 中,压力由常压增加到 100 GPa,高压下金刚石的等容热容 $C_V(T)$ 和定压热容 $C_P(T)$ 随温度 T 的变化趋势和 0 GPa 的情况基本一致。等容热容 C_V 与等压热容 C_P 在固定压力下随温度增加而增加。在较低温度下,热容均增加较快;在高温下,定容热容接近杜隆珀替极限,即随着温度的升高,$C_V(T)$ 会趋于常数。图 6.4 和图 6.5 描述的热容是升高温度时能量的变化量。因此图 6.3、图 6.4 和图 6.5 中热膨胀系数与热容密切相关,随温度升高有着相似的变化规律。

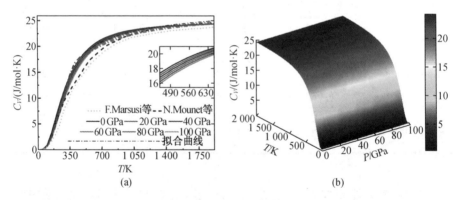

(a) 不同压力下在 10~2 000 K 温度范围内等容热容 $C_V(T)$ 随温度的变化关系图,实线是本章研究中的计算结果,虚线是计算结果相应的拟合曲线,短虚线是来源于 N. Mounet 等的结果,点是来源于 F. Marsusi 等的结果;(b)10~2 000 K 和 0~100 GPa 温压范围内金刚石的等容热容 C_V 随温度和压力的变化关系图。

图 6.4　金刚石的等容热容 C_V

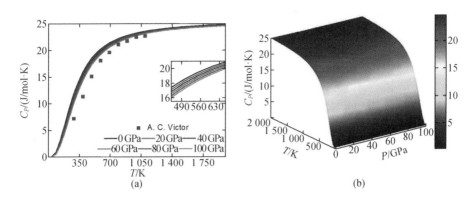

（a）不同压力下在 10~2 000 K 温度范围内等压热容 C_P 随温度的变化关系图,实线是本章研究中的计算结果,正方形的点是来源于 A. C. Victor 的结果;（b）在 10~2 000 K 和 0~100 GPa 温压范围内金刚石的定压热容 C_P 随温度和压力的变化关系图。

图 6.5　金刚石的等压热容 C_P

格林爱森系数 γ 主要用来表征晶格振动的非简谐效应,描述晶胞体积随着温度的改变而变化时晶格谐振频率的变化情况。原子振动非简谐系数大的晶体,γ 随温度的变化就较大。本书计算的格林爱森系数随温度和压力的变化关系如图 6.6（a）和 6.6（b）所示。在图 6.6（a）中,常压下我们计算的 γ 随温度的变化关系与文献报道的实验数据较为一致。随着温度上升,γ 的变化逐渐趋于平缓。从图 6.6（a）中可以发现,低温区尖峰随着压力的增加峰高逐渐增加。通过对热膨胀系数拟合数据的分析可以看到,在 0~40 GPa 压力区间,温度增加到 200 K 时,除了德拜声子项贡献外,还存在爱因斯坦模型的贡献;60 GPa 之后,温度增加到 250 K 时出现爱因斯坦项的贡献。新增加的热振动模型必然会导致晶格谐振频率增加。压力的作用导致该温度区德拜项对热力学参数的贡献随压力的增加而不断增加,所以低温区尖峰值随着压力的增加而明显增加。尖峰随着压力的增加移向较高温度,这是因为在压力的作用下两种振动模型存在的温度区域逐渐升高。在 400 K 之后,金刚石的热振动仅存在爱因斯坦模型的贡献。从图 6.5 （b）可见,在 400 K 之后 γ 随着压力增加而减小,结果说明同一温度下压力的作用增强了原子的相互作用,抑制了原子间非简谐效应。同时 700 K 之后,金刚石的晶格谐振频率几乎不随温度的升高而变化。主要因为在一定范围内,原子的振动频率与其截止温度有关,超出截止温度后,随着温度的升高,其对原子振动频率的影响极小,可以忽略。

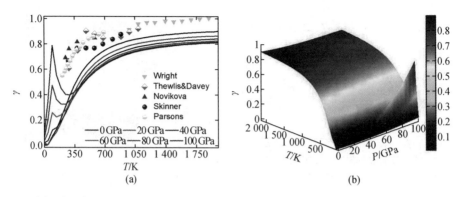

(a)不同压力下在 0~2 000 K 温度范围内格林爱森系数 γ 随温度的变化关系图,实线是本章研究的计算结果,不同的点表示的是不同文献的结果;(b)在 0~2 000 K 和 0~100 GPa 温压范围内格林爱森系数 γ 随温度和压力的变化关系图。

图 6.6　金刚石的格林爱森系数 γ

表 6.4 汇总了压力为 0 GPa,温度为 300 K 时利用不同方法得到的金刚石体模量 B。从表格 4.3 中可以清楚地看到我们的计算体模量 B 比实验值小 2.71%,这是因为在 GGA 近似下高估了金刚石的晶格体积导致的结果。

表 6.4　压力为 0 GPa、温度为 300 K 条件下金刚石的体模量

	本项工作采用GGA	LDA[a]	B3PW[b]	MD[c]
B/GPa	430	453.54	442.8	425.76~437.93
	Exp[d]	Exp[e]	Exp[f]	—
B/GPa	442	442.3	444.8	—

注:a:Ref. [11];b:Ref. [14];c:Ref. [38];d:Ref. [39];e:Ref. [40];f:Ref. [41]。

图 6.7(a)中表示了在 0 GPa,20 GPa,40 GPa,60 GPa,80 GPa 和 100 GPa 压力下体模量 B 随温度变化的关系。图 6.7(b)表示了在 10~2 000 K 和 10~100 GPa 温压范围内体模量 B 随温度和压力的变化关系。我们计算的室温下金刚石体模量 B 与温度的关系与 H. J. McsKimin 等实验测量的结果吻合,与常压下 M. N. Valdez 等利用 Wu-Wentzvitch 方法计算的体模量随温度变化的数据相吻合,与 M. Prencipe 等在准简谐近似下计算的常压和 20 GPa 压力下计算的体模量随温度变化的数据吻合。因此,也可以判定我们在高压下计算的金刚石体模量 B 的准确性。在图 6.7(a)中,在固定压力下金刚石体模量 B 随温度增加

而缓慢减小。这是因为金刚石的碳原子间距随着温度的升高而变大,导致原子间结合力减小,所以体模量 B 在固定压力下随温度增加而减小。缓慢的变化趋势说明在高温环境下金刚石仍能保持自身的硬度,热效应并没有使金刚石软化,所以高温下金刚石仍难以被压缩。在图 6.7(b)中,金刚石体模量 B 在固定温度下随压力的增加而增加。这是因为原子间距随着压力的增大而不断减小,原子间的键强度加强,原子间斥力增大,所以金刚石难以被压缩,体模量 B 随压力增加而增加。

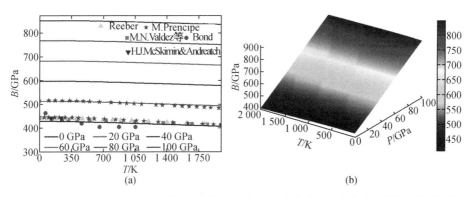

(a)不同压力下在 10~2 000 K 温度范围内体模量 B 随温度的变化关系图,实线表示的是本章研究中计算的结果,不同的点表示的是不同文献的结果;(b)在 10~2 000 K 和 10~100 GPa 温压范围内体模量 B 随温度和压力的变化关系。

图 6.7　金刚石的体模量 B

6.4　本 章 小 结

基于密度泛函理论的第一性原理计算方法,采用 GGA-PBE 泛函在准简谐近似下计算了 2 000 K、100 GPa 温压范围内金刚石在高温高压下的热力学性质。计算结果与理论模型相结合证实了在 0~2 000 K 温度区间金刚石热膨胀系数和热容分为三个温度区域,在相应的温区分别利用德拜模型、德拜和爱因斯坦模型组合以及爱因斯坦模型准确描述高温高压下金刚石的热力学性质。金刚石的热膨胀系数和热容均随温度的升高而增加,当温度升高到一定程度时,热膨胀系数和热容随温度的变化开始变缓。这种变化趋势主要是不同温度区域由德拜模型渐变到爱因斯坦模型造成的。随着压力的增加,热膨胀系数减小主要是由压力的增加使金刚石体积变小,温度升高引起的容积膨胀程度下降导致的。而压力对金刚石热容的影响较弱。压力的作用增加了爱因斯坦模型适用的温度上限。同时压力的作用在两种模型共存的温度区间增加了德拜模型对热膨胀系数和热容的贡献,所以高压下在该温度区间金刚石的格林爱森系数出现了较大峰值,且尖峰随着压力的增加移向较高温度。金刚石体模量在固定压力下随温度增加而缓慢减小,说明热效应没有使金刚石软化。在固定温度下,金刚石体模量随压力增加而增加。这是由于压力的增加导致原子间距减小,加强了原子间的键强度,原子间斥力逐渐增大,金刚石难以被压缩,所以其体模量随压力增加而增加。

本章中获得了高温高压下金刚石热膨胀系数、热容和体模量随温度、压力的演化规律,并利用德拜模型和爱因斯坦模型分析了高压下金刚石的热力学性质的微观机制。其中高温高压下金刚石的热容是第 7 章分析高温高压 DAC 关键部件温度场的基本物理参量,高温高压下金刚石的热膨胀系数和体模量是第 7 章中分析高温高压 DAC 中压砧和样品形变对热导率测量影响的基本物理量。高温高压下金刚石的热膨胀系数、热容等热学性质以及其随温度压力的演化规律的研究对高压物质热输运属性的原位精准测量与研究有着重要的应用意义。

参 考 文 献

[1] DAWSON C, NARANJO C, SANCHEZ-MALDONADO B, et al. Immediate effects of diamond burr debridement in patients with spontaneous chronic corneal epithelial defects, light and electron microscopic evaluation [J]. Veterinary Ophthalmology, 2017, 20(1): 11-15.

[2] MAY P W. Diamond thin films: A 21st-century material[J]. Philosophical Transactions of the Royal Society of London Series A: Mathematical, Physical and Engineering Sciences, 2000, 358(1766): 473-495.

[3] HSIEH W P, CHEN B, LI J, et al. Pressure tuning of the thermal conductivity of the layered muscovite crystal[J]. Physical Review B, 2009, 80(18): 180302.

[4] YAGI T, OHTA K, KOBAYASHI K, et al. Thermal diffusivity measurement

in a diamond anvil cell using a light pulse thermoreflectance technique [J]. Measurement Science and Technology, 2011, 22(2):024011.

[5] FIQUET G, DEWAELE A, ANDRAULT D, et al. Thermoelastic properties and crystal structure of MgSiO$_3$ perovskite at lower mantle pressure and temperature conditions[J]. Geophysical Research Letters, 2000, 27(1): 21−24.

[6] SHIM S H, DUFFY T S, SHEN G Y. The stability and P−V−T equation of state of CaSiO$_3$ perovskite in the Earth's lower mantle [J]. Journal of Geophysical Research: Solid Earth, 2000, 105(B11): 25955−25968.

[7] DURHAM D G, LUNTZ M H. Diamond knife in cataract surgery[J]. The British Journal of Ophthalmology, 1968, 52(2): 206−209.

[8] 吕反修. 金刚石膜制备与应用-下卷[M]. 北京: 科学出版社, 2014.

[9] KANG W P, DAVIDSON J L, WISITSORA−AT A, et al. Diamond vacuum field emission devices[J]. Diamond and Related Materials, 2004, 13(11/12): 1944−1948.

[10] WARREN J L, YARNELL J L, DOLLING G, et al. Lattice dynamics of diamond[J]. Physical Review, 1967, 158(3): 805−808.

[11] STOUPIN S, SHVYD'KO Y V. Ultraprecise studies of the thermal expansion coefficient of diamond using backscattering X−ray diffraction[J]. Physical Review B, 2011, 83(10): 104102.

[12] JACOBSON P, STOUPIN S. Thermal expansion coefficient of diamond in a wide temperature range [J]. Diamond and Related Materials, 2019, 97: 107469.

[13] REKHVIASHVILI S S, KUNIZHEV K L. Investigation of the influence of lattice anharmonicity on the heat capacities of diamond, silicon, and germanium[J]. High Temperature, 2017, 55(2): 312−314.

[14] PARSONS B. Spectroscopic mode Grüneisen parameters for diamond [J]. Proceedings of the Royal Society of London. Series A, Mathematical and Physical Sciences, 1977, 352(1670): 397−417.

[15] ZOUBOULIS E S, GRIMSDITCH M, RAMDAS A K, et al. Temperature dependence of the elastic moduli of diamond: A Brillouin−scattering study [J]. Physical Review B, 1998, 57(5): 2889−2896.

[16] FU Z J, JI G F, CHEN X R, et al. First-principle calculations for elastic and thermodynamic properties of diamond [J]. Communications in Theoretical Physics, 2009, 51(6): 1129-1134.

[17] VALDEZ M N, KOICHIRO U, RENATA M W. Elasticity of diamond at high pressures and temperatures [J]. Applied Physics Letters, 2012, 101 (17): 171902.

[18] LI B, WANG Y L. On influence from pseudopo tentialon phonon spectrum of diamond: First-principles study [J]. Journal of Henan University of Urban Construction, 2011, 2(4): 762-766.

[19] PERDEW J, BURKE K, ERNZERHOF M. Generalized gradient approximation made simple[J]. Physical Review Letters, 1996, 77(18): 3865-3868.

[20] BARONI S, GIRONCOLI S D, CORSO A D. Quantum espresso: a modular and open-source software project for quantum simulations of materials [J]. Review of Modern Physics, 2008, 73(2): 515-562.

[21] LIU Z L. Phasego: A toolkit for automatic calculation and plot of phase diagram [J]. Computer Physics Communications, 2015, 191: 150-158.

[22] BIRCH F. Finite elastic strain of cubic crystals [J]. Physical Review, 1947, 71(11): 809-824.

[23] HEBBACHE M, ZEMZEMI M. Ab initio study of high-pressure behavior of a low compressibility metal and a hard material: Osmium and diamond [J]. Physical Review B, 2004, 70(22): 155-163.

[24] SUN Y C, ZHOU H Q, YIN K, et al. First-principles study of thermodynamics and spin transition in $FeSiO_3$ liquid at high pressure[J]. Geophysical Research Letters, 2019, 46(7): 3706-3716.

[25] MOUNET N, MARZARI N. First-principles determination of the structural, vibrational and thermodynamic properties of diamond, graphite, and derivatives[J]. Physical Review B, 2005, 71(20): 205214.

[26] PAVONE P, KARCH K, SCHÜTT O, et al. Ab initio lattice dynamics of diamond [J]. Physical Review B, Condensed Matter, 1993, 48(5):3156-3163.

[27] SATO T, OHASHI K, SUDOH T, et al. Thermal expansion of a high purity

synthetic diamond single crystal at low temperatures[J]. Physical Review B, 2002, 65(9): 092102.

[28] GILES C, ADRIANO C, LUBAMBO A F, et al. Diamond thermal expansion measurement using transmitted X-ray back-diffraction[J]. Journal of Synchrotron Radiation, 2005, 12(Pt 3): 349-353.

[29] THEWLIS J, DAVEY A R. Thermal expansion of diamond[J]. Philosophical Magazine, 1956, 1(5): 409-414.

[30] SLACK G A, BARTRAM S F. Thermal expansion of some diamondlike crystals[J]. Journal of Applied Physics, 1975, 46(1): 89-98.

[31] BEN BELLIL N, LITIMEIN F, KHACHAI H, et al. Structural, optoelectronic and thermodynamic characteristic of orthorhombic $SnZrCH_3$ (CH=S, Se) compounds: Insights from DFT computations[J]. Materials Today Communications, 2021, 27: 102427.

[32] MARSUSI F, MONAVARI S M. Phononic and electronic features of diamond nanowires[J]. Diamond and Related Materials, 2020, 109: 108051.

[33] VICTOR A C. Heat capacity of diamond at high temperatures[J]. The Journal of Chemical Physics, 1962, 36(7): 1903-1911.

[34] HOU L, YANG W, LIU H S, et al. Effects of annealing on the specific heat and boson peak for $Fe_{50}Co_{50}B_{20}Si_4Nb_4$ bulk metallic glass[J]. Journal of Low Temperature Physics, 2015, 179(5): 343-349.

[35] KARKI B B, WENTZCOVITCH R M, DE GIRONCOLI S, et al. High-pressure lattice dynamics and thermoelasticity of MgO[J]. Physical Review B, 2000, 61(13): 8793-8800.

[36] SKINNER H C. The thermal expansions of thoria, periclase and diamond [J]. Bulletin of the Oklahoma Anthropological Society, 1957, 42(5): 39-43.

[37] BLANCO M A, FRANCISCO E, LUAÑA V. GIBBS: Isothermal-isobaric thermodynamics of solids from energy curves using a quasi-harmonic Debye model[J]. Computer Physics Communications, 2004, 158(1): 57-72.

[38] OHFUJI H, OKADA T, YAGI T, et al. Application of nano-polycrystalline

diamond to laser-heated diamond anvil cell experiments[J]. High Pressure Research, 2010, 30(1): 142-150.

[39] BARONI S, DE GIRONCOLI S, DAL CORSO A, et al. Phonons and related crystal properties from density-functional perturbation theory[J]. Reviews of Modern Physics, 2001, 73(2): 515-562.

[40] GRIMSDITCH M H, RAMDAS A K. Brillouin scattering in diamond[J]. Physical Review B, 1975, 11(8): 3139-3148.

[41] IRIFUNE T, KURIO A, SAKAMOTO S, et al. Ultrahard polycrystalline diamond from graphite[J]. Nature, 2003, 421: 599-600.

[42] MCSKIMIN H J, ANDREATCH P Jr. Elastic moduli of diamond as a function of pressure and temperature[J]. Journal of Applied Physics, 1972, 43(7): 2944-2948.

[43] PRENCIPE M, BRUNO M, NESTOLA F, et al. Toward an accurate ab initio estimation of compressibility and thermal expansion of diamond in the [0, 3 000 K] temperature and[0, 30 GPa] pressures ranges, at the hybrid HF/DFT theoretical level[J]. American Mineralogist, 2014, 99(5/6): 1147-1154.

[44] REEBER R R. Lattice dynamical prediction of the elastic constants of diamond[J]. MRS Online Proceedings Library, 1996, 453(1): 239-243.

[45] BOND W L. Precision lattice constant determination[J]. Acta Crystallographica, 1960, 13(10): 814-818.

第 7 章　高温高压 DAC 内辐射效应对热导率测量的影响

7.1　研　究　背　景

　　高温高压极端条件下岩石及矿物的热输运性质以及随温度、压力的变化规律对地幔矿物学、地震学、地球物理化学过程研究具有重要意义,能为认识地球内部矿物质的性质、地幔地核特征和地球演化过程提供有价值的线索。DAC 与高温结合是模拟地球内部高温高压环境的有效手段。但在极端高温高压条件下依托 DAC 技术平台对矿物热物性的表征仍存在困难。为实现高温高压条件下物质热学性质物理参数的精确测量,我们稍早前设计了高温高压压机并配套真空装置,在 DAC 内实现了以热传导为主的稳定热流场。多热电偶原位测温结合数值模型分析,给出了 DAC 内温度场的分布,建立了新的样品温度测量方法。为利用 DAC 原位探测真实地球内部高温高压极端环境下物质的热物性提供了有效技术途径。

　　通过真空条件的使用,空气对流传热被有效隔离。然而,真空环境中热辐射效率是最高的。并且金刚石压砧是半透明体,对于具有半透明性质的介质,需要考虑介质内部辐射的透射和吸收。在这种情况下,压砧中不仅存在热传导作用,而且在压砧整个体积中存在吸收、发射和散射能量的现象。如果仅考虑纯热传导或者面辐射会产生很大偏差。外加热 DAC 的传热模式相当复杂。热量不仅通过样品流动,而且会通过辐射同时消散到 DAC 装置周围环境中。所以,在实验和理论计算中都必须考虑压砧体内的三维辐射和表面辐射导致的辐射热损对 DAC 温度分布的影响。

　　基于以上内容,我们需要表征实验使用的 Ia 型金刚石的热辐射特性。作为基础数据,DAC 装置主要部件的辐射-导热耦合传热方式及其周围流场传热方式须率先获得。辐射效应必然影响到热电偶测量金刚石压砧局部表面温度值的准确性。但是,定量影响尚不明确。针对以上提出的内容,本章研究了辐射效应对 DAC 内物质热导率测量的影响,进而校准热电偶测量的温度,优化数值模型,以实现高温高压条件下物质热导率的原位精确测量。

7.2　Ia 型金刚石热辐射特性研究

7.2.1　金刚石热辐射特性研究背景

金刚石不仅具有极高的硬度、优异的化学稳定性和生物兼容性,还具有优良的光学性质。金刚石自身极高的反射率使其拥有绚丽夺目的外表。这些优异的物理化学性质大多数来源于金刚石晶格结构中强大的 sp^3 轨道杂化方式。由于金刚石的宽禁带性质,金刚石从可见到红外光区的高透过率使得热射线是可以深入金刚石内部的。因此,金刚石是最理想的光学窗口材料。纯净的金刚石仅有两个本征吸收带,分别位于短波长光谱区的紫外吸收带和波长为 1 400～2 350 nm 的红外吸收带。对于波长大于 7 mm 的红外区,金刚石的吸收为零,也包括 8～14 mm 的大气窗口。M. E. Thomas 等表征了 IIa 型和 CVD 金刚石的红外透射率随温度的变化,测量了 IIa 型金刚石室温下紫外透射率。同时首次测量了 CVD 金刚石在 10 μm 区域的折射率随温度的变化。R. S. Sussmann 等利用傅里叶红外光谱和拉曼光谱对多晶 CVD 金刚石进行表征分析,得到波长为 10.0 μm 时折射率为 2.375±0.014,其结果与 IIa 型天然金刚石的折射率值 2.375 6 吻合,在 8～14 μm 波长区域的吸收系数为 0.1～0.3 cm^{-1}。P. Dore 等利用迈克耳孙干涉仪测量了 20～4000 cm^{-1} 频率内的透射谱和反射谱,研究了金刚石的吸收系数和折射率。我们实验中常用的是天然金刚石中最多的 Ia 型金刚石,但目前 Ia 型金刚石在热射线波段的吸收率、吸收系数和折射率等光学参数仍然未知。这里我们利用分光光度计表征了 Ia 型金刚石的热辐射特性,研究了 Ia 型金刚石在热射线波段的吸收系数、吸收率和折射率。

7.2.2　Ia 型金刚石热射线波段的光学光谱研究

金刚石是半透明介质,热辐射参与体积内部的热传递过程增加了数学建模和数值分析的复杂性。为了利用数值方法实现精确模拟 DAC 中样品的热输运行为,我们研究了 Ia 型金刚石在热射线波段的热辐射特性。利用 UV-3600 分光光度计(Shimadzu UV-3600)对实验中使用的 Ia 型金刚石压砧在 200~50 000 nm 波段内进行热辐射特性表征。金刚石的实验结果透射谱 T、吸收谱 A 和反射谱 R 如图 7.1 所示。

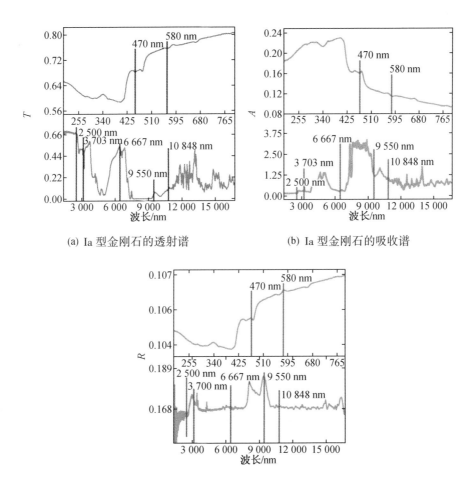

(a) Ia 型金刚石的透射谱　　　　(b) Ia 型金刚石的吸收谱

(c) Ia 型金刚石的反射谱

图 7.1　Ia 型金刚石的透射谱、吸收谱和反射谱

对于承受辐射 I_0 的半透明介质,一部分辐射 I_T 自由的通过,另一部分辐射会被反射 I_R 和吸收 I_A,则他们之间的关系:

$$R_\lambda = \frac{I_R}{I_0}$$

$$T_\lambda = \frac{I_T}{I_0}$$

$$A_\lambda = \frac{I_A}{I_0} \qquad (7.2.1)$$

$$I_0 = I_R + I_\alpha + I_T, A_\lambda + R_\lambda + T_\lambda = 1 \qquad (7.2.2)$$

在已知金刚石透射率和反射率后,依据式(6.2.2)得到图7.3中的热射线

波段内 Ia 型金刚石的发射率 ε。对于光学材料,复折射率 $\tilde{n}(v) = n(v) + ik$,已知

样品的厚度 d,反射谱 R_λ,透射谱 T_λ 或吸光度 A_λ 时,吸收系数 α_λ 和复折射率 n

(λ)可以用下列公式计算:

$$T_\lambda = \frac{(1-R_\lambda)^2 D}{1 - R_\lambda^2 D^2}, R_\lambda = \frac{(1-n)^2 + k^2}{(1+n)^2 + k^2}, D = \exp(-\alpha d), \alpha = 4\pi kv \qquad (7.2.3)$$

Ia 型金刚石的吸收系数 α_λ、发射率 ε 和复折射率 $n(\lambda)$ 随波长变化的关系

如图7.2所示。Ia 型金刚石的相应辐射特性见表7.1。表7.1包含了数值模拟

参与性介质传热过程时需要的热射线波段下所有的光学常数。

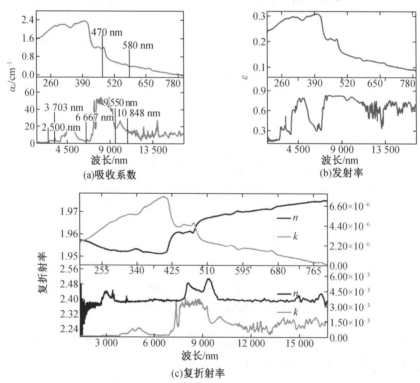

(a)吸收系数

(b)发射率

(c)复折射率

图7.2 Ia 型金刚石的

表 7.1　Ia 型金刚石的热辐射特性

能带性质/nm	发射率	吸收系数/cm^{-1}	复折射率
200～470	0.28	1.83	1.95
470～580	0.15	0.56	1.96
580～2500	0.10	0.23	1.97
2 500～3 703	0.24	2.23	2.30
3 703～6 667	0.55	14.68	2.40
6 667～9 550	0.60	46.67	2.40
9 550～10 848	0.65	19.77	2.45
10 848～50 000	0.57	12.73	2.40

7.3　高温高压 DAC 内辐射效应对热导率测量的数值模拟

为实现 DAC 内基于稳恒热流场的高温高压下物质热学性质的原位准确测量,我们对外加热 DAC 内的传热过程进行了数值模拟。通过分析压砧以及样品腔的辐射热能交换占比,研究了外加热 DAC 内辐射效应对热导率测量的影响。对于具有半透明性质的非灰体介质,需要考虑介质内部辐射的透射和吸收。R. Coquard 等基于激光脉冲法揭示了辐射传热对半透明材料热导率的贡献。S. Wang 等基于瞬态平面热源法分析辐射热传递,确定了半透明材料导热系数的影响。U. Grossa 等基于热丝法数值分析了辐射对多孔绝热材料热导率测量的影响。这些工作说明辐射对热物理性质测量的影响是不可避免的,尤其是在高温下。流体动力学对分析包含或者不包含参与性介质的辐射传热有着独特的优势,能够高精度模拟火焰辐射、面对面的辐射、多种传热方式相互作用的耦合换热等问题。A. A. Hosseini 等利用有限体积法分析了沼气-空气扩散火焰的辐射热流分布,该数值分析的结果与实验数据吻合良好。K. Venkatadri 等利用有限体积法对梯形罩内热辐射对自然对流的影响进行研究,结果表明辐射参数对其热输运行为有显著的影响。K. M. Shirvan 等研究发现抛物线形太阳罩中壁面发射率和瑞利数的增加可以最大化提高其辐射与自然对流的耦合传热性能。Z. L. Fu 等利用有限体积数值分析了电阻炉内加热过程中自然对流和面辐射相互作用的传热机制,研究表明实验数据与该模型结合可以精确预测电阻炉内高温合金传热的平衡时间。但介质辐射的研究一直以来多集中于流体介质的吸收、发射和散射对传热的影响比例,而针对稳恒热流环境下固体介质非线性三维辐射–导热耦合传热问题的研究至今鲜有报道。

7.3.1 模型描述

本章提出的三维数值模型基于有限体积法。该方法以 DAC 主要部件的辐射导热耦合传热和周围流场的传热模式为基础数据,采用非线性面辐射导热耦合传热和非线性三维(3D)辐射导热耦合传热模式,对高温高压 DAC 中的金刚石对顶砧和垫片的传热行为进行数值模拟,深入讨论了基于稳恒热流的 DAC 内传热机制。

模拟中设置了一些基本的先决条件和物理假设:

(1)在实验中,首先对 DAC 周围环境进行抽真空处理,其真空度达到 $< 10^0$ Pa,以尽量减少自然对流的影响,然后再对上下压砧底座开始加热,因此根据实验条件将模拟环境设置为真空。

(2)由于实验中 DAC 周围流场的自然对流传热的影响被最小化,在模拟中 DAC 内的温度分布仅受热传导和热辐射的相互作用。

(3)在实验中,压砧底座的温度被仔细监测并控制在一定的值,以保持 DAC 内的稳态加热条件。因此,在模拟过程中,将压砧底座的温度考虑为常数。

(4)金刚石的辐射特性在不同波段内相差很大,所以基于波带份额的非灰体辐射根据实验表征的热辐射特性将整个辐射光谱带分成 8 个波长带,波长范围分别为 200~470 nm,470~580 nm,580~2 500 nm,2 500~3 703 nm,3 703~6 667 nm,6 667~9 550 nm,9 550~10 848 nm,10 848~50 000 nm。在单个波带内实现设置各自波带的穿透、反射和折射比例,具体的比例见表 7.1。但从一个波带到另一个波带时不考虑辐射的穿透、反射和折射的现象。

仿真模型(图 7.3)由两个主要组件金刚石压砧和垫片(DG)组成。$T_1(T_2)$ 是上(下)金刚石压砧底座温度,$T_3(T_4)$ 是上(下)金刚石压砧侧棱 1/2 位置 D_3(D_4)的温度。基于压砧的红外吸收光谱,如图 7.2(b)所示。根据经验公式和红外吸收峰的强度,得到实验使用的金刚石压砧含氮量为 1 710 ppm。Ia 型金刚石压砧固定在高温电阻炉加热的底座上。一旦压砧底座被加热,就在模拟中

建立了两条传热路径:热能以热传导和三维热辐射传热方式从上下压砧底座传
热到垫片,以及 DAC 与其周围环境通过表面辐射传热方式导致的辐射能耗。
描述这两种路径传热的控制方程如下所示:

$$\frac{\partial}{\partial t}(\rho E) + \frac{\partial}{\partial x_i}[u_i(\rho E + p)] = \frac{\partial}{\partial x_i}\left[k_{\text{eff}}\frac{\partial T}{\partial x_i} - \sum_{\vec{j}} h_j J_j + u_i(\tau_{ij})_{\text{eff}}\right] + S_h$$

$$(7.3.1)$$

$$E = h - \frac{p}{\rho} + \frac{u_i^2}{2} \qquad (7.3.2)$$

$$k_{\text{eff}} = k + k_t \qquad (7.3.3)$$

$$h_j = \int_{T_{\text{ref}}}^{T} c_{p,J}\mathrm{d}T, T_{\text{ref}} = 298.15 \text{ K} \qquad (7.3.4)$$

其中 ρ、k_{eff}、u_i、J_j、E、h_j 和 S_h 分别表示的是质量密度、有效热导率(k_t 是湍流引
起的导热率)、固体区域运动属性、组分 j 的扩散通量、每单位质量的能量、显焓、
源项、源项包含固体中的体积热源所产生的热量。式(7.3.2)描述的是每单位
质量的能量,对可压缩流体或者基于密度基求解器,需要考虑压力做功和动能;
对于压力求解器计算不可压缩流体,这些项将被忽略。式(7.3.1)左边包含了
压力做功和动能项,右边的前三项分别表示由于导热、组分扩散、黏性耗散所产
生的热量传递。在考虑辐射传热时,辐射热流是作为源项 S_h 加入传热控制方
程(7.3.1)中的,求解辐射导热耦合传热问题时需要利用热辐射源项将辐射传
递方程和热传导方程联系起来,通过热辐射源项的求解分析辐射耦合传热问
题。对于具有吸收、发射、散射性质的半透明介质,在位置 r 处沿着方向 s 的辐
射传播方程为

$$\nabla \cdot [I_\lambda(\mathbf{r},\mathbf{s}) \cdot \mathbf{s}] + (\alpha_\lambda + \sigma_s)I_\lambda(\mathbf{r},\mathbf{s}) = \alpha_\lambda n^2 I_{b\lambda} + \frac{\sigma_s}{4\pi}\int_0^{4\pi} I_\lambda(\mathbf{r},\mathbf{s}')\phi(\mathbf{s}\cdot\mathbf{s}')\mathrm{d}\Omega'$$

$$(7.3.5)$$

其中,λ 是热辐射波长,$I_{b\lambda}$ 为黑体辐射强度,α_λ、σ_s、ϕ 和 Ω 分别为吸收系数、散
射系数、相函数和立体角。介质内部热辐射传递过程中的散射给数学建模和数
值分析带来了很大的困难,因此在大多数应用中散射的影响都是被忽略的。在
计算模拟过程中将这两个因素考虑在一起,以达到和实际情况一致的效果。
r 位置、s 方向处的总辐射强度 $I(\mathbf{r},\mathbf{s})$ 为

$$I(\mathbf{r},\mathbf{s}) = \sum_k I_{\lambda k}(\mathbf{r},\mathbf{s})\Delta\lambda_k \qquad (7.3.6)$$

其中,求和是在整个波长 λ 范围内进行。

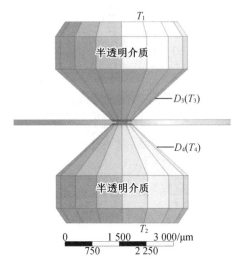

图 7.3 模拟计算中金刚石压砧和垫片几何模型(T_1 到 T_4 是四个热电偶测量得到的温度)

采用有限体积法求解能量方程(7.3.1),选择 surface-to-surface mode(STSM)和 discrete ordinate mode(DOM)对半透明非灰体的辐射建模。入射辐射和入射辐射的反射部分使用下面公式进行计算:

$$Q_{incoming} = \varepsilon_{ext} \cdot \sigma \cdot T_e^4 \qquad (7.3.7)$$

$$Q_{refrected} = (1-df)Q_{incoming} + df(1-\varepsilon_{int})Q_{incoming} \qquad (7.3.8)$$

式中,df 是漫射分数,ε_{int} 是内部发射率,ε_{ext} 是外部发射率,T_e 是外部辐射温度。式(7.3.8)右边的第一项是镜像反射部分,第二部分是漫射反射部分。入射辐射中被吸收的部分为 $\varepsilon_{int} \cdot df \cdot Q_{incoming}$,发射的部分是 $\varepsilon_{int} \cdot df \cdot n^2 \cdot \sigma \cdot T^4$。

7.3.2 初始和边界条件

实验中可以调控压砧上下底座的温度,确保底座是恒温壁面。数值模拟的初始温度边界条件为

$$[T(x,y,z)]_{t=0} = T_1(T_2) \qquad (7.3.9)$$

其中,$T_1(T_2)$ 是压砧上(下)底座的温度。

模型的换热边界条件,DAC 的外壁面与周围流场的表面辐射换热量为

$$q_{net} = \varepsilon_{ext}\sigma(T_w^4 - T_e^4) \qquad (7.3.10)$$

其中,q_{net} 是净辐射热量,即 DAC 外表面的热量损失;T_w 是 DAC 外壁面的温度;

T_e 是稀薄空气阴影面的温度。

DAC 的外壁面设置为半透明壁面,允许辐射透过该表面,同时也考虑了辐射的反射。使用 Snell 定律通过对整个入射立体角积分,来计算每个入射方向上半透明边界的反射率和透过率。这是一个有两个侧面的外部壁面,因此与之相对应的有一个阴影区,阴影区面向流体区域。在自然对流过程中,真空罩中稀薄空气与 DAC 外壁面共轭传热时,FLUENT 使用牛顿冷却定律来确定对流产生的热损失:

$$q_{conv} = h_{conv}(T_w - T_e) \quad\quad\quad (7.3.11)$$

其中,q_{conv} 是自然对流导致的热量损失,T_w 是 DAC 外壁面的温度,T_e 是稀薄空气阴影面的温度。

所以 DAC 外表面的热量损失表示为

$$q = h_{conv}(T_w - T_e) + \varepsilon_{ext}\sigma(T_w^4 - T_e^4) \quad\quad\quad (7.3.12)$$

7.3.3　辐射传热对 DAC 内热流场分布的影响

利用有限体积法建立了基于辐射导热耦合传热模型模拟外加热 DAC 内传热过程的数值模拟方法,实现了基于稳恒热流场的 DAC 中关键部位的传热特性的分析。仿真中考虑了不同的传热路径,如非线性表面辐射导热耦合和非线性三维辐射导热耦合传热。数值模拟需要的金刚石对顶砧和垫片的热物理参数见表 7.1 和表 7.2。

表 7.2　热分析模拟中使用的金刚石对顶砧和垫片的热物理参数

物性/材料	金刚石对顶砧	垫片
密度/(kg/m³)	3 520	7 000
热导率/[W/(m·K)]	温度的函数[a]	温度的函数[b]
比热容/[J/(kg·K)]	温度和压力的函数	460

注:a:Ref. [11];b:Ref. [26]。

为了研究辐射换热对 DG 整个温度场的贡献率,在大温度范围内采用了非线性辐射导热耦合换热模型。对在不同温度边界 T_1 和 T_2 下 DG 的热流场进行了模拟,分别分析了非线性表面辐射和三维辐射造成的热损失比例。在模拟中,T_1 被控制在 483 K、583 K 和 883 K,通过改变 T_2 以实现不同的温度环境。

表面辐射和三维辐射的热损失比例如图 5.4 所示,横坐标为 T_1 和 T_2 的温差。对有限体积法计算的结果进行非线性拟合,拟合参数如表 7.4 所示。从图 7.4 中可以看出 DG 中面辐射与体辐射产生的辐射能耗具有一定的差异。非线性面辐射导热耦合传热模型认为吸收系数为 0,即为有限元的纯结构辐射传热。体辐射考虑了金刚石压砧在热射线波段的吸收系数,较大的吸收系数会直接导致辐射能衰减剧烈,辐射梯度变大。所以在相同的温度边界条件下,体辐射导致的辐射能耗大于面辐射的。从图 7.4 可以看出,随着 T_1 和 T_2 温差的增大,辐射损失减小。因此,可以通过调节温度边界条件来降低辐射损失。通过不同辐射模式下的模拟结果,可以看出在高温下辐射对 DG 热流场的影响不容忽视。

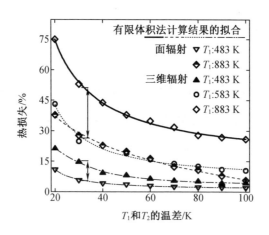

图 7.4　辐射导热耦合传热引起的热损失比例

表 7.3　拟合热损失比例的相关参数值

方程式		$y = A_2 + (A_1 - A_2)/[1 + (x/x_0)\hat{\ }p]$			
		A_1	A_2	x_0	p
面辐射	T_1:883 K	420.74	-130.228	0.177	0.175
	T_1:483 K	1 918.71	1.804	1.003	1.782
三维辐射	T_1:883 K	3 047.15	15.302	0.513	1.068
	T_1:583 K	8 334.52	6.82	0.305	1.302
	T_1:483 K	30.69	3.813	25.741	2.582

7.3.4　辐射和热传导耦合传热数值方法的验证

为了验证所提出的数值方法的合理性,我们对 Ia 型金刚石的热导率进行了模拟,并与实验结果进行了比较。T_1(T_2)是上(下)金刚石压砧底座温度,T_3(T_4)是上(下)金刚石压砧侧棱 1/2 位置 D_3(D_4)的温度。在此方法中,T_1 和 T_2 作为温度边界条件输入三维辐射导热耦合模型中,通过改变输入的金刚石热导率,直到数值模拟得到侧棱 1/2 位置 D_3 和 D_4 的温度 t_3' 和 t_4' 与热电偶测量的温度 T_3 和 T_4 吻合时,即得到了金刚石真实的热导率。在热电偶测温的基础上,分别采用非线性表面辐射导热耦合模型和非线性三维辐射导热耦合传热模型模拟了 Ia 型金刚石的热导率。从图 7.5 可以看出,两种模型得到的金刚石热导率与 D. H. Yue 等利用热传导模型得到的计算结果和 J. Olson 等采用闪光扩散系数法得到的实验结果具有可比性,非线性三维辐射导热耦合传热模型与实验数据之间的误差最小。误差减小的原因是仿真中引入的新模型考虑了辐射换热。对比表明,面辐射导热耦合传热模型的模拟结果与 D. H. Yue 等的热传导模型的结果相似。从图 7.5 也发现表面辐射造成的热损失很明显是最小的,并且在 320~570 K 的温度范围内,面辐射对 Ia 型金刚石的热导率的影响有限。这与前面得到的辐射热损失比例是一致的。

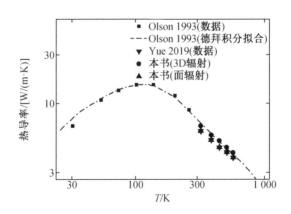

图 7.5　Ia 型金刚石的导热系数

注:正方形的点是来源于 J. Olson 等的实验结果,细点是来源于 J. Olson 等的德拜积分拟合的结果,三角形是来源于 D. H. Yue 等的结果,圆圈和三角形表示的是本章研究中的计算结果。

另一方面,随着压砧底座温度的增加,三维辐射导热耦合模型的计算结果与 J. Olson 等报道的数据更加吻合。同时,实验发现,随着压砧底座温度的增加,真空罩温度也会随之上升,这是由高温下显著的真空辐射效应以及压砧本身的热辐射特性所导致的。非线性三维辐射导热耦合传热模型最符合高温下DG 中实际的物理过程,所以在高温环境中三维辐射导热耦合传热是仿真外加热 DAC 内传热过程最好的数值模型。

7.3.5 辐射效应对温度测量精度的影响

由图 7.1 可知,在温度边界条件一定的情况下,利用非线性三维辐射导热耦合传热模型,结合实测温度 T_3 和 T_4,模拟 DAC 内样品的温度分布,可以得到精确的材料热导率。高温下,在实验中 T_3 和 T_4 的温度值受到表面辐射和体辐射传热过程的影响。同时,在高温下热电偶测量压砧局部表面温度时会受到辐射效应的影响。但是,辐射的定量影响尚不明确。在此方案中,我们可以采用非线性三维辐射导热耦合传热模型模拟温度场方案,进一步对辐射能耗导致热物理量的测量误差给出相应的修正参数。

利用热电偶直接测量金刚石压砧侧棱中点 D_3 和 D_4 位置的温度 T_3、T_4 存在一定的误差。在实验中,T_3 和 T_4 的测量误差主要来自热辐射效应的影响。通过热电偶测量的辐射校正,可以得到测温点的准确温度。

针对不同温度环境,我们利用有限体积法定量分析了热电偶温度校准的具体数值,对辐射能耗导致测试值的误差进行了修正,并对计算的结果进行线性拟合,其拟合参数见表 7.4 和表 7.5。

表 7.4　线性拟合的参数值

拟合数据		截距	截距的标准误差	斜率	斜率的标准误差	R^2
T_1:873 K	δT_3	0.778 9	0.019 1	0.001 2	1.55E-04	0.001 2
	δT_4	0.786 4	0.012 6	0.002 6	1.02E-04	5.01E-04
T_1:1 073 K	δT_3	1.572 5	0.003 6	0.001 5	2.89E-05	4.00E-05
	δT_4	1.549 5	0.012 4	0.004	1.00E-04	4.80E-04
T_1:1 273 K	δT_3	2.667 4	0.004 7	0.001 6	3.82E-05	7.00E-05
	δT_4	2.631 3	0.010 6	0.005 6	8.54E-05	3.50E-04

表 7.5　利用幂函数拟合的参数值

拟合数据		a	标准误差	b	标准误差	R^2
$\Delta T = 30$ K	δT_3	6.296 21E−10	2.789 81E−10	3.103 66	0.062 55	0.999 44
	δT_4	8.184 08E−10	3.107 26E−10	3.071 5	0.053 6	0.999 57
$\Delta T = 70$ K	δT_3	6.161 7E−10	4.901 12E−10	3.109 95	0.112 28	0.998 2
	δT_4	1.623 42E−9	2.214 51E−10	2.985 63	0.019 26	0.999 94
$\Delta T = 110$ K	δT_3	1.830 43E−9	6.616 77E−10	2.960 39	0.051 06	0.999 58
	δT_4	2.441 61E−9	3.988 57E−10	2.938 39	0.023 07	0.999 91
$\Delta T = 150$ K	δT_3	3.229 4E−9	7.854 04E−10	2.884 31	0.034 36	0.999 79
	δT_4	4.433 93E−9	9.541 97E−10	2.864 57	2.864 57	0.999 84
$\Delta T = 190$ K	δT_3	4.338 13E−9	1.453 49E−9	2.846 42	0.047 34	0.999 6
	δT_4	8.819 19E−9	2.856 48E−10	2.777 62	0.004 58	1

从图 7.6 的拟合曲线可以得到,T_3 和 T_4 的温度修正值 δT_3 和 δT_4 是 T_1 的幂函数,温度修正值 δT_3 和 δT_4 是温差 ΔT 的一次函数($\Delta T = T_2 - T_1$)。从图 7.6(a)可以看出,温度修正值 δT_3 和 δT_4 随温差 ΔT 的增大而增大。从图 7.6(b)可以看出,当温差 ΔT 一定时,修正值 δT_3 和 δT_4 随 T_1 升高而增大。随着温度 T_1 和 T_2 的升高,T_3 和 T_4 的温度修正值 δT_3 和 δT_4 都相应增大,说明热电偶的测量精度随着压砧底座温度的升高而下降。图 7.6 的数据表明了热电偶测量结果的误差随压砧温度的增加而增加,反映了高温下对辐射能耗导致热电偶误差修正的必要性。

因此,为了精确地表征极端高温高压下材料的导热性能,需要对热电偶产生的温度进行修正。基于上述分析,通过 T_3、T_4 的温度修正值 δT_3、δT_4 与 T_1、温度差 ΔT 之间的函数关系的基础上,得到温度修正值 δT_3 和 δT_4 的通用表达式为

$$\delta T_{3/4} = aT_1^b + c(T_2 - T_1) + d \tag{7.3.13}$$

通过得到温度修正的通用公式对模拟得到数据的拟合 δT_3 和 δT_4 可表示为

$$\delta T_3 = 0.0019(T_1 - 273.15)^{1.1081} + 0.001(T_2 - T_1) - 1.4078 \tag{7.3.14}$$

$$\delta T_4 = 0.0027(T_1 - 273.15)^{1.0375} + 0.002(T_2 - T_1) - 0.8574 \tag{7.3.15}$$

通过分析拟合得到的式(7.3.12)和式(7.3.13),发现上压砧底座的温度 T_1 对 $\delta T_{3/4}$ 的影响大于温度差 ΔT 对 $\delta T_{3/4}$ 的影响,这样的关系与我们模拟得到的数

据相吻合,说明上压砧底座温度 T_1 的设定值决定了温度修正值的大致范围。

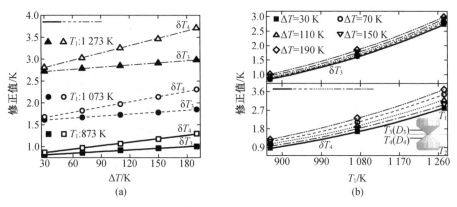

图 7.6　拟合曲线

注:δT_3 表示上压砧侧棱中点 D_3 处的温度修正值,δT_4 表示下压砧侧棱中点 D_4 处的温度修正值。

基于有限体积法的数值计算分析结果表明,该修正方法是合理的,可广泛应用于以热电偶作为温度校准的高温实验中。在高温实验中使用这样的温度校正将显著提高极端条件下热测量的准确性。数值模拟时输入的温度值是热电偶示值减去校准数据。非线性三维辐射导热耦合传热方式和修正后的温度值相结合利用有限体积数值模拟高温高压下 DAC 样品的温度场。在高温实验中使用这样的温度校正将显著提高极端条件下热测量的可靠性。

7.4　高温高压 DAC 内测量样品热导率的可行性分析

图 7.7 为模拟的计算域,与实验中的压砧、垫片和样品几何尺寸相一致。与图 7.1 相比,该计算域增加了样品。本节通过测量上下金刚石压砧底座的温度 T_1、T_2 和压砧侧棱 1/2 位置 D_3、D_4 处的温度 T_3、T_4,结合非线性三维辐射导热耦合传热模型,利用有限体积法模拟了压砧、垫片和样品的温度分布,评估了基于稳恒热流场的 DAC 内利用辐射导热耦合模型结合四热电偶配置的方法研究极端环境下物质热输运性质的可行性。

DAC 装置放置在真空罩中,有效隔绝了空气导热和热对流,而真空环境中热辐射效率是最高的。为了评估辐射对 DAC 热流场的影响,采用辐射热传导耦合传热模型定量分析辐射效应对压砧和样品温度及热流量的影响。其中辐射包含两部分,一部分是真空环境中 DAC 外壁面的辐射热损,另一部分是压砧固体区域内部辐射的透射和吸收。辐射是高度区域化的,需要进行角度离散的敏感性处理。角度离散不够时,壁面的热流会出现非物理振荡现象(数值振荡现象)。随着离散角度的逐渐增加,壁面热流也逐渐趋于平滑。通过不同角度的离散处理,最终确定使用 5×5 的角度。以模拟计算结果为依据,通过网格自适应加密,确保网格不会影响求解精度。网格独立性的分析保证了结果更符合实际的物理过程。

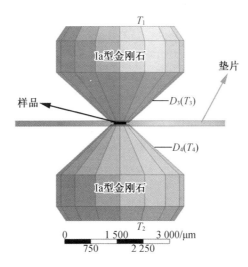

图 7.7　模拟计算中金刚石压砧、垫片和样品的几何模型

因为辐射的存在会导致 DAC 热量损失,使得整体温度呈现减小的趋势。在模拟中,将金刚石压砧上下底座温度 T_1 和 T_2 分别控制为 873 K 和 943 K,样品热导率为 2 W/m·K。根据辐射热传导耦合传热模型仿真得到辐射效应导致压砧和样品的温度减小值和热流量减小值。图 5.8 表示了样品热导率为 2 W/m·K 时,辐射效应造成压砧和样品热量损失后,温度和热流场的减小值。从图 7.8(a)的样品温度和热流量差值等值线云图可以清晰地观察到辐射导致样品不同位置处温度的减小值。图 7.8(b)中表示了从中心到边缘,样品上表面温度减小了 2.38~2.51 K,热流量减小了 90~2 740 W·S^{-2};样品下表面温度减小了 2.44~2.59 ℃,热流量减小了 6 940~8 520 W·S^{-2};从图 7.8(c)的压砧热流量差值等值线云图和图 7.8(d)的压砧温度差值等值线云图发现,辐射后压砧总热量呈现减小的趋势。图 7.8(e)表示了上下压砧侧棱处温度减小了

0.03~3.06 K。热辐射对整个流场和轴向(纵向)温度梯度影响较为明显。有文献报道在 327 ℃以上消光系数小于 20 cm^{-1} 的材料,热辐射将在传热过程中占主导地位。随着压砧上下底座温度 T_1 和 T_2 增加,辐射传热的占比会随之增加,辐射效应对传热过程的作用效果随之增强。可见,若忽略热辐射,研究 DAC 中高温高压下样品的热导率等热输运性质会出现较大的误差。新辐射耦合模型的传热方式更贴近实际的 DAC 传热行为,有效避免了热辐射对高温高压下材料热导率的原位精确测量的影响。

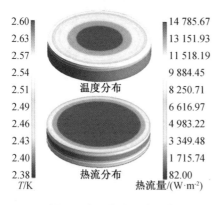

(a) 样品温度和热流量减小值

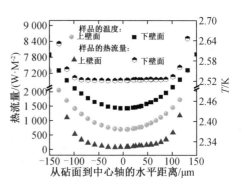

(b) 样品上下表面温度和热流减小值曲线

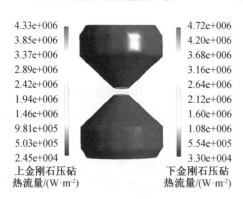

(c) 压砧热流量减小值

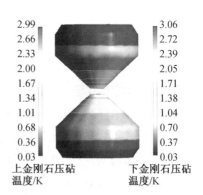

(d) 压砧温度减小值

图 7.8　辐射效应导致的热量损失

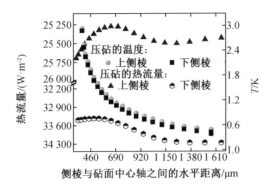

(e)压砧侧棱温度和热流量减小值曲线

图 7.8(续)

外加热 DAC 基于稳恒热流场的样品热导率测量的方案中,T_1 和 T_2 作为温度边界条件输入数值模型中。通过调整输入模型的样品热导率,使侧棱 1/2 位置的模拟结果与热电偶测量的 T_3、T_4 相同时,得到真实的样品热导率。也就是 DAC 内温度分布将随着样品的热导率改变而改变,我们通过探测压砧的温度变化利用非线性三维辐射导热耦合模型得到样品的热导率。金刚石的热导率较大,我们需要分析样品热导率改变后在测温点的反馈灵敏度,以此说明 DAC 中基于稳恒热流场的极端环境下样品热导率原位测量方法的可行性。

为了进一步了解高温下压砧的温度梯度情况,图 7.9(a)表示了样品热导率分别为 2 W/m·K、20 W/m·K、30 W/m·K 和 60 W/m·K,压砧上下底座的温度 T_1-T_2 分别为 873-903 K、872-923 K、872-943 K 时,金刚石侧棱的温度分布。图 7.9(b)表示了样品热导率分别为 2 W/m·K、20 W/m·K、30 W/m·K 和 60 W/m·K,压砧上下底座的温度 T_1-T_2 分别为 872-943 K 时,上下压砧侧棱 600~1 200 μm 位置的温度分布。从图 7.9(a)看出当样品的热导率设定为 2 W/m·K,温度 T_1-T_2 由 873-903 K 变为 873-943 K 时,上压砧侧棱的温度梯度从 1.8 K 变为 4.4 K,下压砧侧棱的温度梯度从 8.1 K 变为 15.1 K。压砧上下底座的温度 T_1 和 T_2 之间的温度差越大,金刚石侧棱的温度梯度就会越明显。从图 7.9 看出压砧上下底座的温度 T_1 和 T_2 为固定温度时,即温度边界条件一定,随着样品热导率的增加,金刚石侧棱的温度梯度会出现逐渐增加的趋势。

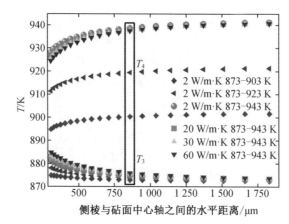

(a)上下压砧侧棱温度分布

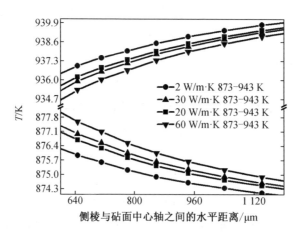

(b)上下压砧侧棱 600~1 200 μm 位置的温度分布

图 7.9　上下压砧温度分布

上下压砧侧棱中点位置 D_3、D_4 是我们实验中局部温度测量点。为了观察测温点温度对样品热导率和底座温度 T_1、T_2 改变时的具体响应,图 7.10 表示了压砧底座温度 T_1 为 873 K,T_2 分别为 903 K,923 K,943 K 时,测温点 D_3 和 D_4 的温度分布情况。图 7.10 表示了当 T_1 和 T_2 恒定时,样品热导率从 2 W/m·K 升至 60 W/m·K 时,压砧侧棱中点 D_3 的温度由 874.6 K 变为 875.6 K,压砧侧棱中点 D_4 的温度 938.6 K 变为 937.7 K。图 7.10 说明样品热导率的变化,测温点 D_3、D_4 会出现比较明显的温度反馈。压砧上下底座 T_1 与 T_2 温度差的增加也会提高测温点温度 T_3 与 T_4 反馈的灵敏度。样品热导率的变化引起 D_3 和 D_4 测温点温度的改变在实验测试中可以检测到。

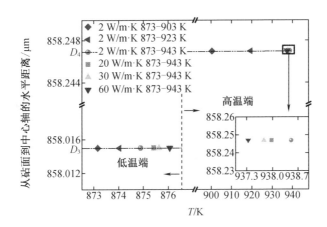

图 7.10 上下压砧侧棱中点位置的温度分布

为了观察 DAC 中样品上下表面的温度分布情况,图 7.11 表示了样品上下表面的温度梯度分布。样品热导率设定为 20 W/m·K,样品上下表面温度分别为 922.2-919.4 K,888.1-890.5 K。样品热导率设定为 60 W/m·K,样品上下表面温度分别为 915.9-915.7 K,894.3-894.4 K。样品热导率由 2 W/m·K 升至 60 W/m·K,样品同一表面两端和中间位置的温度最大相对误差不超过 2.5%。所以 DAC 中稳态加热的样品表面横轴向温度梯度较小。随着样品热导率的增加,这个误差值会出现减小的现象,基本可以实现上下表面的温度为一定值。所以高温高压 DAC 对高温高压下物质热学性能的研究有突出的优势。

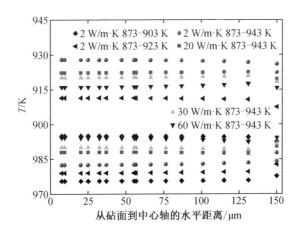

图 7.11 样品上下表面的温度分布

7.5 本 章 小 结

本章我们建立了基于非线性三维辐射导热耦合传热模型分析外加热 DAC 内的传热过程的数值模拟方法,研究了辐射效应对 DAC 内原位热导率测量的影响。与之前的模型相比,该辐射导热耦合换热模型考虑了金刚石压砧体积内的辐射换热和 DG 外壁面的辐射能耗。结果表明辐射效应对整个温度场的贡献不可忽视。从数值模拟结果来看,高温高压 DAC 热流场中辐射效应随着 DAC 底座温度的升高呈现递增的趋势。本章将所提出的非线性三维辐射导热耦合传热模型与之前的模型进行对比,可以看出辐射效应对 DAC 内原位热导率的精确测量起着不可忽视的作用;利用这种新的辐射导热耦合模型研究了 Ia 型金刚石的导热率,验证了高温高压下稳态传热 DAC 中该三维辐射耦合模型的合理性。

同时高温下的辐射效应会导致热电偶测量压砧表面温度时出现明显的测量误差。不仅在热导率研究中需要对热电偶测量的温度进行校正,在 DAC 中研究与高温相关的性质时对热电偶测量的温度也是有必要进行校正的。基于该模型,我们揭示了热电偶测温误差的影响因素,提出了一种具有一定通用性的温度校正方法,用于修正高温实验中热电偶测量的数据。因此,我们为 DAC 内热导率研究提供了一种更实用、更准确的温度测量方法,以准确分析稳态加热 DAC 中样品的热输运性质。

利用有限体积法采用非线性三维辐射导热耦合传热数值模型分析了在高温高压 DAC 中研究不同类型样品热导率的可行性。从数值模拟结果来看,基于稳恒热流场的 DAC 中样品热导率的改变在测温点有明显的温度反馈,对于实验测量有一定的指导意义。

参 考 文 献

[1] AMMANN M W, WALKER A M, STACKHOUSE S, et al. Variation of thermal conductivity and heat flux at the Earth's core mantle boundary[J]. Earth and Planetary Science Letters, 2014, 390: 175-185.

［2］ LOBANOV S S, HOLTGREWE N, GONCHAROV A F. Reduced radiative conductivity of low spin FeO_6 – octahedra in $FeCO_3$ at high pressure and temperature［J］. Earth and Planetary Science Letters, 2016, 449: 20−25.

［3］ DE KOKER N. Thermal conductivity of MgO periclase at high pressure: Implications for the D″ region［J］. Earth and Planetary Science Letters, 2010, 292(3/4): 392−398.

［4］ DALTON D A, HSIEH W P, HOHENSEE G T, et al. Effect of mass disorder on the lattice thermal conductivity of MgO periclase under pressure ［J］. Scientific Reports, 2013, 3: 2400.

［5］ VOSTEEN H D, SCHELLSCHMIDT R. Influence of temperature on thermal conductivity, thermal capacity and thermal diffusivity for different types of rock［J］. Physics and Chemistry Earth, Parts A/B/C, 2003, 28(9−11): 499−509.

［6］ OKUDA Y, OHTA K, HASEGAWA A, et al. Thermal conductivity of Fe– bearing post – perovskite in the Earth's lowermost mantle［J］. Earth and Planetary Science Letters, 2020, 547: 116466.

［7］ LOUVEL M, DREWITT J W E, ROSS A, et al. The HXD95: A modified Bassett−type hydrothermal diamond−anvil cell for in situ XRD experiments up to 5 GPa and 1300 K［J］. Journal of Synchrotron Radiation, 2020, 27(Pt 2): 529−537.

［8］ DU Z X, MIYAGI L, AMULELE G, et al. Efficient graphite ring heater suitable for diamond−anvil cells to 1300 K［J］. The Review of Scientific Instruments, 2013, 84(2): 024502.

［9］ SHINODA K, NOGUCHI N. An induction heating diamond anvil cell for high pressure and temperature micro – Raman spectroscopic measurements ［J］. Review of Scientific Instruments, 2008, 79(1):015101.

［10］ PANGILINAN G I, LADOUCEUR H D, RUSSELL T P. All−optical technique for measuring thermal properties of materials at static high pressure［J］. Review of Scientific Instruments, 2000, 71(10): 3846−3852.

［11］ YUE D H, GAO Y, ZHAO L, et al. In situ thermal conductivity measurement in diamond anvil cell［J］. Japanese Journal of Applied

Physics, 2019, 58(4): 040906.

[12]　TANIGUCHI H, OHMORI T, IWATA M, et al. Numerical study of radiation-convection heat transfer[J]. Heat Transfer-Asian Research, 2002, 31(5): 391-407.

[13]　DORE P, NUCARA A, CANNAVÒ D, et al. Infrared properties of chemical-vapor deposition polycrystalline diamond windows[J]. Applied Optics, 1998, 37(24): 5731-5736.

[14]　THOMAS M E, TOPF W J, SZPAK A. Optical-properties of diamond[J]. Diamond Films and Technology, 1995, 5(3): 159-180.

[15]　SUSSMANN R S, BRANDON J R, SCARSBROOK G A, et al. Properties of bulk polycrystalline CVD diamond[J]. Diamond and Related Materials, 1994, 3(4-6): 303-312.

[16]　COQUARD R, RANDRIANALISOA J, LALLICH S, et al. Extension of the FLASH method to semitransparent polymer foams[J]. Journal of Heat Transfer, 2011, 133(11): 112604.

[17]　WANG S, AI Q, ZOU T Q, et al. Analysis of radiation effect on thermal conductivity measurement of semi-transparent materials based on transient plane source method[J]. Applied Thermal Engineering, 2020, 177: 115457.

[18]　GROSS U, TRAN L T S. Radiation effects on transient hot-wire measurements in absorbing and emitting porous media[J]. International Journal of Heat and Mass Transfer, 2004, 47(14-16): 3279-3290.

[19]　HOSSEINI A A, GHODRAT M, MOGHIMAN M, et al. Numerical study of inlet air swirl intensity effect of a Methane-Air Diffusion Flame on its combustion characteristics[J]. Case Studies in Thermal Engineering, 2020, 18: 100610.

[20]　VENKATADRI K, ANWAR BÉG O, RAJARAJESWARI P, et al. Numerical simulation of thermal radiation influence on natural convection in a trapezoidal enclosure: Heat flow visualization through energy flux vectors [J]. International Journal of Mechanical Sciences, 2020, 171: 105391.

[21]　MILANI SHIRVAN K, MIRZAKHANLARI S, MAMOURIAN M, et al.

Optimization of effective parameters on solar updraft tower to achieve potential maximum power output： A sensitivity analysis and numerical simulation[J]. Applied Energy, 2017, 195：725–737.

[22]　FU Z L, YU X H, SHANG H L, et al. A new modelling method for superalloy heating in resistance furnace using FLUENT[J]. International Journal of Heat and Mass Transfer, 2019, 128：679–687.

[23]　FANG C, JIA X P, CHEN N, et al. HPHT synthesis of N–H co–doped diamond single crystals[J]. Journal of Crystal Growth, 2016, 436：34–39.

[24]　HU M H, BI N, LI S S, et al. Synthesis and characterization of boron and nitrogen Co – doped diamond crystals under high pressure and high temperature conditions[J]. CrystEngComm, 2017, 19(31)：4571–4575.

[25]　ZAIN – UL – ABDEIN M, IJAZ H, SALEEM W, et al. Finite element analysis of interfacial debonding in copper/diamond composites for thermal management applications[J]. Materials, 2017, 10(7)：739.

[26]　OLSON J, POHL R, VANDERSANDE J, et al. Thermal conductivity of diamond between 170 and 1200 K and the isotope effect[J]. Physical Review B, Condensed Matter, 1993, 47(22)：14850–14856.

[27]　ZHUANG Q, JIN X L, CUI T, et al. Effect of electrons scattered by optical phonons on superconductivity in MH_3(M = S, Ti, V, Se)[J]. Physical Review B, 2018, 98(2)：024514.

[28]　YUE D H, JI T T, QIN T R, et al. Accurate temperature measurement by temperature field analysis in diamond anvil cell for thermal transport study of matter under high pressures [J]. Applied Physics Letters, 2018, 112 (8)：081901.

[29]　PANGILINAN G I, LADOUCEUR H D, RUSSELL T P. All–optical technque for measuring thermal properties of materials at static high pressure[J]. The Review of Scientific Instruments, 2000, 71(10)：3846–3852.

[30]　PANGILINAN G I, LADOUCEUR H D, RUSSELL T P. All–optical technique for measuring thermal properties of materials at static high pressure[J]. Review of Scientific Instruments, 2000, 71(10)：3846–3852.

[31]　BECK P, GONCHAROV A F, STRUZHKIN V V, et al. Measurement of

thermal diffusivity at high pressure using a transient heating technique [J].
Applied Physics Letters, 2007,91(18): 181914.

[32] EREMETS M I. Megabar high-pressure cells for Raman measurements [J].
Journal of Raman Spectroscopy, 2003,34(7-8): 515-518.

[33] DORE P, NUCARA A, CANNAVÒ D, et al. Infrared properties of
chemical-vapor deposition polycrystalline diamond windows[J]. Applied
Optics, 1998, 37(24): 5731-5736.

[34] STOUPIN S, SHVYD'KO Y V. Ultraprecise studies of the thermal
expansion coefficient of diamond using backscattering X-ray diffraction[J].
Physical Review B, 2011, 83(10): 104102.

[35] TANIGUCHI H, OHMORI T, IWATA M, et al. Numerical study of
radiation-convection heat transfer [J]. Heat Transfer-Asian Research,
2002, 31(5): 391-407.

[36] YUE D H, GAO Y, ZHAO L, et al. In situ thermal conductivity
measurement in diamond anvil cell [J]. Japanese Journal of Applied
Physics, 2019, 58(4): 040906.

[37] MOUNET N, MARZARI N. First-principles determination of the structural,
vibrational and thermodynamic properties of diamond, graphite, and
derivatives[J]. Physical Review B, 2005, 71(20): 205214.

第8章 高温高压 DAC 内金刚石压砧和样品形变对热导率测量的影响

8.1 研究背景

基于 DAC 研究高温高压物质电学性质和热输运性质时,要想得到精确的电导率、热导率、赛贝克系数等特性,就需要确定不同温压下样品的准确厚度分布,而不是一个平均或近似的值。高压下金刚石的形变已经被实验所证实,金刚石的形变对 DAC 内样品厚度测量有较大的影响,从而导致厚度测量不准确。金刚石的形变可以分解为两个部分:第一部分是高压下金刚石的"杯形"形变导致样品表面受力呈梯度分布,使样品在高压下呈现"凸透镜"形状,第二部分是在轴向压力下其整体高度的变化。高压下金刚石的"杯形"形变是由于砧面的中心向底座的下凹,所以样品表面的压力延径向梯度分布,导致样品表面呈曲线形状。通常采取减小压砧砧面直径的措施以达到降低压砧"杯形"形变的目的。同时,考虑到样品腔的面积较小,通常仅占砧面的 1/4 左右,因此样品的上下表面被认为是平面。高压实验中常用的 DAC 中样品厚度测量方法多为以下两种,第一种通过测量不同压力下两个金刚石压砧侧面标记之间的距离,以此反映高压下样品的原位厚度。第二种是 M. Li 等提出了新的样品厚度标定法,最大限度地排除了金刚石轴向形变对样品厚度的影响,较准确地获得了高压下样品的原位厚度。这两种方法的前提是将样品的表面假设为平面,忽略了极端条件下压砧砧面"杯形"形变对样品厚度测量精度的影响。

但在基于稳恒热流的 DAC 中测量样品热导率时,需要选择大砧面的压砧,尽量增大压腔,保证样品的直径足够大,同时在 DAC 中研究材料的热输运性质时,通过高温电阻炉直接作用于 Ia 型金刚石压砧底座,热能以热传导和三维辐射传热方式从上下压砧底座传热到样品。此时压砧的温度较高,高温环境下的金刚石压砧力学状态相对静态下就更为复杂且重要,热应力随着温度的升高而增加,热应力的增加将导致压砧"杯形"形变程度加剧。基于以上情况,如果仍将样品的上下平面近似为平面,实验测量得到的样品厚度将会出现较大的误差,从而影响高温高压原位热导率研究的精度。所以在高温高压 DAC 中,温度不均匀导致的热负荷对压砧结构可靠性以及对样品厚度的影响是 DAC 内高温高压原位热导率实验测量前期重要的关注点。

目前对高压高温条件下金刚石压砧和样品的受力状态和形变程度尚不明确,因此有必要在高温高压下对压砧和样品形变进行定量分析,以评估其对材料热导率测量精度的影响。实验中直接准确测量 DAC 中样品厚度极其困难,所以本章采用数值仿真的方法对 DAC 装置中在高温高压极端环境下金刚石压砧"杯形"形变和样品形变进行定量计算,对 DAC 高温高压原位热导率测量的影响进行了深入探讨。

8.2 数 值 模 型

8.2.1 模型描述

模拟计算中金刚石压砧、样品和垫片(DASG)几何模型根据实际几何结构尺寸构建,如图 8.1 所示。T_1 到 T_4 是四个热电偶测得的温度,P 是对上压砧底座施加的应力。利用耦合场的方法模拟高温高压 DAC 内热应力场。在大多数情况下,传热问题中温度场变化将直接影响物体的热应力,因此 DASG 的热应力产生过程可以认为是一个单向耦合过程。本章将 DASG 热应力分成两个过程进行数值模拟,也就是在热分析的基础上与外载荷共同求解节点位移。我们通过分析 DASG 的热应力分布情况研究了不同温压下压砧和样品的形变程度。在弹性力学中,考虑热应变时总应变 $\{\varepsilon\}$ 表示为

$$\{\varepsilon\} = [B]\{\delta\}^e = \{\varepsilon\}_E + \{\varepsilon\}_T \{\varepsilon\}_T = \alpha \Delta T [111000]^{\Delta T} \qquad (8.2.1)$$

其中,$[B]$ 为应变矩阵,$\{\delta\}^e$ 为单元 e 的位移,$\{\varepsilon\}_E$ 为弹性应变,$\{\varepsilon\}_T$ 为热应变,ΔT 是任意点的温度变化值。描述热应力的物理方程如下所示:

$$\{\sigma\} = [D](\{\varepsilon\} - \{\varepsilon\}_T) \qquad (8.2.2)$$

其中,$[D]$ 为弹性系数矩阵。考虑物体的热应力,弹性体内单元 e 的应力的虚应变能为

$$U^e = \frac{1}{2}\int_{V^e}\{\sigma\}^{\mathrm{T}}\{\varepsilon\}\mathrm{d}V = \frac{1}{2}\int_{V^e}(\{\varepsilon\}^{\mathrm{T}}-\{\varepsilon\}_{\mathrm{T}}^{\mathrm{T}})[D](\{\varepsilon\}^{\mathrm{T}}-\{\varepsilon\}_{\mathrm{T}}^{\mathrm{T}})\mathrm{d}V$$

$$(8.2.3)$$

$$\Delta U^e = \Delta(\{\delta\}^{e\mathrm{T}})\int_{V^e}[B]^{\mathrm{T}}[D][B]\mathrm{d}V\{\delta\}^e - \Delta\{\delta\}^{e\mathrm{T}}\int_{V^e}[B]^{\mathrm{T}}[D]\{\varepsilon\}_{\mathrm{T}}\mathrm{d}V$$

$$(8.2.4)$$

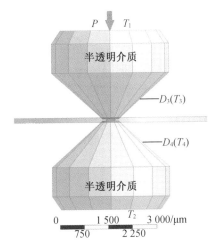

图 8.1　模拟计算中金刚石压砧、样品和垫片几何模型

带入最小势能原理的表达式:

$$\delta U = \delta(\sum U^e) = 0 \quad \frac{\partial U}{\partial\{\delta\}} = \frac{\partial}{\partial\{\delta\}}(\sum U^e) = 0 \qquad (8.2.5)$$

则结构的外载荷表示为

$$\{R\}^e = \int_{V^e}[B]^{\mathrm{T}}[D][B]\mathrm{d}V\{\delta\}^e - \int_{V^e}[B]^{\mathrm{T}}[D]\{\varepsilon\}_{\mathrm{T}}\mathrm{d}V \qquad (8.2.6)$$

单元 e 总应力为

$$\{R\}^e + \int_{V^e}[B]^{\mathrm{T}}[D]\{\varepsilon\}_{\mathrm{T}}\mathrm{d}V = [K]^e\{\delta\}^e \qquad (8.2.7)$$

其中,$[K]^e$ 为单元刚度矩阵,等式(8.2.7)的左边第二项是温度变化导致的,相当于由于温度变化而施加在节点上的一个假想的节点力,称之为热载荷。则结

构存在外载荷和热载荷的结构应力表示为

$$[K]\{\delta\} = \{Q\}_T + \{R\} \tag{8.2.8}$$

其中，$[K] = \sum [k]^e$ 为结构总刚度矩阵，$\{Q\}_T = \sum \{Q\}_T^e$ 为总的热载荷，$\{R\}$ 为外载荷。

8.2.2 初始和边界条件

热加载：

高温高压 DAC 利用高温电阻炉直接作用于 Ia 型金刚石压砧上下底座，实验中可以调控压砧上下底座的温度。因为金刚石热导率很高，压砧底面视为恒温壁面，数值模拟的初始条件为

$$[T(x,y,z)]_{t=0} = T_1(T_2) \tag{8.2.9}$$

其中，$T_1(T_2)$ 是压砧上（下）底座的壁面温度。

压力加载：

P 是 DAC 压机通过碟簧的弹性形变对上压砧底座施加的应力边界条件。为保证下压砧底座固定于摇床，需要设置固定支撑条件，因此对下压砧底座施加固定约束。

8.3 结果与讨论

我们对 DASG 的热应力耦合物理场进行定量分析，首先采用上一章提出的三维辐射导热耦合传热新模型利用有限体积法模拟了 DASG 各单元上的温度变化，热分析的结果作为热载荷。DASG 的温度分布作为热载荷施加到结构应力分析中，然后采用有限元法对压砧热应力耦合物理场进行分析。得到 DASG 的应力分布以及压砧和样品的形变程度。

该数值模拟中以硅酸镁 $MgSiO_3$ 为试样，垫片使用常用的 T301 不锈钢垫片，金刚石压砧使用 Ia 型金刚石。硅酸镁 $MgSiO_3$ 是一种常见的成岩矿物，在过去的几十年里，大量的实验和理论计算报道了高温高压下硅酸镁 $MgSiO_3$ 的热力学性质和弹性性质。热模拟需要的 Ia 型金刚石在热辐射波段的吸收率、吸收系数和折射率等光学参数参考上一章节中的表 7.1。表 8.1 描述了模拟中使用的压砧、垫片和样品硅酸镁 $MgSiO_3$ 的相应物理参数。

表 8.1　模型计算所需的材料参数

物性/材料	金刚石	样品	垫片
密度/(kg/m³)	3 520	Function	7 000
热导率/[W/(m·K)]	Function	Function	Function
比热容/[J/(kg·K)]	Function	Function	460
热膨胀系数/K⁻¹	Function	Function	1.2E-05
杨氏模量/Pa	Function	Function	2E+11
泊松比	Function	Function	0.3

注:Function 特指物理参量是关于温度和压力的函数关系。

8.3.1　高温高压 DAC 内金刚石压砧的热应力

基于稳恒热流场的 DAC 中金刚石压砧的温度分布不均匀导致的热负荷会产生一定的热应力,在静态和高温下分别计算压砧的应力分布,深入探讨高温高压下压砧温度分布不均匀产生砧面热应力的变化趋势。通过有限体积法模拟压砧上下底座温度 T_1-T_2 分别为 400-420 K,700-720 K,1 000-1 020 K 和 1 300-1 320 K 时 DASG 的温度场,如图 6.2 所示,然后将模拟得到的温度场作为热载荷施加到结构应力分析中,对上压砧底座施加应力边界条件 P,利用有限元法模拟高温高压下压砧、样品以及垫片的应力分布。为了研究在高温高压的极端条件下压砧砧面的热应力分布的情况,我们定量计算了不同温压下压砧砧面产生的热应力,压砧砧面的热应力占总应力的比例见表 8.2。

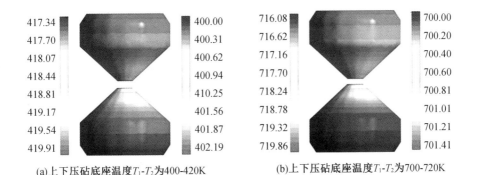

(a)上下压砧底座温度T_1-T_2为400-420K　　(b)上下压砧底座温度T_1-T_2为700-720K

图 8.2　金刚石压砧的温度分布

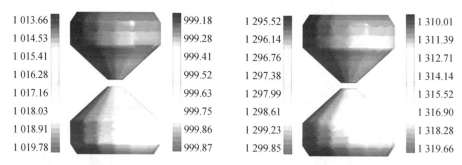

1 013.66	999.18
1 014.53	999.28
1 015.41	999.41
1 016.28	999.52
1 017.16	999.63
1 018.03	999.75
1 018.91	999.86
1 019.78	999.87

(c)上下压砧底座温度T_1-T_2为1 000-1 020K

(d)上下压砧底座温度T_1-T_2为1 300-1 320K

图 8.2(续)

从表 8.2 可以看出,当压砧处在一个固定的温度环境中,砧面的热应力比例会随着施加在上压砧底座的压力边界条件 P 的增加而呈现减小的趋势。在低压高温的极端条件下,压砧砧面的热应力效应是最显著的。而在压力边界条件 P 一定时,砧面热应力的比例随着压砧本身温度的增加而呈现增加的趋势,如应力边界条件 P 为 100 MPa,上下压砧底座温度由 T_1-T_2 为 400-420 K 升高到 1 300-1 320 K 时,砧面的应力从 3.54 GPa 增加到 4.15 GPa,砧面的热应力比例从 4.25% 增加到 18.33%。砧面应力会导致砧面发生形变,而砧面热应力的显著增加会加剧压砧砧面的形变程度。这意味着,在稳恒热流场的 DAC 中研究材料热导率时,应注意热应力导致的砧面和样品厚度的形变程度。

表 8.2　不同温度边界条件下砧面的热应力比例

边界条件	静态	T_1-T_2:400-420 K			T_1-T_2:700-720 K			T_1-T_2:1 000-1 020 K			T_1-T_2:1 300-1 320 K		
P /MPa	$P_{砧面}$ /GPa	$P_{砧面}$ /GPa	比例 /%		$P_{砧面}$ /GPa	比例 /%		$P_{砧面}$ /GPa	比例 /%		$P_{砧面}$ /GPa	比例 /%	
100	3.4	3.5	4.25		3.8	11.27		4.0	15.27		4.2	18.33	
330	11.6	11.8	1.30		12.1	3.76		12.2	4.78		12.5	7.14	
500	17.9	18.1	1.13		18.3	2.05		18.3	2.26		18.4	2.58	
770	27.4	27.6	0.73		27.8	1.34		27.9	1.76		30.0	1.97	
1 100	38.4	38.5	0.37		38.7	0.71		38.7	0.86		38.8	1.06	

8.3.2　高温高压 DAC 内金刚石压砧和样品形变对热导率测量的影响

静态下通过施加压力边界 P 为 1 500 MPa,砧面的平均应力为 51.51 GPa 时压砧的变形被展示在图 8.3(a)中。为了更直观地观察变形后的形状,示意图按照 1∶30 的比例。从图 8.3(a)中可以观察到压砧中心区域形变量大于边缘区域的形变量,这与早期实验结果是一致的,金刚石在高压下会出现"杯形"形变,压砧的形变会导致样品由初始的圆柱形变形为"凸透镜"形状。图 8.3(b)和图 8.3(c)表示了静态下压砧在不同压力作用下的形变分布。压砧的"杯形"形变量随着砧面压力的增加而呈现增加的趋势。金刚石压砧的形变程度的加剧会导致样品上下表面压力不均匀,进而使样品厚度呈现径向梯度分布的现象更加明显。

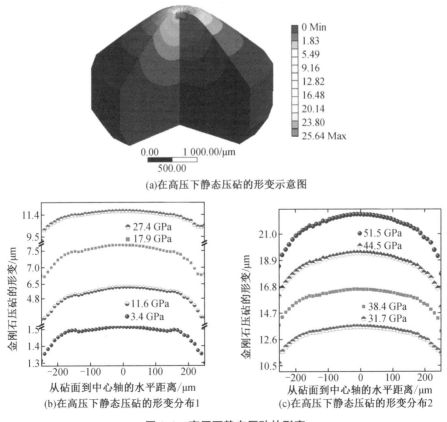

(a)在高压下静态压砧的形变示意图

(b)在高压下静态压砧的形变分布1

(c)在高压下静态压砧的形变分布2

图 8.3　高压下静态压砧的形变

在 DAC 高温高压原位热导率测量时,电阻炉直接作用于压砧底座,通过压砧传热到样品,此时压砧整体具有较高的温度分布,根据 8.2.1 中分析得到的高温会导致砧面产生较明显的热应力,需要深入分析高温高压极端条件下压砧形变以及该形变导致的样品厚度形变。

图 8.4 表示了温度 T_1 和 T_2 分别控制为 1 300 K 和 1 320 K 时砧面在不同压力下的形变量。图 8.3 和图 8.4 相比,我们发现金刚石的形变量的大小发生了明显的变化。从图 8.3 中可以发现,砧面的形变在砧面中心附近是比较平缓的,主要集中在边缘附近。所以在室温下砧面中心附近的压力一般认为是定值,而非梯度分布,即可以近似认为样品的上下表面为平面。而从图 8.4 中可以发现,在热应力的作用下砧面中心位置附近的形变与静态情况下相比发生了明显的变化,在砧面中心区域的形变程度加剧。所以压砧底座施加相同的压力边界条件,因为热载荷的作用,热应力效应加大了砧面的形变程度。

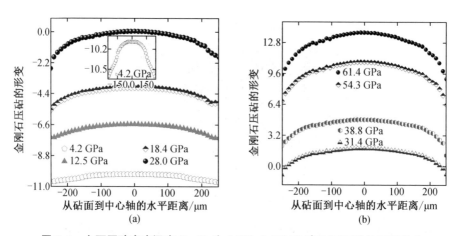

图 8.4 上下压砧底座温度 T_1-T_2 为 1 000-1 020 K,高压下压砧的形变分布

以上分析了温度和压力的作用下导致的压砧砧面形变分布。为了评估压砧砧面形变对 DAC 中样品厚度形变的影响情况,表 8.3 和表 8.4 定量表示了压砧砧面在不同压力和温度条件下的"杯形"形变量,以及该形变导致样品厚度的形变比例。H_b 为上压砧砧面中心位置和下压砧砧面中心位置($r=0$,r 为径向坐标)之间的距离,H_a 为上压砧砧面边缘和下压砧砧面边缘($r=r_0$,r_0 为砧面半径)之间的距离,H_{ab} 用来描述金刚石压砧的"杯形"形变程度,其标定表达式为

$$H_{ab} = H_b - H_a \tag{8.3.1}$$

我们将不同温度条件下的压砧形变导致的样品厚度形变与样品表面(近似

为平面)相比较,得到以下表格中金刚石压砧形变导致测量样品厚度所产生的形变比例,标定表达式为

$$H_{s,max} = (H_b - H_a)/H_a, H_{s,min} = (H_b - H_a)/H_b \qquad (8.3.2)$$

如表 8.3 和表 8.4 的所示,在固定压力下,随着金刚石压砧底座温度 T_1 和 T_2 的增加,实验中高温高压下样品厚度的形变量呈现递增的趋势。在金刚石压砧底座温度一定时,随着压砧砧面压力的增加,实验中样品的厚度误差也呈现增加的趋势。在应力边界条件 P 为 100 MPa,压砧的温度由静态升高到压砧上下底座温度分别为 1 300 K 和 1 320 K,压砧砧面的压力由 3.39 GPa 增加到 4.15 GPa,热应力的增加导致砧面形变量从 0.41 μm 增加到 0.68 μm,即砧面的"内凹"程度加大,砧面形变最直接的影响是导致样品表面压力呈现梯度分布,与之前近似认为样品表面为平面相比,样品厚度形变比例由 0.83%~0.84% 明显增加到 1.36%~1.38%。这意味着压砧温度越高,其"杯形"形变就越明显,在实验中样品上下表面很难再近似认为是平面。所以在压力边界条件一定时,传统测量样品厚度的方法的实验误差会随温度的增加而增加,压砧的温度越高,越应该注意样品厚度的形变。所以基于稳恒热流场的 DAC 中压砧形变和其导致样品厚度形变这两者是不容忽视的。

表 8.3　高压下金刚石的"形变"及样品厚度形变

边界条件	砧面压力	静态			
P/MPa	$P_{砧面}$/GPa	H_a/μm	H_b/μm	H_{ab}/μm	H_s/%
100	3.4	48.88	49.29	0.41	0.83~0.84
330	11.6	46.41	47.85	1.44	3.01~3.10
500	17.9	44.66	46.78	2.11	4.52~4.73
770	27.4	41.47	45.4	3.92	8.64~9.46
900	31.7	39.91	44.52	4.61	10.35~11.55
1 100	38.4	37.65	43.56	5.91	13.56~15.68

表 8.4　(a) 高温高压下金刚石的"杯形"形变及样品厚度形变

边界条件 P/MPa	砧面压力 $P_{砧面}$/GPa	T_1-T_2:400~420 K				砧面压力 $P_{砧面}$/GPa	T_1-T_2:700~720 K			
		H_a/μm	H_b/μm	H_{ab}/μm	H_s/%		H_a/μm	H_b/μm	H_{ab}/μm	H_s/%
100	3.5	48.96	49.44	0.48	0.97~0.98	3.8	49.23	49.91	0.68	1.36~1.38
330	11.8	46.46	47.96	1.50	3.14~3.24	12.1	46.67	48.33	1.66	3.44~3.57
500	18.1	44.7	46.89	2.19	4.67~4.90	18.3	44.81	47.24	2.44	5.16~5.44
770	27.6	41.53	45.49	3.97	8.72~9.55	27.8	41.68	45.76	4.08	8.92~9.79
900	31.6	40.00	44.74	4.74	10.6~11.86	31.7	40.07	45.00	4.93	10.95~12.29
1 100	38.5	37.69	43.65	5.96	13.66~15.83	38.7	37.82	43.90	6.08	13.84~16.06

表 8.4　(b) 高温高压下金刚石的"杯形"形变及样品厚度形变

边界条件 P/MPa	砧面压力 $P_{砧面}$/GPa	T_1-T_2:1 000~1 020 K				砧面压力 $P_{砧面}$/GPa	T_1-T_2:1 300~1 320 K			
		H_a/μm	H_b/μm	H_{ab}/μm	H_s/%		H_a/μm	H_b/μm	H_{ab}/μm	H_s/%
100	4.00	49.52	50.4	0.88	1.75~1.78	4.2	49.81	50.86	1.05	2.07~2.12
330	12.2	46.92	48.73	1.81	3.72~3.86	12.5	47.21	49.29	2.07	4.20~4.39
500	18.3	44.92	47.6	2.68	5.63~5.96	18.4	45.09	48.12	3.03	6.30~6.73
770	27.9	41.87	46.05	4.17	9.06~9.97	28.0	42.07	46.39	4.31	9.30~10.25
900	31.7	40.22	45.27	5.05	11.16~12.57	31.7	40.41	45.6	5.19	11.38~12.84
1 100	38.8	37.98	44.15	6.16	13.96~16.23	38.8	38.18	44.45	6.26	14.09~16.4

根据傅里叶定律 $Q=\lambda \cdot S \cdot T/d$,热流 Q 流过横截面为 S、厚度为 d 的样品,厚度 d 方向上的温差为 T,样品厚度形变可以导致样品热导率测量出现相应的误差。既然利用数值模拟可以定量系统地分析 DAC 中高温高压下压砧和样品变形程度,讨论对高温高压原位热导率测量的影响,那么是否可以利用有限体积法和有限元法,建立耦合场考虑热应力导致的结构变形?用处理结构变形的热-固耦合数值分析代替传统的 DAC 中高压下样品厚度测量,以此消除金刚石压砧形变和样品厚度梯度分布对高温高压条件下原位热导率测量的影响。

8.3.3　热-固耦合辅助 DAC 高温高压原位热导率的研究

通过对高温高压下金刚石压砧的"杯形"形变及样品厚度形变的分析,压砧的"杯形"形变会导致样品表面压力从中心沿径向梯度分布,实验设计上为了尽可能降低压砧的"杯形"变形程度,通常采用减小砧面直径这一方法,而且 DAC 中样品上下平面的面积一般仅是砧面的 1/4 左右,样品表面受到的压力从砧面中心沿径向梯度分布,样品的面积越小,样品表面的压力梯度分布也就越不明显,以此确保样品的上下表面可以近似为平面。通过对稳态传热 DAC 中高温高压下金刚石压砧和样品变形的研究,我们发现压砧自身的高温度梯度导致增加了热应力,而热应力会加剧压砧的"杯形"形变。同时在稳态热流 DAC 中我们需要尽可能确保样品具有较大的占空比,以确保准确标定样品的温度场。压砧形变的增加和样品尺寸的增加都会导致样品从中心沿径向的厚度梯度分布增大。而金刚石压砧和样品尺寸是 DAC 温度分布数值分析中的重要参量。因此忽略金刚石的"杯形"形变并将样品表面近似为平面的假设并不适用于稳态热流 DAC 中高温高压下材料热导率的研究。

外加热 DAC 中高温温度场会导致 DASG 结构变形,而 DASG 结构变形的反作用将影响 DASG 的温度分布。所以在高温高压 DAC 中需要考虑金刚石压砧的"杯形"形变和样品形变的具体情况。基于以上内容,我们提出双向采用热-固耦合数值模拟的方法研究 DAC 内高温高压原位热导率。热-固耦合方法的提出避免了 DAC 内在高温高压下利用传统方法测量样品厚度。该方法只需要测量 DAC 中初始样品厚度,有效剔除了压砧和样品形变导致的热测量误差。我们可以首先利用有限体积法模拟高温高压 DAC 中压砧、垫片和样品的热流场,再利用基于有限元法的静力结构耦合场分析,在间接耦合基础上利用迭代耦合或采用直接耦合模拟高温高压下金刚石压砧、垫片和样品的温度、应力和形变分布,该数值模拟消除了高温高压下压砧和样品形变对热导率的影响,实现了稳态热流 DAC 中高温高压下样品热导率的高精度研究。

我们发现在仿真中,如图 8.1 所示,一旦温度边界条件和压力边界条件是固定的,利用热–固耦合计算可以准确地得到高温高压下 DASG 的形变和温度分布。在此方案中,将上下金刚石压砧底座温度 T_1 和 T_2 作为温度边界条件,P 作为压力边界条件输入模型中。在一定的压力和温度边界条件下,侧棱测温点的模拟温度 t_3' 和 t_4' 与实验热电偶测量的温度 T_3 和 T_4 吻合时,数值模拟得到的砧面中心压力与利用红宝石荧光测压方法得到的砧面中心的压力吻合,从而得到了高温高压下 DASG 的真实温度、应力和变形分布。因此,我们提出利用热–固耦合场模拟辅助 DAC 中样品热输运性质的研究,该方法有效修正了热辐射以及金刚石压砧和样品形变对热导率测量的影响,为实现极端环境下材料热输运性质的精准测量与研究提供了全新思路。

将高温高压压机、原位测量技术以及数值分析相结合,可实现 DAC 内稳恒热流场下原位热导率的测量。具体方案如下:

(1)在实验中,首先对 DAC 周围环境进行抽真空处理,然后采用双面电阻炉对上下压砧底座进行加热,利用 Lakeshore 336 控温仪对压砧底座温度仔细监测并智能调控上下两端陶瓷模具缠绕的电热丝的功率,在 DAC 核心区域形成可控温差的稳定热流场。

(2)DAC 上采用四热偶配置压机,分别测量上下压砧底座以及上下压砧侧棱中点温度 $t_n(n=1,2,3,4)$,如图 8.1 所示。利用数值分析研究高温下稀薄空气热对流效应和热辐射效应对热电偶测量压砧温度精度的影响,进一步通过对热对流和热辐射效应导致热物理量测量误差的分析,给出通用性温度校正方法,用于修正高温实验中热电偶测量的数据。通过对热电偶测温数据进行热对流和热辐射效应校正,得到测温点的准确温度,为温度场分布计算提供准确的温度约束条件。

(3)利用适用于高温的标压方法对压砧中心进行精准标压,为应力场分布计算提供准确的应力约束条件。

(4)以实际热环境为基础构建计算模型,数值模拟时输入的温度值是热电偶示值减去校准数据。以修正后的压砧底座温度 t_1、t_2 和压砧中心压力 P 作为约束条件,采用热–固耦合法对外加热 DAC 内的传热过程进行数值模拟。在一定的压力和温度边界条件下,通过模拟改变样品热导率,直至侧棱测温点的模

拟温度 t_3'、t_4' 和修正后的侧棱中点温度 t_3、t_4 吻合时,数值模拟得到的砧面中心压力与实验标定的砧面中心压力吻合,从而得到了 DAC 核心部件的真实温度、应力和变形分布。此时数值模拟所对应的热导率输入值,即为被测样品高压热导率的实际值。图 8.5 描述了基于 DAC 的高温高压原位热导率测量的技术路线。

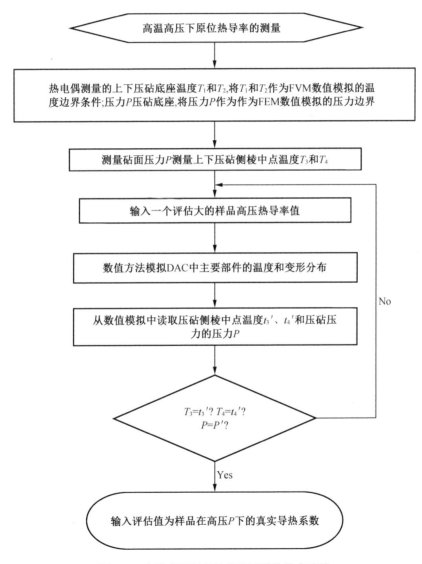

图 8.5　高温高压原位热导率测量的技术路线

8.4 本章小结

本章中利用有限体积法和有限元法采用耦合场对高温高压下金刚石压砧和样品的形变对热导率准确测量的影响进行研究。研究表明:高温高压下压砧"杯形"形变相比于高压下压砧的"杯形"形变,由于压砧的热应力随着温度的增加而增加,导致了高温下压砧的形变程度加剧,并且随着温度和压力的增加该形变是不断增加的。金刚石压砧"杯形"形变加剧最直接的影响是导致样品表面受力呈梯度分布明显,样品表面受力不均匀导致样品厚度呈梯度分布,使样品在高压下呈现"凸透镜"形状,即样品的中心区域厚,边缘薄。同时,在稳态热流 DAC 中需要尽可能确保样品具有较大的占空比,以确保准确标定样品的温度场,而样品直径的增加会导致样品表面受力梯度加大,这意味着 DAC 中高温高压下样品中心区域越"凸"。基于以上情况,如果仍忽略金刚石压砧的"杯形"形变和样品形变,将样品的上下表面近似为平面在 DAC 中研究高温高压下材料热导率,必然会出现较大的误差。因此我们提出利用热-固耦合辅助研究 DAC 中基于稳恒热流场的样品热输运性质的新方法。

参 考 文 献

[1] GAO C X, HAN Y H, MA Y Z, et al. Accurate measurements of high pressure resistivity in a diamond anvil cell [J]. Review of Scientific Instruments, 2005, 76(8): 083912.

[2] DUNSTAN D J. High pressure experimental methods [J]. Measurement science and technology, 1996, 7 (9): 957-1233.

[3] HEMLEY R J, MAO H K, SHEN G Y, et al. X-ray imaging of stress and strain of diamond, iron, and tungsten at megabar pressures[J]. Science, 1997, 276(5316): 1242-1245.

[4] MERKEL S, HEMLEY R J, MAO H K. Finite-element modeling of diamond

deformation at multimegabar pressures[J]. Applied Physics Letters, 1999, 74(5): 656-658.

[5]　JING Q M, BI Y, WU Q, et al. Yield strength of molybdenum at high pressures[J]. Review of Scientific Instruments, 2007, 78(7): 073906.

[6]　KENNETH M K, RICHARD A R, BRUCE S H, et al. Low-temperature heat capacities and derived thermodynamic properties of anthophyllite, diopside, enstatite, bronzite, and wollastonite [J]. American Mineralogist, 1985, 70(3-4):249-260.

[7]　QIAN W S, WANG W Z, ZOU F, et al. Elasticity of orthoenstatite at high pressure and temperature: Implications for the origin of low V_P/V_S zones in the mantle wedge[J]. Geophysical Research Letters, 2018, 45(2): 665-673.

[8]　OLSON J, POHL R, VANDERSANDE J, et al. Thermal conductivity of diamond between 170 and 1 200 K and the isotope effect[J]. Physical Review B, Condensed Matter, 1993, 47(22): 14850-14856.

[9]　AMMANN M W, WALKER A M, STACKHOUSE S, et al. Variation of thermal conductivity and heat flux at the Earth's core mantle boundary[J]. Earth and Planetary Science Letters, 2014, 390: 175-185.

[10]　DORE P, NUCARA A, CANNAVÒ D, et al. Infrared properties of chemical-vapor deposition polycrystalline diamond windows [J]. Applied Optics, 1998, 37(24): 5731-5736.

[11]　KIM H Y, LEE K, MCEVOY N, et al. Chemically modulated graphene diodes[J]. Nano Letters, 2013, 13(5): 2182-2188.

[12]　LIU M, YIN X B, ULIN-AVILA E, et al. A graphene-based broadband optical modulator[J]. Nature, 2011, 474: 64-67.

[13]　BRITNELL L, GORBACHEV R V, JALIL R, et al. Field-effect tunneling transistor based on vertical graphene heterostructures[J]. Science, 2012, 335(6071): 947-950.

[14]　GEIM A K, NOVOSELOV K S. The rise of graphene[J]. Nature Materials, 2007, 6: 183-191.

[15] BRITNELL L, RIBEIRO R M, ECKMANN A, et al. Strong light-matter interactions in heterostructures of atomically thin films[J]. Science, 2013, 340(6138): 1311-1314.

[16] ROY K, PADMANABHAN M, GOSWAMI S, et al. Graphene-MoS$_2$ hybrid structures for multifunctional photoresponsive memory devices[J]. Nature Nanotechnology, 2013, 8: 826-830.

[17] XU X D, GABOR N M, ALDEN J S, et al. Photo-thermoelectric effect at a graphene interface junction[J]. Nano Letters, 2010, 10(2): 562-566.

[18] MUELLER T, XIA F N, AVOURIS P. Graphene photodetectors for high-speed optical communications[J]. Nature Photonics, 2010, 4: 297-301.

[19] DEAN C R, YOUNG A F, MERIC I, et al. Boron nitride substrates for high-quality graphene electronics[J]. Nature Nanotechnology, 2010, 5: 722-726.

[20] BERTOLAZZI S, KRASNOZHON D, KIS A. Nonvolatile memory cells based on MoS$_2$/graphene heterostructures[J]. ACS Nano, 2013, 7(4): 3246-3252.

[21] SEPIONI M, NAIR R R, RABLEN S, et al. Limits on intrinsic magnetism in graphene[J]. Physical Review Letters, 2010, 105(20): 207205.

[22] SLOTA M, KEERTHI A, MYERS W K, et al. Magnetic edge states and coherent manipulation of graphene nanoribbons[J]. Nature, 2018, 557: 691-695.

[23] KOBAYASHI M, ABE J. Optical motion control of maglev graphite[J]. Journal of the American Chemical Society, 2012, 134(51): 20593-20596.

[24] YANKOWITZ M, XUE J M, CORMODE D, et al. Emergence of superlattice Dirac points in graphene on hexagonal boron nitride[J]. Nature Physics, 2012, 8: 382-386.

[25] DEAN C R, WANG L, MAHER P, et al. Hofstadter's butterfly and the fractal quantum Hall effect in moiré superlattices[J]. Nature, 2013, 497: 598-602.

[26] HUNT B, SANCHEZ-YAMAGISHI J D, YOUNG A F, et al. Massive Dirac

fermions and Hofstadter butterfly in a van der Waals heterostructure[J].
Science, 2013, 340(6139): 1427-1430.

[27] CHIZHOVA L A, BURGDÖRFER J, LIBISCH F. Magneto-optical response
of graphene: Probing substrate interactions[J]. Physical Review B, 2015,
92(12): 125411.

[28] ZHOU S Y, GWEON G H, FEDOROV A V, et al. Substrate-induced bandgap
opening in epitaxial graphene[J]. Nature Materials, 2007, 6: 770-775.

[29] SUN Y, XIAO J L. Temperature dependence of acoustic phonons on ground
state energy of the magnetopolaron in monolayer graphene[J]. Physica E:
Low-Dimensional Systems and Nanostructures, 2020, 121: 114122.

[30] SOBOL O O, PYATKOVSKIY P K, GORBAR E V, et al. Screening of a
charged impurity in graphene in a magnetic field[J]. Physical Review B,
2016, 94(11): 115409.

[31] ROBERTSON J. High dielectric constant gate oxides for metal oxide Si
transistors[J]. Reports on Progress in Physics, 2006, 69(2): 327-396.

[32] BARINGHAUS J, EDLER F, NEUMANN C, et al. Local transport
measurements on epitaxial graphene[J]. Applied Physics Letters, 2013, 103
(11): 111604.

[33] RENGEL R, PASCUAL E, MARTÍN M J. Influence of the substrate on the
diffusion coefficient and the momentum relaxation in graphene: The role of
surface polar phonons [J]. Applied Physics Letters, 2014, 104
(23): 233107.

[34] CHEN Z G, SHI Z W, YANG W, et al. Observation of an intrinsic bandgap
and Landau level renormalization in graphene/boron-nitride heterostructures
[J]. Nature Communications, 2014, 5: 4461.

[35] WANG Z W, LIU L, LI Z Q. Energy gap induced by the surface optical
polaron in graphene on polar substrates[J]. Applied Physics Letters, 2015,
106(10): 101601.

[36] GAO Z L, ZHANG Y, FU Y F, et al. Thermal chemical vapor deposition

grown graphene heat spreader for thermal management of hot spots [J]. Carbon, 2013, 61: 342-348.

[37]　LI Q, GUO Y F, LI W W, et al. Ultrahigh thermal conductivity of assembled aligned multilayer graphene/epoxy composite [J]. Chemistry of Materials, 2014, 26(15): 4459-4465.

[38]　XIN G Q, SUN H T, HU T, et al. Large-area freestanding graphene paper for superior thermal management [J]. Advanced Materials, 2014, 26(26): 4521-4526.

[39]　MA X J, JIA C H, DING Z H, et al. Temperature effect of the bound magnetopolaron on the bandgap in monolayer graphene [J]. Superlattices and Microstructures, 2018, 123: 30-36.

[40]　PEREBEINOS V, AVOURIS P. Inelastic scattering and current saturation in graphene [J]. Physical Review B, 2010, 81(19): 195442.

[41]　KONAR A, FANG T, JENA D. Effect of high-κ gate dielectrics on charge transport in graphene-based field effect transistors [J]. Physical Review B, 2010, 82(11): 115452.

[42]　FRATINI S, GUINEA F. Substrate-limited electron dynamics in graphene [J]. Physical Review B, 2008, 77(19): 195415.

[43]　FISCHETTI M V, NEUMAYER D A, CARTIER E A. Effective electron mobility in Si inversion layers in metal-oxide-semiconductor systems with a high-κ insulator: The role of remote phonon scattering [J]. Journal of Applied Physics, 2001, 90(9): 4587-4608.

[44]　ONG Z Y, FISCHETTI M V. Theory of interfacial plasmon-phonon scattering in supported graphene [J]. Physical Review B, 2012, 86(16): 165422.

[45]　GEICK R, PERRY C H, RUPPRECHT G. Normal modes in hexagonal boron nitride [J]. Physical Review, 1966, 146(2): 543-547.

[46]　LIN I T, LIU J M. Surface polar optical phonon scattering of carriers in graphene on various substrates [J]. Applied Physics Letters, 2013, 103

（8）：081606.

［47］　SACHS B, WEHLING T O, KATSNELSON M I, et al. Adhesion and electronic structure of graphene on hexagonal boron nitride substrates［J］. Physical Review B, 2011, 84（19）: 195414.